计算机类本科教材

C 语言程序设计

——基于计算思维的培养

曾智勇 编著

电子工业出版社
Publishing House of Electronics Industry
北京·BEIJING

内 容 简 介

本书以 C 语言为工具，力图用最简明的语言、最典型的实例，介绍计算思维和程序设计的基本方法，把它们的核心思想贯穿于 C 语言的介绍中，目的是使读者在学习 C 语言以后，能够用计算思维和程序设计的方法解决相关领域中的实际问题。

本书分 13 章，内容包括：C 语言基本概念，数据类型与表达式，格式化输入与输出，选择结构，循环结构，函数，数组，指针，字符串，指针与数组，自定义数据类型，文件，构建大规模程序。每章后均有习题，扫描第 1～12 章后的二维码，可以获取本章知识点小结和本章常见错误小结。本书免费提供电子课件，登录华信教育资源网（www.hxedu.com.cn）注册后下载。

本书假设读者没有任何编程背景，既可以是学生及计算机用户，也可以是有经验的但不熟悉 C 语言、需要掌握结构化程序设计方法的程序员。

图书在版编目（CIP）数据

C 语言程序设计：基于计算思维的培养 / 曾智勇编著. —北京：电子工业出版社，2020.3
ISBN 978-7-121-38461-5

Ⅰ. ①C… Ⅱ. ①曾… Ⅲ. ①C 语言—程序设计 Ⅳ.①TP312.8

中国版本图书馆 CIP 数据核字（2020）第 027868 号

责任编辑：冉　哲
印　　刷：涿州市般润文化传播有限公司
装　　订：涿州市般润文化传播有限公司
出版发行：电子工业出版社
　　　　　北京市海淀区万寿路 173 信箱　邮编：100036
开　　本：787×1 092　1/16　印张：18.75　字数：556 千字
版　　次：2020 年 3 月第 1 版
印　　次：2021 年 12 月第 4 次印刷
定　　价：55.00 元

前　言

C 语言自推出以来，一直受到人们的广泛欢迎。长期以来，学术界和工业界都在广泛使用 ANSI C 编程语言。在世界各地的很多教育机构中，它是程序设计课程和计算机科学教育的首选语言。因为从许多入门级课程到高级课程都可选择 C 语言。此外，C 语言带有很多有用的库，并得到许多复杂而安全的集成开发环境的支持。由于 C 语言是使用方便、目前执行效率最高的语言，因此在人工智能、云计算领域，深度学习平台和云计算平台的底层基础架构都使用 C 语言实现。同时，ANSI C 还在不断得到改进、完善和拓展，这些变化及 C 语言在操作系统、数据库、图形系统、嵌入式系统等方面的广泛影响，使得 C 语言成为学习程序设计和计算机科学的首选。

本书以 C 语言为工具，力图用最简明的语言、最典型的实例，介绍计算思维和程序设计的基本方法，把它们的核心思想贯穿于 C 语言的介绍中，目的是使读者在学习 C 语言以后，能够用计算思维和程序设计的方法解决相关领域中的实际问题。

全书分 13 章，内容包括：C 语言基本概念，数据类型与表达式，格式化输入与输出，选择结构，循环结构，函数，数组，指针，字符串，指针与数组，自定义数据类型，文件，构建大规模程序。

本书试图达到以下目的：

● 本书通过提供详细的解题思路来描述问题所涉及的编程元素和解决问题所需要的方法及解题步骤，采用三种基本结构、自顶向下和结构化程序设计方法，并通过大量的流程图或 N-S 图来描述算法，为编写程序提前进行代码预排，帮助读者更好地理解和评价问题所涉及的编程思想。

● 通过详细分析示例程序，向读者展现了清晰而完整的程序设计过程，描述了代码的关键特征，目的是让读者掌握一些习惯语法，以便在遇到新情况时作为参考。这种对程序和函数的解析方法有利于突出不同上下文应用中的关键思想。

● 本书假设读者没有任何编程背景，既可以是学生及计算机用户，也可以是有经验的但不熟悉 C 语言、需要掌握结构化程序设计方法的程序员。本书的每章都给出了一些带有详细注释的示例程序，通过这些程序，引导读者编写具有结构化特征的函数。能编写函数是一名合格程序员的标志。

● 为了提高代码的重用效率和权威性，本书在示例程序中尽可能涵盖所有的 ANSI C 的特性和库函数。同时，为了避免给读者造成不必要的学习负担，忽略了这些特性和库函数的一些不必要的细节。

● 根据作者多年教授 C 语言的经验，本书采用循序渐进的方式来展现 C 语言的特性。针对某些有一定难度的主题，如函数和指针，本书采用螺旋式的描述方法，即对较难的主题先进行简要介绍，然后在多个章节中再多次介绍该主题，逐渐丰富该主题的细节内容。这种循序渐进的方式，使前后内容由浅入深，相互呼应，既防止了内容单调，又避免了知识点过于集中而造成的艰难晦涩。

● 本书使用了尽可能多的图来展现函数中变量的状态和 C 语言特性，试图通过图来展示程序运算过程中不同阶段的数据状态并动态地描述算法。

● 除介绍 C 语言特性和编程思想外，还特别强调程序设计过程中所要解决的软件工程问题，即如何运用 C 语言来处理大规模程序开发过程中产生的问题，使编写的程序具有易读性、可维护性、可靠性和可移植性。在函数设计中，尤其强调信息隐藏和代码的重用性。

本书具有以下特色：

● 全书所有代码使用统一的代码规范编写，并强调程序代码的健壮性。书中例题、习题、实验题的内容选取兼具趣味性和实用性，例题以学习 C 语言特性和编程思想，培养计算思维为目的；习题以巩固基本知识点和掌握程序设计方法为目的，难度呈阶梯状，题型包括选择题、程序填空、阅读程序和编程题等；实验题从"巩固基础、综合设计、创新应用"三个层次进行设计，围绕一个综合应用实例逐步展开模块化设计，以任务驱动方式，引导读者实现具有一定规模、贯穿全书知识点的学生成绩管理系统。

● 设置警告。C 语言以其陷阱多而闻名，本书将程序设计过程中最常见或最重要的陷阱设置成警告，以警示读者可能掉入的陷阱。

● 设置惯用法。C 程序中经常出现一些通用的代码模式，本书将其设置为惯用法，以方便读者快速掌握。

● 扫描第 1～12 章后的二维码，可以获取：本章知识点小结，用于复习本章内容，并加深理解本章中提出的新思想；本章常见错误小结，给出典型编程错误示例以及防止这些错误的方法，帮助读者避免错误。

● 附录提供了有价值的参考资料信息。

● 免费提供电子课件，登录华信教育资源网（www.hxedu.com.cn）注册后下载。

本书由曾智勇编著。浙江工业大学计算机科学与技术学院的王万良教授/院长在百忙之中仔细审阅了全部初稿，并提出了许多宝贵的意见和建议。作者在此对他的辛勤付出表示衷心感谢。

因作者水平所限，书中错误在所难免，欢迎广大读者对本书提出宝贵的意见和建议。

作者

2019 年于福建师范大学数学与信息学院

目　录

第 1 章 C 语言基本概念

随着互联网和信息技术的发展与应用，人类的生活与以往相比发生了巨大的变化，人类已经进入信息时代。

- 电子商务：人们可以通过手机、计算机在互联网上销售和购物，24 小时都可交易。电子商务及其便利性在 20 年前是无法想象的。
- 信息交流：邮政局逐渐转型为物流企业和邮储银行。现代社会几乎人手一部手机，通过电话、微信、QQ、短消息、电子邮件等相互交流。微博、微信使得人们可在各种地方公开发布信息，并接受人们的评论和回复，其传播的范围之广和速度之快，广播电视无法与之相比。
- 教育学习：现代教育方式和手段发生了根本性的变化，学校不再是传授和学习知识的唯一场所。互联网正成为人们学习知识的乐园，人们通过网络课、MOOC、SPOOC 等获取知识的比重越来越大。
- 信息技术已经渗入政治、经济、社会生活的每个方面，应用实例不胜枚举。

为什么在最近的几十年间，人类社会的所有方面会发生如此巨大的变化呢？就是因为人类发明了计算机，这种灵活的、几乎无所不能的、功能强大的信息处理工具，彻底改变了人类社会的方方面面。

为什么计算机会拥有如此强大的威力呢？因为计算机中运行着许多功能各异的程序，这些程序能完成种类繁多的事务和工作。

本章首先介绍程序设计的基本思想，然后简要介绍 C 程序的结构特点，目的是让读者了解 C 程序的本质。本章重点介绍 C 语言基本概念：算法表示及优化、结构化程序设计方法、基本输入/输出、变量与常量、算术运算。最后介绍 C 程序的编辑、编译、链接和运行。

1.1 计算机语言和程序

1.1.1 计算机语言

如同人类相互交流信息需要语言一样，人与计算机交流也需要人和计算机双方都能接受和理解的语言，这就是计算机语言。人类使用自然语言讲述和书写要表达的内容，以便把信息传递给其他人。同样，人类使用计算机语言把人的意图传递给计算机，目的是使用计算机。

不像人类的自然语言那样丰富多彩，计算机语言是根据计算机的特点编制的，因此在交流中无法像人类自然语言那样能够言传和意会，而是表现为规则和严谨，缺少灵活性。计算机语言的这个特点使得人与计算机的交流在开始的时候会不顺畅。然而，只要认识计算机语言的特点，注意学习方法，就会运用自如。

1.1.2 计算机程序

计算机是一种具有存储能力的自动、高效的电子设备，它的功能就是执行指令所规定的操作。如果我们需要计算机完成某种工作，只要将其解题步骤用指令的形式描述出来，并把这些指令存放在计算机内存中，然后向计算机发出命令，计算机就会自动逐条顺序执行指令，执行完全部指令就能得到想要的结果。这种可以被连续执行的一条条指令的集合称为计算机程序，简称程序。程序是计算机的指令序列，程序设计就是为计算机安排指令序列。

然而，机器指令采用二进制编码，用它来设计程序既难以记忆，又难以掌握。为此，计算机科学家研制出了各种计算机能够"理解"、人类又方便使用的计算机语言。程序就是用某种计算机语言来编写的指令集合。因此，计算机语言通常被称为程序语言，一个程序总是用某种程序语言书写的。

1.1.3　C 语言

迄今为止，计算机科学家已经发明了上千种计算机语言，常用的有 100 多种。哪种语言最受欢迎呢？为什么我们要学习 C 语言呢？

如图 1-1 所示为 TIOBE 在 2019 年 6 月公布的程序设计语言流行排行榜（前 10 位），可见，从 2002 年开始，C 语言始终处于前 2 位。

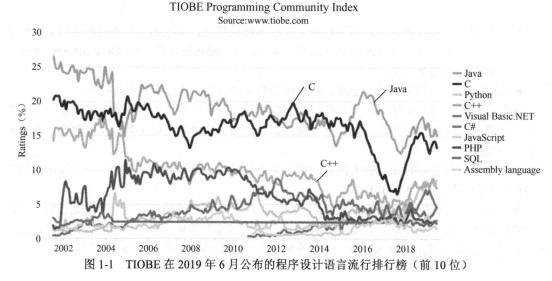

图 1-1　TIOBE 在 2019 年 6 月公布的程序设计语言流行排行榜（前 10 位）

C 语言之所以受到欢迎，除用 C 语言编写的程序可以节约资源外，还因为在以下领域的工作非 C 语言不可。

① C 语言仍然是编写操作系统的不二之选。目前操作系统的内核有 95% 以上是 C 语言编写的，它能更直接地与计算机底层交互，精巧、灵活且高效。特别要指出的是，操作系统的开发者都是最顶尖的 C 程序员，他们有充足的能力和丰富的经验驾驭 C 语言。

② 有些地方对程序的运行效率有苛求，例如在人工智能、云计算领域，以深度学习平台和云计算平台作为底层基础架构，对性能要求非常高。由于 C 语言是目前执行效率最高的语言，这种情况下，C 语言就是首选了。

③ 要继承和维护早期的 C 语言系统。许多影响深远的软件和程序库都是用 C 语言编写的，所以还需要继续使用 C 语言。

尽管随着计算机技术的迅猛发展，众多的第四代面向对象语言、第五代智能化语言相继推出，但以 C 语言为代表的面向过程语言仍然是程序设计的基础，特别是对于培养编程初学者的计算思维至关重要。

1.1.4　程序设计

程序是计算机的主宰，控制计算机完成工作。计算机之所以具有强大的计算能力，是因为在其中安装了各种功能强大的程序。人类所有需要计算机完成的工作都要编写为程序。如果没有程序，计算机就是一堆废铜烂铁。可见，正是功能丰富的程序让计算机焕发了无穷的生命力，而程序是程序设计的结晶。程序设计就是利用某种计算机语言编写程序的过程，更确切地说，程序设计就是用某种计算机语言对所要解决的问题中的数据及处理问题的方法和步骤进行完整而准确的描述。

不过，对编程初学者来说，程序设计的基本目标就是编写一个正确的程序。这里所谓的正确程序，是指符合程序语言规则，对于正确的输入能得到预期的结果。对于优秀的程序员，除了编写正确的程序，更要编写高质量的程序，即结构化程度高、可读性好、可靠性高、便于调试维护的程序。

那么，如何进行程序设计呢？一般来说，一个简单的程序设计包含以下 4 个步骤。

① 分析问题，建立数学模型。在使用计算机解决具体问题之前，要搞清楚我们到底希望计算机做什么。也就是要对问题进行分析，确定问题是什么，问题的解决步骤又是什么。针对要解决的问题，找出已知的数据和条件，确定输入、处理、输出对象。将问题归纳为一系列数学表达式，建立各种量之间的关系，即建立起解决问题的数学模型。

尽管有些问题的数学模型是显而易见或简单的，但更多的问题需要通过全面仔细的分析来构建数学模型。数学模型的好坏、对错，对程序的正确性和复杂性具有决定作用。

② 数据和算法设计。在明确计算机能为我们做什么后，接下来就是如何让计算机完成这些任务。根据建立的数学模型，对指定的输入数据和期望的输出结果，确定存放数据的数据结构并选择合适的算法加以实现。需要注意的是，这里所说的"算法"泛指解决某一问题的方法和步骤，而不仅仅是指"计算"，这与数学中通过推理演绎得到结果的算法不同。

③ 编写程序。利用程序编辑器，将上述设计结果用某种语言描述出来，写成一行行代码。可供选择的程序编辑器包括 Windows 内置的记事本，UNIX/Linux 内置的 vim 或 emacs（更有挑战性）。编程初学者可选择更易入门的集成开发环境（IDE），如 Dev-C++，Microsoft Visual C++ 6.0，VS Code，Code::Blocks 等。

④ 调试程序。就是对程序进行编译、链接，生成可执行程序，然后运行它，分析是否能得到预期的结果。如果不能得到预期的结果，则要查找问题，修改代码，然后重新进行编译、链接并运行它，直到获得满意的结果。使用的编译器和调试器一般都内置在 IDE 中。如果不使用 IDE，则要单独安装它们。UNIX/Linux 系统中的 gcc 编译器和 gdb 调试器是不错的选择，在 Windows 系统下也可使用。

1.2 算法和算法表示

程序一般包括以下两方面信息：

① 数据的描述。即一个程序需要哪些数据，这些数据的类型是什么，它们的组织形式如何。这些内容就是数据结构。

② 算法的描述。即程序解决问题的方法和操作步骤，或者说，程序如何对数据进行加工处理，以得到预期的结果。

数据是算法操作的对象，操作的目的对数据进行加工处理以获得预期的结果。以烹调为例，厨师制作菜肴，需要有菜谱，菜谱中一般包含：① 所用材料，为了做出某种口味的菜肴，需要配备的材料；② 操作步骤，利用给定的材料，按照一定的步骤进行加工，制作出满足一定口味的菜肴。

没有材料无法加工所需的菜肴，而同一种材料可以加工出不同口味的菜肴。可见，程序员必须认真考虑和设计数据结构与算法。正如著名的计算机科学家沃思（Nikiklaus Wirth）所定义的：程序=数据结构+算法。

在面向过程的程序中，除上述两个因素外，还应考虑结构化程序设计方法及语言表示。因此，一个合格的程序员必须具备这 4 个方面的知识，其中，算法是灵魂，数据是算法加工的对象，语言是程序设计的工具，程序设计需要采用合适的方法。本书限于篇幅，不可能全面介绍上述内容，况且数据结构与算法课程在以后会开设。本书将介绍数据结构与算法的一些初步知识，并通过一些实例结合以上 4 个方面的内容，使读者学会解题思路，为正确地编写 C 程序奠定一定的基础。

1.2.1　算法的概念

当代著名的计算机科学家 D. E. Knuth 曾对算法下过定义：一个算法，就是一个有穷规则的集合，其中的规则规定了一个解决某一特定类型问题的运算序列。简言之，算法就是解决一个问题所确定的方法和有限的步骤。

需要注意的是，并非只有计算问题才有算法。例如，机场过安检，其安检顺序是：领取登机牌→出示身份证、登机牌→比对身份→扫描物品→乘客过安检，这就是乘客过安检的算法，其中没有涉及计算问题。钢琴曲的乐谱，是钢琴曲的算法；太极拳的拳谱，是太极拳的算法。诸如此类，这些都未涉及计算问题。

算法可分为两类：数值运算算法和非数值运算算法。数值运算算法是指求问题的数值解，例如，求函数的定积分、解偏微分方程等，都属于数值运算范畴。非数值运算包括的范围比较广，如信息检索、车辆调度、学籍管理等。

数值运算往往有确定的数学模型，一般有比较成熟的算法。许多常用算法还被编写成通用程序并汇编为程序库，供用户需要时调用。例如，编程时经常调用的数学程序库、数学软件包等。

非数值运算种类繁多，要求不一，难以做到全部都有现成算法。对于一些共性问题，如排序、查找等，有成熟的算法可用。对于许多特定问题，一般要用户参考已有的类似算法的思路，重新设计解决这些特定问题的算法。穷举所有算法是不可能的，只能通过一些典型算法的介绍，帮助读者了解算法的概念，学习如何设计一个算法，怎样表示一个算法，从而举一反三。下面通过对几个问题的分析来说明设计算法的思维方法。

【例 1.1】　有红白两瓶葡萄酒，却错将红葡萄酒装在了白色酒瓶里，而白葡萄酒错装在了红色酒瓶里，现在要求通过互换正确归位。

【解题思路】　这是一个非数值运算问题。由于两个酒瓶里的葡萄酒不能直接交换，所以，解决问题的关键是利用第三个酒瓶。

若第三个酒瓶是无色的，则两种葡萄酒的交换步骤如下：

① 将白色酒瓶里的红葡萄酒倒入无色酒瓶中；
② 将红色酒瓶里的白葡萄酒倒入白色酒瓶中；
③ 将无色酒瓶中的红葡萄酒倒入红色酒瓶中；
④ 交换结束。

【例 1.2】　求连续自然数 1+2+…+10 之和。

【解题思路】　这是一个数值运算问题。可以设置两个变量，一个代表被加数，另一个代表加数，不另设变量存放和值，而是直接将每一步的和值存放在被加数变量中。例如，假设变量 sum 为被加数，变量 i 为加数，用循环算法计算结果。其算法描述如下：

① 设 sum=0，或写成 0→sum。

② 设 i=1，或写成 1→i。

③ 使 sum 与 i 相加，和值仍存放在变量 sum 中，即表示为 sum=sum+i 或 sum+i→sum。

④ 使 i 的值增 1，即 i=i+1 或 i+1→i。

⑤ 若 i 的值不大于 10，则返回步骤③重新执行；否则，输出 sum，算法结束。最后得到的 sum 的值就是最终的结果。

思考题：如果要求计算 1+3+5+…+9 之和，算法该如何描述？如果要计算 1×2×3×…×10 的乘积，算法又该如何描述？

【例 1.3】 给定两个正整数 m 和 n（$m \geq n$），求它们的最大公约数。

【解题思路】 这也是一个数值运算问题。它有成熟的算法，求最大公约数一般采用辗转相除法求解。例如，假设 $m=25$，$n=15$，余数用 r 表示，求它们的最大公约数的方法如下：

25/15 商 1　　　余数 10　　以 n 作 m，以 r 作 n，继续相除

15/10 商 1　　　余数 5　　 以 n 作 m，以 r 作 n，继续相除

10/5 商 2　　　 余数 0　　 当余数为 0 时，所得 n 即为两个数的最大公约数

所以 25 和 15 的最大公约数为 5。用这种方法计算两个数的最大公约数，其算法描述如下：

① 设两个变量 m 和 n，分别存放两个整数。

② 计算 m 除以 n 后，将所得余数存放在变量 r 中。

③ 判断余数 r 是否为 0，若余数为 0，则执行步骤⑤，否则执行步骤④。

④ 更新被除数和除数，将 n 的值存放到 m 中，将 r 的值存放到 n 中，然后返回步骤②重新执行。

⑤ 输出 n 的当前值，算法结束。

从以上三个实例可以看出，一个算法由若干操作步骤组成，并且这些操作是按一定控制结构所规定的次序执行的。例 1.1 中的 4 个操作步骤是顺序执行的，称为顺序结构。例 1.2 和例 1.3 中，不仅操作步骤按顺序执行，而且还需要进行判断和重复执行。例 1.2 的步骤⑤需要根据条件判断是否返回步骤③重新执行，并且一直延续到条件"i 的值不大于 10"不满足为止。例 1.3 的操作与例 1.2 类似。上述这种具有判断功能的结构称为选择结构，而具有重复执行功能的结构称为循环结构。

1.2.2　算法的特征

前面已经学习了几种简单的算法，这些算法对于任意的初始输入值，都能一步一步地执行计算，经过有限步骤后终止计算并输出结果。然而，并非任意编写的一些执行步骤都能构成算法。一个有效的算法应该具有如下特征：

① 有穷性。一个算法应在执行有限的步骤后终止，而不能是无限的。例 1.2 的步骤⑤中的判断条件"若 i 的值不大于 10"如果改为"若 i>0"，将导致死循环，因为这不是有穷步骤。同时，有穷性往往指"在合理的范围内"。如果一个算法需要执行很长时间，那么它即使是有穷的，也不是有效的算法。

② 确定性。算法中的每个步骤都应当是确定的，不能产生二义性。例 1.3 的步骤②中的"计算 m 除以 n 后"如果写成"计算 m 除以一个整数后"，这就是不确定的，因为它没有说明 m 除以哪个整数，因此无法执行。所以，算法描述的含义应当是唯一的，不能被理解为有多种含义。

③ 有零个或多个输入。所谓输入，是指在执行算法时需要从外界取得的必要的信息。例如，例 1.3 中，变量 m 和 n 的值就是该算法的输入，没有它们，无法求得最大公约数。

④ 有一个或多个输出。所谓输出，是指执行算法得到的结果，它是与输入有某种特定关系的量。在一个完整的算法中至少会有一个输出，没有输出的算法是没有意义的。例如，前述三

个例子中，每个例子都有输出。需要指出的是，算法的输出不一定是指打印输出或屏幕显示，算法得到的结果就是算法的输出。

⑤ 有效性。算法中每一步骤的操作都应该能有效执行，一个不可执行的操作是无效的。例如，一个数被 0 除的操作就是无效的，应当避免此类操作。

通常，算法必须满足以上 5 个特征。对于一般用户来说，他们并不需要在处理每个问题时都自己设计算法和编写程序，可以使用别人设计好的现成算法和程序。对于程序员来说，必须学会设计常用的算法，并能根据算法编写程序。

1.2.3 算法的表示

算法要采用何种表示方法才能描述问题的求解方法和步骤呢？通常，算法的表示可以使用以下方法：自然语言、程序语言、流程图、N-S 图、伪代码等。1.2.1 节中的三个例子使用自然语言表示算法，而程序则直接用程序语言表示算法，流程图、N-S 图以图形化的方式表示算法。流程图具有直观性强、便于阅读等特点，而 N-S 图符合结构化程序设计要求，它们都是软件工程中经常使用的图形工具。

1. 流程图

流程图使用一些图框来表示各种操作。美国国家标准化协会 ANSI（American National Standard Institute）规定了一些常用的流程图符号。表 1-1 中列出了标准的流程图符号。这些符号已为世界各国程序设计人员普遍接受和使用。

表 1-1 标准的流程图符号

符号名	图元符号
起止框	
输入/输出框	
处理框	
判断框	
注释框	
流程线	⇄ 和 ↑↓
连接点	○

起止框：表示算法的开始或结束。每个算法必须有且只有一个开始框和一个结束框，开始框只能有一个出口，没有入口；结束框只能有一个入口，没有出口。其用法如图 1-2（a）所示。

输入/输出框：表示算法的输入/输出操作。输入操作是指从输入设备将算法所需要的数据传递给指定的变量；输出操作则是指将常量或变量的值由内存传递给输出设备。在输入/输出框内填写需输入或输出的各项，它们可以是一项或多项，多项之间用逗号分隔。输入/输出框只能有一个入口、一个出口，其用法如图 1-2（b）所示。

处理框：表示算法中的各种计算和赋值操作。在处理框内填写处理说明或具体算式。可以在一个处理框内描述多个相关的处理。但是一个处理框只能有一个入口、一个出口，其用法如图 1-2（c）所示。

判断框：表示算法中的条件判断操作。判断框用于说明算法中产生的分支，需要根据某个条件是否成立来确定下一步的操作路线。在判断框内填写判断条件，一般用关系比较运算、逻辑运算或它们的组合来表示。判断框只能有一个入口，但可以有多个出口，其用法如图 1-2（d）所示。

注释框：对算法中的某个操作或某一部分操作需要添加必要的备注说明，可以用注释框来表示。这种说明不是给计算机"看"的，而是方便读者理解算法。因为它不反映流程和操作，所以不是流程图中必要的部分。注释框没有入口和出口，框内一般填写简明扼要的文字说明。其用法参见图 1-6 中的"求余数"。

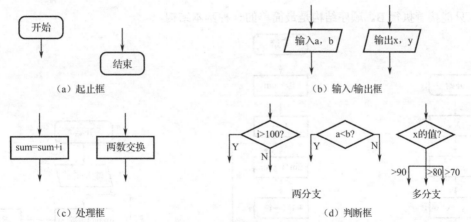

（a）起止框　　　　　　　　　　　　（b）输入/输出框

（c）处理框　　　　　　　　　　　　（d）判断框

图 1-2　流程图的用法

流程线：表示算法的流向，流程线箭头的方向就是算法执行的方向。流程线既有灵活性又有随意性，灵活性使流程线可以到达流程的任意位置，但随意性往往会降低软件的可读性和可维护性。所以在结构化程序设计中常用 N-S 图来表示算法，N-S 图中没有流程线。不过，对于编程初学者来说，流程图有其显著的优点，流程线明确地表示了算法的执行方向，便于对程序控制结构的学习和理解。

连接点：用于表示将不同地方的流程图连接起来。如图 1-3 所示，有两个以①为标志的连接点，它表示这两个点是相互连接在一起的，实际上它们是一个点，只是根据需要分开画而已。连接点可以避免流程线交叉过长，使流程图更清晰。

下面将例 1.1、例 1.2、例 1.3 的解题算法改用流程图表示。

在例 1.1 中，将白、红、无色三个酒瓶分别用变量 x、y、z 表示，其算法就是用计算机进行任意两个数交换的典型算法，流程图如图 1-4 所示。图中有开始框、结束框、输入框、输出框和流程线。其控制结构是顺序结构。

例 1.2 和例 1.3 中，变量名与原题一致，图中的 Y（是）表示条件为真，N（否）表示条件为假。图 1-5 和图 1-6 的控制结构都是循环结构。另外，在图 1-6 中使用了注释框，用以说明该操作的含义是"求余数"。

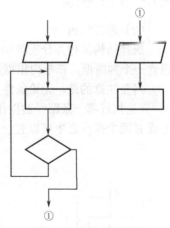

图 1-3　连接点示意图

从以上三个例子可以看出，算法就是将待解决的问题用计算机可以"理解"的方式表达出来。有些问题可以直接表达给计算机，如简单的算术运算，但有些问题不能直接表达，需要找到问题的数值解法。因此，算法设计是程序设计中十分重要的一个环节，而流程图是直观表示算法的图形化工具。对于初学者来说，在学习具体的程序设计语言之前，必须学会针对具体问题进行算法设计，并能用流程图把算法表示出来。

2．三种基本结构的流程图

为了保证算法的质量，方便读者阅读，使算法设计更快速高效，常常把算法中经常出现的操作提取出来，形成几种规定的基本结构，作为算法的结构单元，然后由这些结构单元按一定规律组装成一个完整的算法结构。

（1）顺序结构

如图 1-7 所示，虚线框内是一个顺序结构。其中，A、B 两个操作是顺序执行的，即执行完

A 后，只能接着执行 B。顺序结构是最简单的一种基本结构。

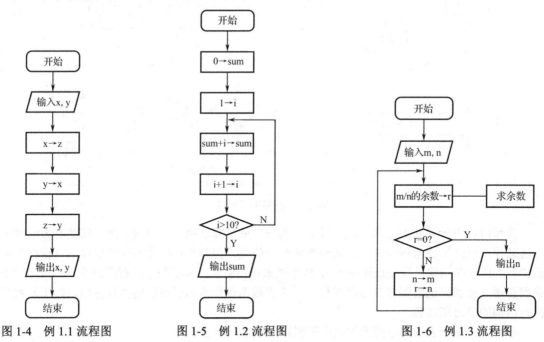

图 1-4　例 1.1 流程图　　　　图 1-5　例 1.2 流程图　　　　图 1-6　例 1.3 流程图

（2）选择结构

选择结构又称为分支结构，如图 1-8（a）所示，虚线框内是一个选择结构，此结构内必须包含一个判断框，在框内根据给定的条件 p 是否成立而选择执行 A 还是执行 B。

需要注意的是，无论条件 p 是否成立，只能执行 A 或 B 其中一个，不能既执行 A，又执行 B。无论执行哪一条路径的操作，在执行完 A 或 B 后，都要经过 b 点，然后离开这个选择结构。A 或 B 两个操作之中可以有一个是空操作，即什么也不做。如图 1-8（b）所示。

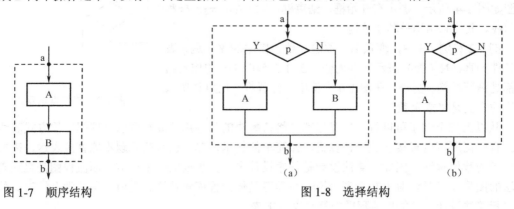

图 1-7　顺序结构　　　　　　　　　图 1-8　选择结构

（3）循环结构

循环结构可以重复执行某些操作，有两种类型。

① 当型循环结构，如图 1-9（a）所示。它的作用是当给定条件 p 成立时，执行 A，执行完 A 后，再判断条件 p 是否成立，如果仍然成立，则再执行一次 A，如此循环往复，直到条件 p 不成立为止，此时不再执行 A，而是从 b 点离开循环结构。

② 直到型循环结构，如图 1-9（b）所示。它的作用是先执行 A，然后判断条件 p 是否成立，如果条件 p 不成立，则再执行一次 A，然后再对条件 p 进行判断，如果条件 p 仍然不成立，则

再执行一次 A，如此循环往复，直到条件 p 成立为止，此时不再执行 A，从 b 点离开循环结构。

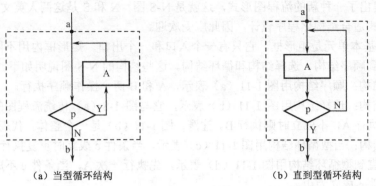

（a）当型循环结构　　　　　　　　　　（b）直到型循环结构

图 1-9　循环结构

如图 1-10（a）所示为当型循环结构的应用实例，如图 1-10（b）所示为直到型循环结构的应用实例。

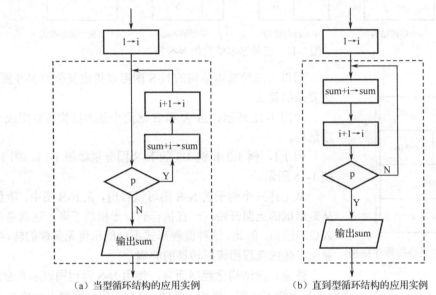

（a）当型循环结构的应用实例　　　　　　（b）直到型循环结构的应用实例

图 1-10　应用实例

以上三种基本结构，有如下共同特点：

① 只有一个入口，图 1-7 到图 1-9 中的 a 点为入口。

② 只有一个出口，图 1-7 到图 1-9 中的 b 点为出口。**注意**，一个判断框有两个出口，而一个选择结构只有一个出口，不能把判断框的出口与选择结构的出口混淆。

③ 结构内的每一部分都有机会执行到，即对每一个框来说，都应当有一条从入口到出口的路径通过它。

④ 结构内不存在"死循环"。

由上述三种基本结构顺序组成的算法结构，可以解决任何复杂的问题。由基本结构所构成的算法称为结构化算法，它没有无规律的转向，只在基本结构内才允许存在分支和向前或向后的跳转。

3．N-S 图

针对传统流程图在结构化程序设计中没有相应的表达符号的问题，同时由于转向问题无法保证自顶向下的程序设计方法，难以表达模块间的调用关系等，美国计算机科学家 Nassi 和 Shneiderman 提出了一种新的流程图形式，这就是 N-S 图，N 和 S 是这两人英文姓氏的首字母。这种流程图形式适合结构化程序设计，因此广受欢迎。

N-S 图的基本单元是矩形框，它只有一个入口和一个出口。矩形框内用不同形状的线来进行分割，可得到顺序结构、选择结构和循环结构。这些结构的 N-S 图说明如下。

① 顺序结构：顺序结构用图 1-11（a）表示，A 和 B 两个操作顺序执行。

② 选择结构：选择结构用图 1-11（b）表示，它与图 1-8（a）传统流程图的含义相同，当条件 c 成立时执行 A，不成立时则执行 B。**注意**，图 1-11（b）是一个整体，代表一个基本结构。

③ 循环结构：当型循环结构用图 1-11（c）表示，当条件 c 成立时重复执行 A，直到条件 c 不成立为止。直到型循环结构用图 1-11（d）表示，先执行一次 A，当条件 c 不成立时，重复执行 A，直到条件 c 成立为止。

（a）顺序结构　　（b）选择结构　　（c）当型循环结构　　（d）直到型循环结构

图 1-11　三种基本结构的 N-S 图

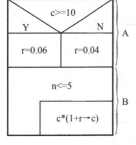

图 1-12　一个组合的顺序结构

用以上三种基本结构的 N-S 图可以构成复杂的 N-S 图，以表达复杂的算法。

如图 1-12 所示，由 A 和 B 这两个基本结构可以组成一个顺序结构。

例 1.1、例 1.2 和例 1.3 的 N-S 图分别如图 1-13、图 1-14 和图 1-15 所示。

从上述三个例子的 N-S 图可以看出，在 N-S 图中，流程总是从矩形框的上面开始，一直执行到矩形框的下面，这就是流程的入口和出口，因此，这种流程形式不可能出现无条件的转移情况，避免了传统流程图流程转移的弊端。

注意：对结构化程序而言，使用 N-S 流程图表示是合适的，对于非结构化程序，用 N-S 流程图是无法表示的。例如，在例 1.3 中，求任意两个正整数的最大公约数，其算法是非常经典的，图 1-6 用传统流程图表示该算法，但该算法无法直接用 N-S 图表示，因为该算法的关键是执行一个循环结构，但图 1-6 所示的循环结构既不是当型循环，又不是直到型循环，所以无法用 N-S 流程图表示。如果将例 1.3 中的算法稍加修改，使流程图采用选择结构形式，其中的判断条件改为 r≠0，就可以用直到型循环的 N-S 流程图表示这个算法，如图 1-15 所示。

4．伪代码

用传统流程图和 N-S 图表示算法直观易懂，但画图费事，修改也比较困难。有时为了算法设计方便，也使用一种称为伪代码的算法表示工具。

伪代码是介于自然语言和程序语言之间的由文字和符号组成的算法表示工具。它就像文章那样，自上而下书写。一行（或几行）表示一个基本操作。它不用图形符号，因此书写方便，格式紧凑，修改方便，容易阅读，也便于向程序语言过渡。

用伪代码表示算法没有严格的语法规则，可以中英文混合使用，只要把算法的内容表达清楚，便于书写阅读即可。

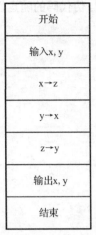

图 1-13 例 1.1 的 N-S 图

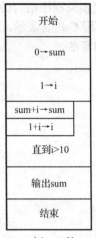

图 1-14 例 1.2 的 N-S 图

图 1-15 例 1.3 的 N-S 图

【例 1.4】 用伪代码表示求 5! 的算法。

```
Begin
    1→t
    2→i
    while i≤5
    {
        t*i→t
        i+1→i
    }
    print t
End
```

【例 1.5】 用伪代码表示求 $1-\dfrac{1}{2}+\dfrac{1}{3}-\dfrac{1}{4}+\cdots+\dfrac{1}{99}-\dfrac{1}{100}$ 的算法。

```
Begin
    1→sum
    2→deno
    1→sign
    while deno≤100
    {
        (-1)*sign→sign
        sign*1/deno→term
        sum+term→sum
        deno+1→deno
    }
    print sum
End
```

5. 程序语言

程序设计要完成的工作，包括算法设计和算法实现两个部分。作曲家编写乐谱就是设计一个算法，要让它变成美妙的音乐，需要音乐家的演奏或演唱，音乐家的演奏或演唱就是实现乐谱的算法。

同理，要让计算机完成某种工作，首先需要设计出相应的算法，然后实现它。然而，计算机无法识别表示算法的流程图和伪代码等，只能执行用程序语言编写的程序。因此，在用流程图或伪代码等设计好算法后，需要把它转换为用程序语言编写的程序。用程序语言表示的算法是计算机能够执行的算法。

　　用程序语言表示算法必须严格遵守相关程序语言的语法规则，这与伪代码的随意性有很大的区别。下面的例子将前面介绍的算法用 C 语言表示。

　　【例 1.6】　用 C 语言表示求 5！的算法。

```c
#include<stdio.h>
int main()
{
    int i,t;
    t=1;
    i=2;
    while(i<=5)
    {
        t=t*i;
        i=i+1;
    }
    printf("%d\n",t);
    return 0;
}
```

　　【例 1.7】　用 C 语言表示求 $1-\dfrac{1}{2}+\dfrac{1}{3}-\dfrac{1}{4}+\cdots+\dfrac{1}{99}-\dfrac{1}{100}$ 的算法。

```c
#include<stdio.h>
int main()
{
    int sign=1;
    double deno=2.0,sum=1.0,term;
    while(deno<=100)
    {
        sign=-sign;
        term=sign/deno;
        sum=sum+term;
        deno=deno+1;
    }
    printf("%f\n",sum);
    return 0;
}
```

1.2.4　算法的优化

　　算法是解决一个问题所确定的方法和有限的步骤，那么，解决一个问题的算法是唯一的吗？

　　下面我们先看一个自然数求和问题。例如，求 $1+2+\cdots+100$。人们可以先进行 1+2 的运算，然后将和值再加 3，再加 4，这样一直加到 100。也有人采用下面的方法求和，即 100+(1+99)+(2+98)+\cdots+(49+51)+50=100+49×100+50=5050。著名数学家高斯面对这个问题，并没有用常规的算法去求和，而是找出规律：100+1=99+2=98+3=\cdots=52+49=51+50，共计有 50 组和值相等的数据，于是便得出(100+1)×50=5050。

　　显然，这些求和方法有优劣之分，有的方法需要较多的步骤，而有的方法只需很少的步骤。一般来说，人们希望采用运算简单、步骤少的方法。因此，为了有效地解决问题，不仅仅需要保证算法正确，而且还要考虑算法的质量，选择最优的算法。这种对原有算法进行改进、改良、提升算法效率的做法称为算法的优化。

　　【例 1.8】　将任意大小的三个数 a、b、c 按从大到小的顺序进行排序。

　　【解题思路】　采用三个数逐个比较的方法，首先比较变量 a 与 b 的大小，若 a>b 成立，那么比较变量 a 与 c 的大小。如果 c>a 成立，那么三个数由大到小的顺序是 cab，如果不成立，则要比较变量 c 与 b 的大小。如果 c>b，那么三个数的顺序是 acb，否则三个数的顺序是 abc。若

a>b 不成立，则也要比较 a 与 c 的大小，如果 c<a 成立，则三个数的顺序是 bac。如果 c<a 不成立，则要进一步比较 c 与 b 的大小，如果 c<b 成立，则三个数由大到小的顺序是 bca，否则，三个数的顺序是 cba。该算法的顶层流程图如图 1-16 所示，排序处理细化算法流程图如图 1-17 所示，排序算法整体流程图如图 1-18 所示。

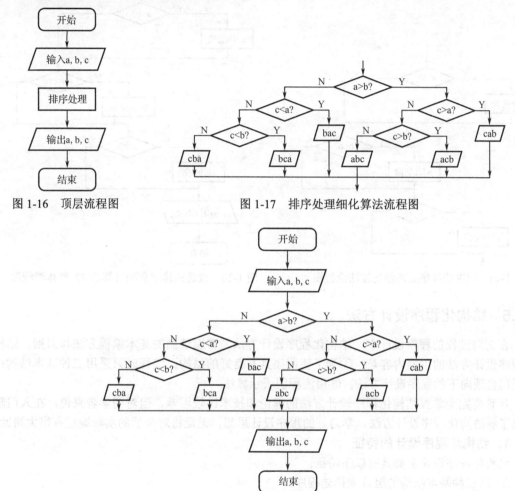

图 1-16　顶层流程图　　　　　图 1-17　排序处理细化算法流程图

图 1-18　排序算法（算法 1）整体流程图

　　上面的排序处理细化算法也可以做如下改进：在对三个数进行比较的时候，首先比较变量 a 与 b 的大小，如果 a<b 成立，那么将 a 与 b 的值进行交换，使 a 存放更大的值，b 存放更小的值。如果 a<b 不成立，那么接着比较变量 b 与 c 的大小。如果 b<c 成立，那么将 b 与 c 的值进行交换，使 b 存放更大的值，这时 c 存放最小值。由于 b 的值发生了改变，所以需要再次比较 a 与 b 的大小，如果 a<b 成立，那么将 a 与 b 进行交换，如果 a<b 不成立，那么什么也不做。这样 a 存放最大值，b 存放次大的值，c 存放最小值。改进后的排序处理细化算法流程图如图 1-19 所示。

　　从例 1.8 的两个排序处理算法的操作次数来看，算法 1 的判断次数为 5 次，而算法 2 的为 3 次，算法 1 的输出次数为 6 次，而算法 2 的只有 1 次。程序在运行时，每一个操作都需要占用/消耗系统的资源，因此，从算法的效率来看，算法 2 的效率比算法 1 要高得多。

　　可见，对同一个问题采用不同算法，尽管都可以求解问题，但效率并不一样。因此，算法具有很大的优化空间，算法的优化体现的是人的智慧而不是机器的智慧。

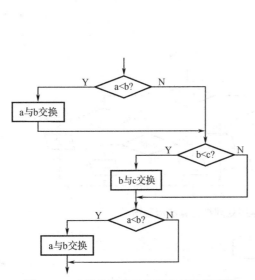

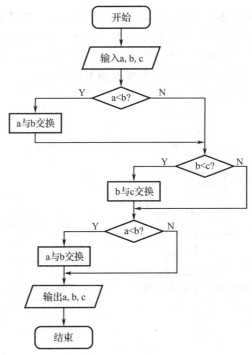

图 1-19　改进的排序处理细化算法流程图　　　　图 1-20　改进的排序算法（算法 2）整体流程图

1.2.5　结构化程序设计方法

在面向过程的程序设计中，结构化程序设计方法是普遍遵循的基本编程方法和原则。结构化程序设计方法的主要内容是：①为了使程序具有良好的结构，编程时只采用三种基本结构；②采用自顶向下的程序设计方法；③用流程图表示算法。

尽管要完全掌握结构化程序设计方法的理论和技术比较困难，但对初学者来说，在入门阶段就了解结构化程序设计方法，学习好的程序设计思想，无疑将对今后的实际编程有很大帮助。

1.　结构化程序设计的特征

结构化程序设计主要具有以下特征：

① 以三种基本结构的组合来描述程序。

② 整个程序采用模块化结构。

③ 限制使用转移语句。在迫不得已的情况下，也要十分谨慎，并且只能在一个结构内部跳转，不允许从一个结构跳到另一个结构。这样可缩小程序的静态结构和动态执行过程中之间的差异，避免人们误解程序的功能。

④ 以控制结构为单位，每个结构只有一个入口、一个出口，各单位之间接口简单，逻辑清晰。

⑤ 采用结构化程序设计语言编写程序，并采用一定的书写格式使程序结构清晰，易于阅读。

⑥ 培养良好的程序设计风格。

2.　自顶向下的程序设计方法

结构化程序设计的总体思想是，采用模块化结构，自顶向下，逐步求精。为了降低开发大规模程序的复杂度，程序员将大的问题分解为若干相对独立的小问题，小问题再分解为更小的子问题，这样不断地分解，使得小问题或子问题简单到能够直接用程序的三种基本结构表达为止。然后，对应每个小问题或子问题，编写一个功能上相对独立的程序模块。这个模块相当于制造机器的"零部件"，每个模块单独设计、调试、测试好以后，最后再统一组装。这样，对一个复杂问题的求解就变成了对若干简单问题的求解。这就是自顶向下、逐步求精的程序设计方法。

这种采用模块组装起来的程序称为模块化程序。为便于复杂问题的分解和程序模块的划分，模块化程序设计采用自上而下、逐步求精的设计方法，目的是便于问题的分析和求解；同时，模块化程序设计又采用自底向上、逐步集成的设计方法，将自顶向下分解的模块单独设计、调试、测试完成后，再组装成高级模块或更复杂模块，实现对复杂问题的自动化计算。因此，模块化程序设计是结构化程序设计的基本原则。

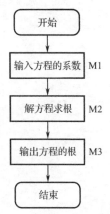

图 1-21　求一元二次方程
根的顶层模块图

【例 1.9】　求一元二次方程 $ax^2+bx+c=0$ 的根。

【解题思路】　从顶层来看，求方程根的算法可以分解成三个小问题：输入问题、求根问题、输出问题。这三个小问题就是求方程根的三个功能模块：输入模块 M1、求根计算模块 M2 和输出模块 M3。其中 M1 模块负责输入方程的系数，M2 模块根据算法解方程求根，M3 模块负责将所得结果显示或打印出来。通过这种划分，使原问题转化为三个相对独立的子问题。其顶层模块图如图 1-21 所示。

分解出来的三个模块从总体上为顺序结构。其中 M1 和 M3 模块的功能是负责简单的输入和输出操作，不需要做进一步分解，可以直接设计出程序。而 M2 模块负责解方程求根。解方程求根首先要判断二次项系数 a 是否为 0。当 $a=0$ 时，方程蜕化为一元一次方程，其求解方法与一元二次方程不同。若 $a \neq 0$，则需要根据判别式 b^2-4ac 的值计算一元二次方程的根。可见，M2 模块比较复杂，需要将其进一步分解为 M21 和 M22 两个子模块，分别对应解一元一次方程和一元二次方程，如图 1-22 所示。

M2 模块分解后，M21 模块的功能是解一元一次方程，其算法简单，直接求解。M22 模块的功能是解一元二次方程，可用流程图表示其求解算法，如图 1-23 所示。它由简单的顺序结构和一个选择结构组成，这就是 M22 模块的流程图。然后，按照细化 M22 模块的方法，分别将 M1、M21 和 M3 模块的算法用流程图表示出来，再按图 1-21 和图 1-22 进行组装，得到如图 1-24 所示的整体流程图。

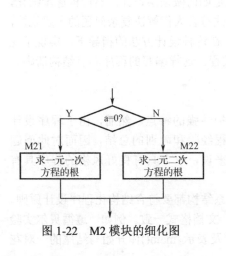

图 1-22　M2 模块的细化图

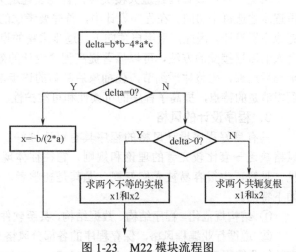

图 1-23　M22 模块流程图

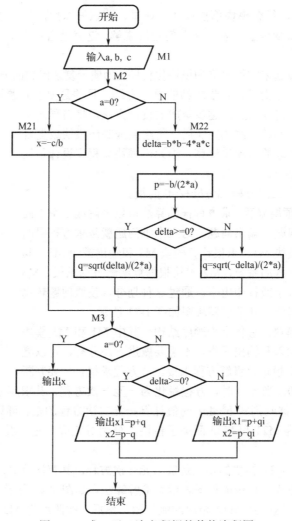

图 1-24 求一元二次方程根的整体流程图

可见，程序设计与建造大楼类似，首先要建造大楼的整体框架，待整体框架建造起来后，再逐步建造每个房间。在程序设计中，首先要考虑的问题是如何做顶层设计，然后再逐步细化，完成底层设计。因此，采用自顶向下、逐步求精的设计方法符合人们解决复杂问题的一般规律，是人们习惯接受的方法，可以显著提高程序设计的效率。在这种设计方法的指导下，实现了先全局后局部，先整体后细节，先抽象后具体的逐步求精过程。这样编写的程序具有结构清晰、逻辑清楚的特点，提高了程序的可读性和可维护性。

3. 程序设计的风格

具有良好程序设计风格的程序具有可读性好、可维护性强的特点。然而，由于程序设计风格缺乏一套比较完善的理论和规则，它往往体现为编程经验和教训的总结，因而对此问题见仁见智，也很容易被人们忽视，尤其是初学者。一般来说，一个具有良好风格的程序具有如下特点。

① 结构规范化。程序结构、数据结构，甚至软件的体系结构都要符合结构化程序设计原则。

② 遵循行业编程风格。保存程序的各部分风格一致，文档格式一致。例如，遵循贝尔实验室的行业编程风格，所有的#include、#define、main()，以及表示 main()体开始与结尾的一对花

括号、各功能函数及函数体开始与结尾的一对花括号，均从第 1 列开始书写；函数体内的声明和语句要缩进。

③ 适当使用注释。注释可以帮助程序员理解程序，提供程序的可读性。因此，需要在程序的适当位置（如程序段或行）适当添加注释。

④ 变量或函数名等标识符应见名知意，贴近实际。原则是选择有实际意义的标识符名称，以易于理解和识别。

例如，两个程序的程序如下：

```
/*程序 A*/
#include<stdio.h>
int main()
{
    int i,sum=0;
    for(i=0;i<5;i++)                    /*循环语句*/
    {
        sum=sum+i;                      /*累加求和*/
    }
    printf("%2d",sum);                  /*显示结果*/
    return 0;
}
/*程序 B*/
#include<stdio.h>
int main()
{
int i,sum=0;
for(i=0;i<5;i++)
sum=sum+i;
printf("%2d",sum);
return 0;
}
```

程序 A 和 B 的语句相同，功能相同，运行结果也相同，但程序风格不同。程序 A 采用了格式缩进，并添加了适当的注释。显然，程序 A 的可读性比程序 B 好得多。

结构化程序设计方法之所以成为面向过程的程序设计的主流，被人们广泛接受和应用，主要原因在于，结构化程序设计能提高程序的可读性和可靠性，便于程序的测试和维护，能够有效地保证程序质量。读者应该在今后的编程实践中不断尝试、使用和提高，加深对此方法的理解和应用。

1.3　C 语言编程

学习 C 语言的最佳途径是编程。首先，在屏幕上显示信息是一项很重要的工作。下面我们编写第一个简单的 C 程序，在屏幕上显示一行信息 "Hello, world!"。我们怎么实现呢？首先要在一个文本编辑器中编写代码，并保存为一个以.c 结尾的文件，假设为 hello.c，然后进行编译、链接和运行，就可以在屏幕上看到需要显示的信息。程序如下：

```
/*hello.c*/
/*This is the first C program.*/
#include<stdio.h>

int main(void)
{
    printf("Hello, world!\n");
    return 0;
}
```

下面我们分析一下上述程序的结构特点。

```
/*This is the first C program.*/
```

说明：上面这行是程序注释。编译器将忽略以/*开始，以*/结束的符号对括起来的文本。注释是为帮助理解程序而提供的说明。

```
#include<stdio.h>
```

说明：上面以字符#开始的行是预处理指令，它告诉编译器，在本程序中包含标准输入/输出库的内容。C 语言包含大量类似 stdio.h 这样的头文件，每个头文件都包含一些标准库的内容。以#开始的指令可以把 C 语言中的指令和程序代码区别开来。在默认情况下，一条指令一行，每条指令的结尾既没有分号也没有其他特殊符号。

```
int main(void)
```

说明：每个程序都有且只有一个主函数 main()，程序从 main()开始执行。main 后面的圆括号告诉编译器这是一个函数，关键字 int 声明 main()返回的值是整型数。关键字 void 表明 main()没有参数。

```
{…}
```

说明：每个函数都以左花括号开始，以右花括号结束。我们提倡的编程风格是，左花括号和右花括号各占一行，并靠左放置。这两种花括号也用于把语句组织在一起。

```
printf("Hello,world!\n");
```

说明：上面这条语句表明用一个参数（即字符串"Hello,world!\n"）对 printf()进行调用或引用。双引号括起来的字符串是 C 语言中的串常量。这个串常量是 printf()的一个参数，它控制显示的内容。串尾的字符\n 表示换行的字符，它是一个非打印字符，其作用是把光标移到屏幕下一行的开头。本行的末尾以分号（;）结尾。C 语言中所有的声明和语句都以分号结尾。

```
return 0;
```

说明：上面这条语句表明 main()向操作系统返回整型数 0。0 标志着程序已经成功结束，非0 告诉操作系统 main()没有成功。

调用 printf()产生的效果是在屏幕上连续地显示，当读到一个换行符\n 时，光标会转移到下一行。当需要在屏幕上显示多条信息时，程序员必须考虑如何在屏幕上进行合理的布局，从而更好地显示信息。

下面用两条输出语句重写我们的程序，虽然它看起来不同，但屏幕显示的内容是一致的：

```
#include<stdio.h>

int main(void)
{
    printf("Hello,");                /*输出"Hello, "但没有换行*/
    printf("world!\n");              /*在输出"Hello, "之后，继续输出"world! "*/
    return 0;
}
```

如果要增加一条显示信息"Hello, morning! "，并分两行显示，则程序可以这样编写：

```
#include<stdio.h>

int main(void)
{
    printf("Hello, world!\n ");      /*输出"Hello, world! "，遇到'\n'换行*/
    printf("Hello, morning!\n");     /*输出"Hello, morning! "，遇到'\n'换行*/
    return 0;
}
```

也可以将 main()内的两条 printf()语句用一条语句表达：

```
printf("Hello, world!\nHello, morning!\n "); /*遇到'\n'都要换行*/
```

这两个程序都会在屏幕上显示相同格式的内容：

```
Hello, world!
Hello, morning!
```

标准库中有很多像 printf() 这样的函数，这些函数的可用性是 C 语言的一个重要特征。虽然标准库不是 C 语言的一部分，但它是 C 系统的一部分。标准库中的函数在 C 系统中随处可用，程序员在编程过程中经常需要使用它们。

1.4 变量、表达式和赋值

与第一个 C 程序不同，大多数 C 程序在显示计算结果之前需要执行一系列计算，因而需要在程序的执行过程中有一种临时存储数据的方法。C 语言把程序执行过程中的这类存储单元称为变量。

我们看一个例子。在国内，人们常常用摄氏温度表示温度，在国外往往用华氏温度表示温度。当人们出国时，如何将当地的华氏温度转换为摄氏温度？它们之间有一个转换关系：

$$C = \frac{5}{9}(F - 32)$$

如何让计算机进行计算呢？下面是我们的程序使用的算法。

华氏温度转换为摄氏温度的算法：

① 把华氏温度赋值给一个变量 F；

② 把 F 与 32 的差值乘以 5，再把乘积除以 9，然后把商赋值给变量 C；

③ 在屏幕上显示变量 C 的值。

变量 F 和 C 都必须有数据类型，数据类型表明变量所存储数据的类型。C 语言拥有广泛的数据类型，目前我们只学习两种数据类型：int 型和 float 型。由于数据类型会影响变量的存储方式及对变量允许的操作，因此选择合适的数据类型是非常关键的。变量的数据类型决定了该变量所能表示的最大值和最小值，同时也决定了是否允许小数点后有数字。

int 型变量可以存储整数，如-10，0，25，1000 等。但整数的取值范围是有限制的。在某些计算机系统中，int 型变量的最大值是 32767。

float 型变量不仅可以存储更大的数值，而且可以存储带小数点的数值，如圆周率 3.1415926。但 float 型变量也有一些缺陷，这类变量的存储空间比 int 型变量的存储空间大，因此在进行算术运算时，使用 float 型变量的运算速度比使用 int 型变量的慢。此外，float 型变量存储的数值往往只是实际数值的近似值。如果用一个 float 型变量存储 0.0099999，那么后来可能会发现这个变量的值是 0.010000，这是舍入造成的误差。

为了便于编译器工作，变量在使用之前必须先声明。声明变量时，首先要指定变量的类型，然后声明变量的名字。在温度转换的例子中，我们可以按如下方式声明变量 F 和 C：

```
float F;    /*F 表示华氏温度*/
float C;    /*C 表示摄氏温度*/
```

这两条语句声明两个 float 型变量 F 和 C，这意味着变量 F 和 C 可以分别存储一个实数值。这两个变量都是 float 型变量，在声明时可以把它们合并。

```
float F,C;
```

如果两个变量的类型不同，必须对它们进行分别声明，例如：

```
int age;           /*age 表示人的年龄*/
float weight;      /*weight 表示人的体重*/
```

在 main() 中声明变量时，必须把声明语句放在其他语句的前面，例如：

```
int main()
{
    声明语句
```

其他语句
}

良好的编程风格是，在声明语句与其他语句之间留一个空行。

变量如何获得值呢？变量可以通过赋值语句获得值。例如，已知华氏温度，计算相应的摄氏温度，可用如下语句完成：

```
int F;
F=50;
```

上述语句表示声明 int 型变量 F，把 50 赋值给变量 F。一旦变量被赋值，就可以用它们来计算其他变量的值：

```
C=5.0*(F-32)/9.0;
```

在 C 语言中，符号*、/、+、-是算术运算符，分别表示乘法、除法、加法、减法运算。上述语句表示对存储在变量 F 中的数值进行减法运算，接着把运算结果乘以 5.0，然后把新的运算结果除以 9.0，最后把最终的运算结果赋值给变量 C。通常，赋值运算的右侧是一个含有常量、变量和运算符的运算式，在 C 语言中称为表达式。

当程序开始执行时，某些变量会自动设置为 0，而大多数变量则不为 0，而是自动设置为一个随机数。因此，人们往往不能预测变量的初值是什么。

人们可以采用赋值语句给变量赋一个初值，这个操作称为变量的初始化，也可以在变量声明中加入初值。例如：

```
int F=50;
```

在同一条声明语句中甚至可以对任意数量的变量进行初始化，例如：

```
int radius=2, height=3;
```

注意，上述每个变量都设置了初值。在下面的例子中，只有变量 c 拥有初值 6，而变量 a 或变量 b 都没有设置初值（即这两个变量的值仍然未知）：

```
int a, b, c=6;
```

调用 printf()可以显示当前变量的值。例如：

```
printf("c=:%d\n",c);
```

占位符%d 用来指示打印过程中变量 c 的值的显示位置。**注意**，由于在%d 后面放置了\n，因此，打印 c 的值后，光标会跳到下一行。

%d 仅用于 int 型变量。如果要打印 float 型变量，则需要用%f 来代替。在默认情况下，%f 会显示出小数点后 6 位数字。若需要%f 显示小数点后 n 位数字，则可以用%.nf 表示。同时，C 语言没有限制调用一个 printf()可以显示的变量的数量。

【例 1.10】 给定圆的半径，计算这个圆的面积和周长。

```
/*circle.c*/
/*计算一个圆的面积和周长*/
#include<stdio.h>

int main(void)
{
    float radius=3.0,area,perimeter;    /*变量 radius、area 和 perimeter 分别表示圆的半径、面积和周长*/
    area=3.1415926*radius*radius;
    perimeter=2*3.1415926*radius;
    printf("area:%.2f   perimeter:%.2f",area,perimeter);    /*格式符%.2f 表示保留小数点后两位有效数字或
                                                              精确到 0.01*/
    return 0;
}
```

1.5　从键盘读取输入

程序 circle.c 并不完美，因为它只能计算给定半径的圆的面积和周长。为了改进程序，需要

允许用户自行输入圆的半径。

调用 scanf()可以获取键盘输入。它是 C 库中与 printf()相对应的函数。scanf 中字母 f 和 printf 中字母 f 的含义相同，表示"格式化"。scanf()和 printf()都需要用格式字符串来说明输入或输出数据的样式。scanf()需要知道将获得的输入数据的格式，而 printf()需要知道输出数据的显示格式。

为了从键盘读取一个 int 型数，可以这样调用 scanf()：
```
scanf("%d", &a);
```
这条语句的含义是，从键盘读取一个整数，把它存储在变量 a 中。其中，"%d"表示 scanf()读入的是一个整数；a 是一个 int 型变量，用来存储 scanf()读入的输入；运算符&表示把读入的整数存储到变量 a 所在的内存空间中。

读入一个 float 型数时，格式字符串的形式略有不同：
```
scanf("%f", &radius);
```
其中，%f 表示 scanf()读入的是一个实数，radius 是一个 float 型变量，%f 告诉 scanf()寻找一个 float 格式的输入值。

【例 1.11】　下面的程序是计算圆的面积和周长的改进版，允许用户自行输入圆的半径。
```c
/*circle2.c*/
/*Computes the area and perimeter of a circle from input provided by the user*/
#include<stdio.h>
#define PI 3.1415926

int main(void)
{
    float radius,area,perimeter;
    scanf("%f", &radius);     /*从键盘输入圆的半径*/
    area=3.1415926*radius*radius;
    perimeter=2*3.1415926*radius;
    printf("area:%.2f    perimeter:%.2f",area,perimeter);
    return 0;
}
```
注意，scanf()的输入项前一般要有运算符&，但 printf()的输出项前不能有运算符&，否则，程序将出现编译错误。

1.6　常量定义

1. 宏常量

常量是在程序执行过程中固定不变的量。当程序中含有常量时，需要命名常量。C 语言采用宏定义的特性给常量命名，例如：
```
#define   PI   3.1415926        /*声明宏常量 PI，它代表圆周率*/
```
这里的#define 是预处理指令，类似于#include，此行的结尾没有分号。当编译程序时，预处理器会把每个宏用其表示的值替换回来。例如，语句：
```
area=PI*radius*radius;
```
将替换为：
```
area=3.1415926*radius*radius;
```
其效果相当于在第一条语句处编写了后一条语句。此外，还可以利用宏来定义表达式：
```
#define   SCALE_FACTOR   (4.0/3.0)
```
当宏包含运算符时，必须用括号把表达式括起来。**注意**，常量的名字用了大写字母，这是大多数 C 程序员遵循的规范，但并不是 C 语言本身的要求。

【例 1.12】　下面的程序提示用户输入球的半径，然后输出球的体积。

```
/*ball.c*/
/*Computes the volume of a ball from input provided by the user*/
#include<stdio.h>
#define PI 3.1415926                   /*定义宏常量 PI，它代表圆周率*/
#define   SCALE_FACTOR   (4.0/3.0)     /*定义宏 SCALE_FACTOR，它代表因子(4.0/3.0)*/
int main(void)
{
    float radius,volume;
    scanf("%f", &radius);
    volume=SCALE_FACTOR*PI*radius*radius*radius;
    printf("volume:%.2f \n",volume);
    return 0;
}
```

上述程序中，语句：

```
volume=SCALE_FACTOR*PI*radius*radius*radius;
```

根据球的半径计算球的体积。因为 PI 表示的是常量 3.1415926，SCALE_FACTOR 表示的是表达式(4.0/3.0)，故编译器会把此语句看成：

```
volume=(4.0/3.0)*3.1415926*radius*radius*radius;
```

注意，定义 SCALE_FACTOR 时，表达式采用(4.0/3.0)形式而不是(4/3)形式，这一点非常重要。因为如果两个整数相除，那么 C 语言会对结果进行取整操作，所以表达式(4/3)的值将为 1，这不是我们想要的结果。

2．const 常量

使用宏常量面临的一个最大问题是，宏常量没有数据类型。编译器不对宏常量进行类型检查，只做简单的字符串替换，而这样极易产生意想不到的错误。

那么 C 语言如何声明具有数据类型的常量呢？使用 const 常量可以有效地解决这个问题。通常，在声明语句中，只要将 const 类型修饰符放在类型名前面，即可将类型名后面的标识符声明为具有该类型的 const 常量。编译器会将 const 常量放在只读存储区中，不允许在程序执行中改变其值，因此 const 常量只能在定义时赋初值。例如：

```
const double PI=3.1415926;
```

声明了名为 PI 的 double 型常量，其值是 3.1415926。显然，PI 作为常量不可能在程序中被修改。

【例 1.13】 下面的程序是例 1.10 的改进版，使用 const 常量定义圆周率π，给定圆的半径，求圆的面积和周长。

```
/*circle3.c*/
/*Computes the circle area and perimeter of a circle*/
#include<stdio.h>
int main(void)
{
    const double PI=3.1415926;           /*定义 double 型的 const 常量*/
    double radius=3.0,area,perimeter;
    area=PI*radius*radius;
    perimeter=2*PI*radius;
    printf("area:%.2f   perimeter:%.2f",area,perimeter);
    return 0;
}
```

这个程序与例 1.10 不同的是，使用了 const 常量替换了例 1.10 程序中的宏常量。两个程序的运行结果是一致的。

编写程序时，如果误将 const double 写成了 const int，则在 Visual C++ 6.0 下编译时，会得到警告提示信息如下：

```
warning C4244: 'initializing' : conversion from 'const double' to 'const int', possible loss of data
```

这个警告提示可能丢失数据。

如果误将 double 写成了 const float，则在 Visual C++ 6.0 下编译时，会得到警告提示信息如下：

warning C4305: 'initializing' : truncation from 'const double' to 'const float'

由于 float 型常量隐含按 double 型处理，因此这个警告信息提示将 double 型常量赋值给 float 型常量可能造成截断误差。

可见，const 常量不仅声明了常量的数据类型，而且编译器还能够对其进行类型检查，防止类型使用错误。

1.7 标识符

在编写 C 程序时，需要对变量、函数、宏和其他实体进行命名。这些名字称为标识符。在 C 语言中，标识符只能是字母、数字和下画线组成的字符序列，但标识符必须以字母或下画线开头。例如，下面这些是合法的标识符：

name   next_number   str_2_num   _address

下面这些则是不合法的标识符：

2number   next-number   -address

不合法的原因是：符号 2number、-address 是以数字或负号而不是以字母或下画线开头的。符号 next-number 包含了减号而不是下画线。

C 语言中的标识符是区分大小写的，即 C 语言区分标识符中的大写字母和小写字母。例如，下面这些标识符是完全不同的：

num   nuM   nUm   nUM   Num   NuM   NUm   NUM

上述 8 个标识符可以同时使用，且每个都可以有完全不同的意义。不过，为避免混淆，建议尽量使用看起来各不相同的标识符。

有的程序员会遵循在标识符命名时只使用小写字母的规范（宏命名除外），而且为了使名字清晰，还会在中间加下画线：

address_and_phone   num_and_name

而有的程序员则避免使用下画线，他们喜欢把标识符中的每个单词都用大写字母开头：

AddressAndPhone   NumAndName

虽然存在其他合理的规范，但一定要保证在整个程序中对标识符按照同一种方式进行命名。

ANSI C 对标识符的最大长度没有限制，但也不宜太长，标识符能见名知意、方便理解即可。

在 ANSI C 中，关键字不能作为标识符使用。表 1-2 中的关键字对编译器而言具有特殊的意义。

表 1-2　关键字

auto	break	case	char	double	else
const	continue	default	do	float	for
enum	extern	int	long	register	return
goto	if	short	signed	sizeof	static
struct	switch	typedef	union		
unsigned	void	volatile	while		

由于 C 语言是区分大小写的，所以程序中出现的关键字都必须严格按照表 1-2 所示全部采用小写字母。此外，标准库中函数的名字也采用小写字母。否则，编译器将不能识别关键字和库函数的调用。

1.8 C 程序的结构特点

通过上述例子的介绍，可以看出，一个 C 程序具有如下结构特点。

（1）一个 C 程序可以由一个或多个源文件组成。对于规模较小的程序，往往只包含一个源文件，该文件的扩展名为.c。例如，前面的几个小程序分别只包含一个 hello.c、circle.c、ball.c 文件。对于复杂的问题，程序的规模一般较大，所包含的函数较多，如果把所有的函数放在一个文件中，则文件太大，且不便于编译和调试。为了方便编译和调试，可以让程序包含多个甚至数十个源文件。一个源文件就是一个程序模块，整个程序分成若干个程序模块。

（2）每个源文件可由一个或多个函数组成。例如，hello.c、circle.c、ball.c 文件只包含一个函数 main()，但这并不意味着每个源文件只能有一个函数。事实上，当问题比较复杂时，源文件中可以定义多个函数，这些函数可以被 main()或其他函数调用。一个源文件主要由以下几部分组成：

① 预处理指令。预处理命令通常应放在程序的最前面，如#include、#define 等。C 系统在对程序进行"翻译"之前，先由预处理器对预处理指令进行预处理。预处理得到的结果与程序的其他部分一起，组成一个完整的可以被编译的源程序，然后由编译器编译该源程序，从而得到目标程序。

② 变量声明。变量是程序的数据，在使用之前必须先声明。有些变量在函数内部声明，这种变量称为局部变量，其局限于该函数内发挥作用。有些变量在所有函数外声明，这种变量称为全局变量，其在源文件范围内有效。局部变量和全局变量的内容将在第 6 章中详细介绍。

③ 函数定义。函数用来表示一个子模块，实现一定的相对独立的功能。函数在被调用之前，必须先定义其指定的功能。

（3）函数是 C 程序的主要组成部分。程序的全部工作几乎都是由各个函数分别完成的，函数是 C 程序的基本单位。在设计良好的程序中，每个函数都用来实现一个或几个特定的功能。C 语言程序设计的主要工作是编写函数。

在程序中被调用的函数，既可以是系统提供的库函数，如 printf()、scanf()，也可以是用户根据需要自己设计编制的函数。ANSI C 提供了很多标准库函数，程序员要善于利用这些函数，减少不必要的开发工作，以提高工作效率。

（4）函数由两部分组成。

① 函数首部。即函数的第 1 行，包括函数类型、函数名、函数参数、参数类型。

例如，函数 sum 的首部为：

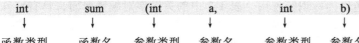

int	sum	(int	a,	int	b)
↓	↓	↓	↓	↓	↓
函数类型	函数名	参数类型	参数名	参数类型	参数名

函数名后面跟一对圆括号，圆括号内是各参数的类型和名称。如果函数没有参数，可以在圆括号内写 void，也可以用空圆括号，如：

int main(void)

或

int main()

② 函数体。即函数首部下面一对花括号内的内容。如果在一个函数中包含多层花括号，则最外层的花括号是函数体的范围。

函数体一般包括以下两部分。

● 声明部分：其中包括定义本函数所用到的变量，以及对本函数调用的函数进行声明。

● 执行部分：由若干语句组成，指定在函数中所执行的操作。

在某些情况下，可以没有声明部分，甚至可以既无声明部分，又无执行部分，这样的函数称为空函数，空函数什么也不做，但是它是合法的，它往往作为预留的接口。

（5）一个源程序不论由多少个文件组成，都有且只有一个 main()。程序总是从 main()开始执行，而不管 main()在整个程序中的位置如何。

（6）程序中每一个说明、每一条语句都必须以分号结尾。但预处理命令、函数首部和右花括号"}"之后不能加分号。

（7）标识符和关键字之间必须至少加一个空格以示间隔。若已有明显的间隔符，也可不再加空格来间隔。**注意**，标识符、关键字内部不能有空格，因为这样可能会改变程序的意思甚至引发错误。例如：

```
fl   oat   num;      /*float 中间有两个空格，导致变量声明是错误的*/
```

（8）C 语言本身不提供输入/输出语句。C 语言对输入/输出实行"函数化"，输入/输出的操作由库函数 printf()、scanf()等完成。由于输入/输出操作涉及具体的计算机设备，将输入/输出操作用库函数实现，可以使 C 程序本身规模较小，编译简单，容易在各类机器上实现，具有可移植性。

（9）程序应当包含注释。一个可读性好、可维护性强的程序中应当包含适当的注释。

1.9 C 语言编程风格

C 程序可看成一串记号（在不改变意思的基础上无法再进行分割的字符组）。标识符和关键字都是记号。+和-等运算符、逗号、分号等标点符号以及字符串字面量也都是记号。字符串字面量（string literal）是指用一对双引号引起来的一系列字符，双引号之间可以没有字符，可以只有一个字符，也可以有多个字符。

在 C 语言编程中，培养良好的编程风格至关重要。事实上，在程序中保留适当的空格和空行更有利于阅读和理解。C 语言允许在程序的记号之间插入任意数量的间隔，这些间隔可以是空格符、制表位和换行符。良好的编程风格应遵循一些重要的原则。

① 语句可以分布在任意多行内。例如，下面的语句太长，很难把它写在一行内：

```
printf("The volume of the ball is : %.2f\n",
(4.0 / 3.0) *3.1415926 *radius*radius * radius);
```

② 记号间的空格应便于肉眼区别记号。基于这个原因，通常会在每个运算符的前后都加一个空格，例如：

```
C = 5.0 * (F - 32 ) / 9.0;
```

此外，还可以在每个逗号的后面加一个空格。许多程序员甚至会在圆括号与其他标点符号两边都加上空格。

③ 缩进有助于识别程序的嵌套结构。例如，为了表示 main()与其函数体的结构关系，即函数体中的声明和执行部分嵌套在 main()中，函数体中的所有语句都要缩进。

④ 空行可以把程序划分成逻辑单元，使读者更容易识别程序的结构。有时候，没有空行的程序很难阅读。

下面我们看一个规范的编程实例：

```
int main(void)
{
    float F, C ;

    printf("Please Enter Fahrenheit Temperature: ");
    scanf("%f", &F);

    C= 5.0 * (F - 32.0 ) / 9.0;

    printf("C=%.1f", C);

    return 0;
}
```

首先，我们看到空格是如何围绕运算符=、-和*，从而使这些运算符可以凸显出来的。其次，要留意为了明确声明和执行部分属于 main()，如何对它们设置缩进格式。最后，注意如何利用空行将 main()划分为 5 部分：① 声明变量 F 和 C；② 获取华氏温度；③ 计算变量 C 的值；④ 显示摄氏温度；⑤ 返回操作系统。

注意，虽然记号之间可以添加额外的空格，但记号内绝对不能添加空格。

习题 1

一、单项选择题

1. C 程序设计语言是（　　）。

A．机器语言　　　　　　B．高级语言　　　　　　C．汇编语言　　　　　　D．第四代语言

2. 程序设计一般包括以下 4 个步骤，其中第一个步骤是（　　）。

A．设计数据结构和算法　　　　　　　B．建立数学模型

C．编写程序　　　　　　　　　　　　D．调试运行程序

3. 下面描述中正确的是（　　）。

A．结构化程序设计方法是面向过程程序设计的主流

B．算法就是计算方法

C．一个正确的程序是指程序的书写正确

D．计算机语言是编写程序的工具而不是表示算法的工具

4. N-S 图与传统流程图相比，其主要优点是（　　）。

A．杜绝了程序的无条件转移　　　　　　B．具有顺序、选择和循环三种基本结构

C．简单、直观　　　　　　　　　　　　D．有利于编写程序

5. 以下说法中正确的是（　　）。

A．C 语言程序总是从第一个定义的函数开始执行

B．C 语言程序中至少有一个 main 函数

C．C 语言程序总是从 main 函数开始执行

D．C 语言程序中的 main 函数必须放在程序的开始部分

6. 以下叙述中正确的是（　　）。

A．用 C 程序实现的算法必须要有输入和输出操作

B．用 C 程序实现的算法可以没有输出但必须要有输入

C．用 C 程序实现的算法可以没有输入但必须要有输出

D．用 C 程序实现的算法可以既没有输入也没有输出

7. 以下不合法的用户标识符是（　　）。

A．j2_KEY　　　　　　B．double　　　　　　C．4d　　　　　　D．_8_

8. 以下有关宏替换的叙述不正确的是（　　）。

A．宏替换不占用运行时间　　　　　　B．宏名无类型

C．宏替换只是字符替换　　　　　　　D．宏名必须用大写字母表示

9. 下面各选项组中，均为 C 语言关键字的组是（　　）。

A．auto，enum，include　　　　　　B．switch，typedef，continue

C．signed，union，scanf　　　　　　D．if，struct，type

10. 以下叙述中错误的是（　　）。

A．C 语言源程序经编译后生成后缀为.obj 的目标程序

B．C 语言经过编译、链接步骤之后才能形成一个真正可执行的二进制机器指令文件

C．用 C 语言编写的程序称为源程序，它以 ASCII 码形式存放在一个文本文件中

D．C 语言的每条可执行语句和非执行语句最终都将被转换成二进制的机器指令

二、填空题

1．在流程图符号中，判断框中需要填写的内容是_____。

2．任何简单或复杂的算法都是由_____和_____这两个要素组成的。

3．在三种基本结构中，先判断后执行的结构被称为_____，先执行后判断的结构被称为_____。

4．采用自顶向下、逐步求精的设计方法便于_____。

5．上机运行一个 C 源程序的步骤一般为：①_____；②_____；③_____；④_____。

6．在 C 语言中，一个函数是由两部分组成的，它们分别是_____和_____；一个函数的函数体一般包括_____和_____。

三、应用题

1．有一个分数序列如下：

$$\frac{2}{1}, \frac{3}{2}, \frac{5}{3}, \frac{8}{5}, \frac{13}{8}, \cdots$$

试用迭代法求出这个数列前 20 项之和，并用流程图表示其算法。

2．从键盘任意输入的三个数 a、b、c，要求按从大到小的顺序把它们显示出来，用流程图表示该算法。

3．任意输入 n 个整数，要求计算其中偶数之和，用流程图表示该算法。

4．判断一个整数 n 能否同时被 3、5 和 7 整除，用流程图表示该算法。

5．从键盘任意输入一个整数，判断其是否为素数，用流程图或 N-S 图表示该算法。

6．找出 100～200 之间的素数并输出，用流程图或 N-S 图表示该算法。

7．找出 1900—2000 年的闰年，用"自顶向下、逐步求精"的方法进行该算法的设计。

提示，符合以下两个条件之一的年份就是闰年：

（1）能被 4 整除但不能被 100 整除；

（2）能被 100 整除且能被 400 整除。

8．某班有 n 个学生参加 C 语言程序设计课考试，试用流程图或 N-S 图表示计算该班 C 语言程序设计课成绩的平均分的算法。

9．对读者来说，良好的编程风格是至关重要的。考虑下面的程序：

```c
#include<stdio.h>
int main(void
){float a,
    b,
    c; printf("enter three number"
); scanf("%f%f    %f", &a, &b
,&c); printf("average=%f",(a+b+c)/3.0);
return 0;
}
```

显然，程序的可读性不太好，但它是可编译和可执行的，因为编译器只关心字符流。请按此格式输入程序后执行它，观察它的运行情况。再编写一个完整的程序，用空格和注释使它更可读和文档化。

10．已知 1 磅等于 16 盎司，1 盎司等于 28.350 克。编写一个把磅和盎司转换成千克和克的交互式程序。在 main() 之前定义符号常量或 const 常量。

第 2 章　数据类型与表达式

在 C 语言编程中，变量和常量是程序要处理的两种基本数据对象。声明语句中声明了变量的名字以及该变量的数据类型，可能还要给出该变量的初值。本书前面已经学习了两种基本数据类型 int 和 float 型。本章接着介绍其他数据类型，并补充 int 和 float 型的附加信息。运算符用于对变量和常量进行操作。表达式用于把变量、常量、函数调用组合起来产生新值。数据对象的类型决定着该对象的取值范围和对该对象施加的运算。本章将详细介绍这些内容。

2.1　变量声明与表达式

变量和常量是程序要处理的对象。在 C 语言中，使用一个变量前必须先声明它。变量的声明有两个目的：一个目的是，通过声明，告诉编译器保留一定的内存空间来存储变量的值；另一个目的是，通过声明，让编译器向机器发指令，使机器能正确地完成指定的操作。例如，对于表达式 a+b，运算符+被应用到变量 a、b 上。机器做加法运算时，把运算符+用到 int 型变量上的结果与用到 float 型变量上的结果是不同的。虽然程序员不必关心这两种加法在机器上的运算结果的区别，但 C 编译器必须识别这种不同，并给出适当的机器指令。

表达式是变量、常量和函数调用等组成的有意义的式子。例如，下面这些式子都是表达式：

2*x*x+3*x+6　　　　　a+(b-c)/4　　　　　sqrt(2)*y-8

与变量类似，大多数表达式也有值和类型。在通常情况下，表达式的类型依赖于组成表达式的常量、变量和函数调用的类型。

2.2　基本数据类型

C 语言提供了几种基本数据类型，它们分别是：

char	字符型，单字节，可以存储字符集中的一个字符。
int	整型。
float	单精度浮点型。
double	双精度浮点型。

此外，还有 short、long、unsigned、signed 等限定符用于限定这些基本类型。因此，C 语言的基本数据类型见表 2-1。

通常，不使用关键字 signed，因此 singed int 等价于 int，这更方便程序员使用。同样，关键字 short int、long int、unsigned int 经常被 short、long、unsigned 代替。

表 2-1　C 语言的基本数据类型

short	int	long
unsigned short	unsigned	unsigned long
float	double	long double
char		

引入 short、long 限定符的目的是使 short、long 型提供各种满足实际要求长度的整数或实数。int 型通常反映特定机器的自然大小，一般为 16 位（bit）或 32 位，short 型一般为 16 位，long 型一般为 32 位。每个编译器都可以根据其机器不同自由选择适当的大小，唯一的限制是，short 与 int 型至少 16 位，long 型至少 32 位；short 型不得长于 int 型，int 型不得长于 long 型。

引入 signed、unsigned 限定符的目的是限定整数类型。singed 限定符限定的数包括正数、负数和 0，unsigned 限定符限定的数为正数或 0。

long double 型用于表达高精度的浮点数。float、double、long double 型的实数可以具有同样大小，也可以具有不同大小。

2.3 整型

数学上的自然数是 0,1,2,3,…，这些数与它们的负数一起组成了整数。为了处理能在机器上表示的整数值，C 语言支持整数类型（整型，int 型）。

通常，一个 int 型的值存储在一个机器字中。不同厂商制造的计算机的机器字组成不同，一些计算机的机器字由 4 字节（Byte，B）组成（32 位），另外一些计算机的机器字由 2 字节组成（16 位），还有其他可能的组成，但大多数计算机的机器字由 2 或 4 字节组成。由于各种计算机的机器字大小不一，所以 int 型可取值的个数是与机器相关的。

一方面，假设我们使用 4 字节机器字的计算机，由于一个机器字有 32 位，这意味着 int 型可取值的个数为 2^{32} 个，其中的一半用于表示负整数，另一半用于表示 0 和正整数。即：

$$-2^{31}, -2^{31}+1, \cdots, -3, -2, -1, 0, 1, 2, 3, \cdots, 2^{31}-1$$

另一方面，假设我们使用 2 字节机器字的计算机，那么 int 型可取值的个数为 2^{16} 个，其中的一半用于表示负整数，另一半用于表示 0 和正整数。即：

$$-2^{15}, -2^{15}+1, \cdots, -3, -2, -1, 0, 1, 2, 3, \cdots, 2^{15}-1$$

可见，在 4 字节机器字的计算机中，最大的整数是+2147483647，约为+20 亿，最小的整数是-2147483648，约为-20 亿。在 2 字节机器字的计算机中，最大的整数是+32767，最小的整数是-32768。因此，在程序中声明并初始化整型变量时，需要考虑变量的取值范围，防止出现整数溢出。

【例 2.1】 运行下面程序，检查程序运行结果是否正确。

```c
#include<stdio.h>
int main()
{
    int a,b,c;
    a=2000000000;
    b=2100000000;
    c=a+b;
    printf("%d",c);
    return 0;
}
```

程序运行时，表达式 a+b 的值约等于 41 亿，这可能大于 4 字节机器字的计算机所能表示的整数范围，从而引起整数溢出。因此，c 得不到正确结果，而是得到奇怪的运算结果。通常，当出现整数溢出时，程序将继续执行，但程序的运行结果是错误的。因此，程序员必须时刻记住要保证整数表达式的值在合理的范围内。

除十进制整型常量外，还有以 0 开始的十六进制整型常量和八进制整型常量，如 0xFF、0777 等。程序员可能不需要使用十六进制数或八进制数，但程序员必须知道它们之间的区别，34 和 034 是不同的。

在 C 语言中，int 型是计算机表示的整数的"正常尺寸"。int 型的整数在 16 位机器字的计算机中表示的最大整数是 32767，这会对许多应用产生限制。为了表示更大的整数，C 语言提供了 long 型。而为了节省存储空间，C 语言也提供了 short 型。通常，用 2 字节存储 short 型的值，用 4 字节存储 long 型的值。这样，在 2 字节机器字的计算机中，int 和 short 型的尺寸是一样的，但 int 和 long 型的尺寸是不同的。在 4 字节机器字的计算机中，int 和 long 型的尺寸是一样的，但 short 和 int 型的尺寸是不同的。

unsigned 型变量表示无符号整数，其取值范围是 $0 \sim 2^n$，n 为机器字位数。存储一个 unsigned 型变量需要的字节数与存储一个 int 型的变量需要的字节数相同。

2.4　浮点型

C 语言提供了三种浮点型：float、double 和 long double。浮点型的变量能存储带小数点的实数。具体采用哪种浮点型依赖于程序对精度的要求：当精度要求不严格时，常常采用 float 型；当要求更高精度时，常常采用 double 型，double 型能够满足绝大多数程序对精度的要求；long double 型支持极高精度的要求，很少使用。

浮点型常量的后面可以加后缀，用于表示其类型，无后缀的浮点型常量是 double 型的，而带后缀 f 或 F 的浮点型常量是 float 型的，带 l 或 L 的浮点型常量是 long double 型的。

浮点型常量除用十进制数表示外，还可以用指数法表示，例如，3.4567e3，这与科学记数法 3.4567×10^3 相对应。类似地，3.4567e-3 的小数点向左移动三位，就得到了它的等价值 0.0034567。

指数法表示的浮点数 3.4567e-7 由以下三部分组成：

整数	小数	指数
3	4567	e-3

指数法表示的浮点型常量不含任何空格或特殊字符，该常量的各部分都有一个名字。浮点型常量可以含有整数部分、小数点、小数部分和指数部分。浮点型常量必须含有小数点或指数部分：如果含有小数点，就必须含有整数部分或小数部分；如果不含有小数点，就必须含有整数部分和指数部分。下面是一些合法的浮点型常量：

　　　3.1415926　　314.15926e-2　　　0e0　　　　1.

下面是一些不合法的浮点型常量：

```
3.14,15926              /*不允许有逗号*/
31415926               /*需要小数点或指数部分*/
.e0                    /*需要指数或小数部分*/
```

通常，C 编译器为 double 型变量提供的存储空间要多于为 float 型变量提供的存储空间，为 long double 型变量提供的存储空间要多于为 double 型变量提供的存储空间，但不是必须如此。在大多数计算机中，用 4 字节存储一个 float 型变量，用 8 字节存储一个 double 型变量，用 16 字节存储一个 long double 型变量。

C 语言用精度和范围来描述浮点型的值。精度描述了浮点型值的有意义的十进制位的个数，范围描述了浮点型变量能表示的正的最大浮点型值和最小浮点型值。在很多机器上，float 型值的精度大约是 6 位，范围为 $10^{-38} \sim 10^{38}$。double 型值的精度大约是 15 位，范围为 $10^{-308} \sim 10^{308}$。

【例 2.2】　一年 365 天，假设一个学生每天进步 1‰，累计能进步多少呢？如果每天退步 1‰，累计能退步多少呢？

【解题思路】　假设原来的进步基数为 1，按照每天进步 1‰ 的速度，那么第 1 天的结果为 1.001，第 2 天的结果为 1.001×1.001，第 3 天的结果为 1.001×1.001×1.001，依次类推，第 365 天的结果为 1.001^{365}。因此，可以使用标准库函数 pow()（见附录 E）来完成幂指数的计算。程序如下：

```
#include<stdio.h>
#include<math.h>
int main()
{
    double dayup=0.0,daydown=0.0;
    dayup=pow(1.001,365);
    daydown=pow(0.999,365);
    printf("向上: %f, 向下: %f",dayup,daydown);
```

```
        return 0;
}
```
    程序的运行结果如下：
向上: 1.440251, 向下: 0.694070

【例 2.3】　一年 365 天，假设一个学生每天进步 5‰，累计能进步多少呢？如果每天退步 5‰，累计能退步多少呢？

```
#include<stdio.h>
#include<math.h>
int main()
{
    double dayup=0.0,daydown=0.0;
    double dayfactor=0.005;
    dayup=pow(1+dayfactor,365);
    daydown=pow(1-dayfactor,365);
    printf("向上: %f, 向下: %f",dayup,daydown);
    return 0;
}
```

    程序的运行结果如下：
向上: 6.174653, 向下: 0.160481

本例使用变量 dayfactor 表示每天的进步速度。使用变量的优点是，当改变进步速度时，只需要在程序中修改一处即可。

从例 2.2、例 2.3 的结果可见，每天只要进步一点点，一年坚持下来，就可以取得惊人的进步。这也是对毛主席提出的"好好学习，天天向上"号召的很好的诠释。

2.5　算术运算符与表达式

2.5.1　算术运算符

C 语言中的算术运算符可以执行加、减、乘、除、求余运算，说明见表 2-2。

表 2-2　算术运算符

运　算　符	含　　义	操作数个数	结　合　性	实　　例
+	加法运算或取正值运算	双目、单目运算符	自左至右	i+j, +1
−	减法运算或取负值运算	双目、单目运算符	自左至右	i-j, −1
*	乘法运算	双目运算符	自左至右	i*j
/	除法运算	双目运算符	自左至右	i/j
%	求余运算	双目运算符	自左至右	i%j

需要指出的是：

① "+"和"−"运算符既可进行单目运算，表示取正值或负值，又可进行双目运算。其中，单目运算符的优先级高于双目运算符。

② 使用除法运算符"/"时需要注意运算对象的数据类型。若两个整数（或字符）相除，则其商是整数。如果两个整数不能整除，则只取结果的整数部分，小数部分舍弃。例如：

1/2=0（不是 0.5）　　　7/4=1

只能得到结果的整数部分 0 和 1，舍弃了 0.5 和 0.75 小数部分。

若两个实数相除，则所得商为实数。例如：

1.0/2.0=0.5　　　　7.0/4=1.75　　　　16/5=3.2

可见，整数相除时，如果不能整除，就会造成很大误差，因此要尽量避免整数直接相除。或者说，要得到更精确的结果，应将两个整数或其中一个整数转换为实数再相除。

③ 求余运算（%）又称为模运算，运算符"%"的两个运算对象必须都为整型，其结果是整数除法的余数。例如：

3%4=3　　　　13%4=1　　　　　　-10%3=-1　　　　-10%-3=-1　　　　10%-3=1

④ 当表达式包含多个运算符时，为避免多个运算符在表达式中可能造成的二义性，C语言采用运算符优先级规则。算术运算符相对优先级如下：

最高优先级：+ -（一元运算符，取正负值）

次高优先级：* / %（二元运算符）

最低优先级：+ -（二元运算符）

当表达式中出现多个运算符时，通过运算符优先级确定的计算顺序相当于添加圆括号确定的计算顺序。例如，表达式 2%5*3+4 等价于(2%5*3)+4，-x+y/z 等价于(-x)+(y/z)。不过，当优先级相同的时候，还需要考虑运算符的结合性。算术运算符是左结合的，所以表达式 2%5*3+4 等价于((2%5)*3)+4。

【例2.4】　下列整数对 10 求余后，得到的余数是什么？

（a）263%10

（b）25%10

根据整数求余运算规则，上述整数求余后的结果如下：

（a）263%10=3

（b）25%10=5

规律：可见，任意整数对 10 求余后，可以得到该数的个位数。

【例2.5】　下列整数与该数任意位的权重相除后，得到什么结果？

（a）12345/10

（b）12345/100

（c）12345/1000

（d）12345/10000

根据整数相除的规则，两个整数相除，得到的仍然是一个整数，因此上述整数相除的结果为：

（a）12345/10=(1234)

（b）12345/100=(123)

（c）12345/1000=(12)

（d）12345/10000=(1)

规律：一个数除以任意位上的权重后，该位上的数变为个位数。

设问：例 2.5 基础上再对 10 求余，会得到什么结果？

12345/10%10=(4)
12345/100%10=(3)
12345/1000%10=(2)
12345/10000%10=(1)

规律：可见，通过一个整数除以其任意位上的权重，然后对 10 求余，可得到这个整数各位上的数字。

【例2.6】　编写程序，从键盘输入一个三位数，判断它是否为水仙花数。

【解题思路】　所谓"水仙花数"，是指一个三位数，其各位上数字的立方和等于该数本身。因此，本题解题的关键是先求出这个三位数各位上的数字，然后计算它们的立方和是否等于该数即可。程序如下：

```c
#include <stdio.h>
int main()
{
    int hun, ten, ind, n;              /*定义百位数、十位数、个位数和整型变量*/
    printf("Input a three digit integer:\n");
    scanf("%d",&n);
    hun = n / 100;                     /*或者 hun=n/100%10，计算这个三位数 n 的百位数*/
    ten = (n-hun*100) / 10;            /*或者 ten=n/10%10，计算这个三位数的十位数*/
    ind = n % 10;                      /*计算这个三位数的个位数*/
    if(n == hun*hun*hun + ten*ten*ten + ind*ind*ind)   /*各位上数字的立方和是否与原数 n 相等*/
        printf("%d is a Daffodils.\n",n);
    else
        printf("%d is not a Daffodils.\n",n);
    return 0;
}
```

程序的运行结果如下：
```
Input a three digit integer:
153
153 is a Daffodils.
Input a three digit integer:
245
245 is not a Daffodils.
```

程序中使用了 if-else 语句，用于判断各位上数字的立方和是否与原数 n 相等，如果（if）相等，那么输出 n 是水仙花数，否则（else），输出不是水仙花数。if-else 语句将在第 4 章中详细介绍。

2.5.2　算术表达式

C 语言的算术表达式由常量、变量、算术运算符、函数和圆括号等组成。例如：

3.14*r*r   sqrt(s*(s-a)*(s-b)*(s-c))   x/(1-2*y)+5

这些表达式都是合法的算术表达式。**注意**，圆括号可以改变算术表达式的运算顺序；左、右括号必须配对；多层括号都用圆括号"()"表示；运算时先计算内层括号中表达式的值，再计算外层括号中表达式的值。例如：

表达式(3+(4-x)*y)/2 的运算顺序是先计算内层括号表达式(4-x)的差值，然后按照算术运算符优先级计算上述差值与 y 的乘积，接着计算 3 与这个乘积之和，最后计算和值与 2 的商。

还要注意，算术表达式的运算对象可以包含函数，函数既可以是库函数（见附录 E），也可以是自定义函数。C 语言常用的标准数学函数如表 2-3 所示。若调用库函数，必须在程序的开头添加包含库函数的头文件<math.h>。例如，数学表达式 $a \times \sin x - b \times \cos y$ 的 C 语言算术表达式为：
a*sin(x)-b*cos(y)

【例 2.7】　写出下列数学表达式的 C 语言表达式。

(1) $(x+\sin x)e^{2x}$

(2) $\dfrac{-b+\sqrt{b^2-4ac}}{2a}$

(3) $(1+\ln x)^2$

表 2-3　常用的标准数学函数

函　数　名	功　　能	函　数　名	功　　能
fabs(x)	计算 x 的绝对值	log10(x)	计算 lg$x$ 的值，x 应大于 0
exp(x)	计算 e^x	pow(x,y)	计算 x^y 的值
sqrt(x)	计算 x 的平方根，x 应大于或等于 0	sin(x)	计算 sin$x$ 的值，x 为弧度值而非角度值
log(x)	计算 ln$x$ 的值，x 应大于 0	cos(x)	计算 cos$x$ 的值，x 为弧度值而非角度值

它们的 C 语言算术表达式为：

（1）(x+sin(x))*exp(2*x)

（2）(−b+sqrt(b*b−4*a*c))/(2*a)

（3）(1+log(x))^2 或 pow(1+log(x),2)

注意：函数的参数必须放在函数名后的圆括号内，两个数相乘要用"*"而不是"×"，两个数相除要用"/"。

其中包含的函数 sin()、exp()、sqrt()、log() 都是 C 语言的库函数。算术表达式中通过圆括号和算术运算符来描述其运算顺序。

【例 2.8】 编写程序，从键盘输入圆柱体的半径和高，计算其表面积和体积。

【解题思路】 圆柱体的表面积包括两个部分，分别是两个圆底面积和圆柱的表面积。圆柱体的体积等于它的底面积与圆柱体高的乘积。因此，本例需要定义 4 个 float 型变量 r、h、area、volume 分别表示圆柱体的半径、高、表面积和体积。同时，需要声明一个宏常量或 const 常量表示圆周率。程序如下：

```
#include<stdio.h>
#define PI 3.14159
int main()
{
    float r,h,area,volume;
    printf("Input the radius and height of cylinder:");
    scanf("%f%f",&r,&h);
    area=2*PI*r*r+2*PI*r*h;
    volume=PI*r*r*h;
    printf("area=%f\n",area);
    printf("volume=%f\n",volume);
    return 0;
}
```

程序的运行结果如下：

```
Input the radius and height of cylinder:2 4
area=75.398163
volume=50.265442
```

2.6 赋值运算符与表达式

赋值运算是 C 语言最基本的运算。赋值运算符可以与其他运算符一起使用，实现复合赋值运算。赋值运算语句是 C 语言程序最基本、最常用的语句，它使 C 程序简明而精炼。

2.6.1 赋值运算符

赋值运算符用"="表示，其功能是先计算"="右边表达式的值，并把该值赋给"="左边的变量。例如：

```
a=b;              /*将变量 b 的值赋给 a，其实质是将变量 b 内存中的值复制到变量 a 的内存中*/
s=(a+b+c)/2;      /*将变量 a, b, c 的和值与 2 的商赋给（复制）变量 s*/
```

注意，赋值运算符与数学表达式中的等号意义完全不同，数学中的等号表示该等号两边的值是相等的，强调相等的含义；而赋值运算符则强调将赋值运算符右边表达式的值复制（存放）到其左边变量的内存中。

2.6.2 赋值表达式

由赋值运算符把变量和表达式连接起来的式子称为赋值表达式。它的一般形式如下：

变量=表达式

赋值表达式的计算过程是：先求赋值运算符"="右边表达式的值，然后将计算结果赋给其左边的变量。赋值运算符左边变量的值就是整个赋值表达式的值。例如：

算术表达式 (-b+sqrt(b*b-4*a*c))/(2*a) 写成赋值表达式为：

```
delta=(-b+sqrt(b*b-4*a*c))/(2*a)
```

其中，delta 是变量，"="右边是算术表达式，delta 的值是这个算术表达式的值，也是赋值表达式的值。

又如：

```
f=a*x*x+b*x+c
```

它先计算算术表达式 a*x*x+b*x+c 的值，然后将该值赋给变量 f。

2.6.3　复合赋值运算符及表达式

赋值运算符与前述算术运算符一起，可以构成复合赋值运算符，用于完成复合赋值运算。赋值运算符"="与算术运算符构成的复合赋值运算符有：+=、-=、*=、/=和%=。

将复合赋值运算符与变量和表达式连接起来就构成了复合赋值表达式，它的一般形式如下：

变量 复合赋值运算符 表达式

它的功能是对变量和表达式进行复合赋值运算，并将运算结果赋给复合赋值运算符左边的变量。

事实上，复合赋值运算表达式相当于下面的表达式：

变量=变量 运算符 表达式

即先将变量与表达式进行指定的运算，然后将运算结果赋给变量。例如：

```
a/=b          等价于          a=a/b
a*=2*b-4      等价于          a=a*(2*b-4)
```

注意，a*=2*b-4 与 a=a*2*b-4 是不等价的，它等价于 a=a*(2*b-4)，这里"="右边的表达式中必须加上圆括号。

C 语言使用复合赋值运算符，目的是简化程序，提高编译效率，从而产生高质量的目标代码。

【例 2.9】　观察复合赋值运算符在下面程序[1]中的作用。

```
1   #include<stdio.h>
2   int main()
3   {
4       int a=1,b=2,c=3,d=4,x;
5       a+=b*c;   /*该语句及以下两条语句使用了+=、-=、*=复合赋值运算符*/
6       d-=c%b;
7       printf("%d,%d,%d,%d\n",a,b,c*=4*(a+b),d);
8       printf("x=%d\n",x=c+d-a-b);
9       return 0;
10  }
```

程序的运行结果如下：

```
7, 2, 108, 3
x=102
```

程序第 5 行复合赋值表达式 a+=b*c 等价于 a=a+(b*c)=1+(2*3)=7，所以 a 的值为 7；第 6 行 d-=c%b 等价于 d=d-(c%b)=4-(3%2)=3，所以 d 的值为 3；在第 7 行 c 的值发生了改变，因为复合赋值表达式 c*=4*(a+b)等价于 c=c*(4*(a+b))=3*(4*(7+2))=108，所以 c 的值为 108；第 8 行将 a、b、c、d 的值代入表达式中进行计算即得到 102。

---

① 为方便说明，在程序中添加了行号。这些行号不是程序的一部分。

2.7 自增/自减运算符

自增运算符"++"、自减运算符"--"是单目运算符，其作用是使变量的值增1或减1。其优先级高于所有双目运算符。自增、自减运算包括两种形式。

① ++i 和--i：运算符在变量前面，称为自增、自减运算的前缀形式，表示变量在使用前自动加1或减1。

② i++ 和 i--：运算符在变量后面，称为自增、自减运算的后缀形式，表示变量在使用后自动加1或减1。

对自增、自减运算符的使用应注意以下5点：

① ++、--运算只能用于变量，不能用于常量和表达式。因为自增、自减运算实质是对变量进行加1或减1操作后再将修改后的变量值赋给变量，而常量或表达式都不能进行自增或自减操作。所以以下语句是不合法的：

```
10++;     (5*4%3)++;     x=(a+b)++;     ++(x-y);
```

② ++、--运算的前缀形式和后缀形式的意义不同。前缀形式在使用变量的值之前先将其值加1或减1；后缀形式先使用变量原来的值，使用之后再使其值加1或减1。前者是先修改后使用，后者是先使用后修改。例如，若i=2，j=5，那么执行语句：

```
k=++i + j++;
```

后，i、j、k的值分别是多少呢？由于i是前缀自增，j是后缀自增，因此上述表达式等价于：

```
i=i+1;
k=i+j;
j=j+1;
```

所以最终i、j、k的值分别是3、6、8。与此对应，执行语句：

```
k=i++ + j++;
```

后，最终i、j、k的值分别是3、6、7。

③ 适用于++、--运算的变量只能是整型、字符型和指针型变量。

④ ++、--运算的结合性是自右向左的，即具有右结合性。

⑤ 后缀++和后缀--比一元的正号、负号优先级高，而且是左结合的。前缀++和前缀--与一元的正号、负号优先级相同，而且是右结合的。下面的语句会输出什么内容？输出后 a 的值变为多少？

```
int a=10;
printf("%d", -a++);
printf("%d", -a++);
```

2.8 字符型

除整型和浮点型外，还有字符型 char。char 型的值根据计算机的不同而不同，因为不同的机器会有不同的字符集。最常用的字符集是 ASCII（美国信息交换标准码）。在 ASCII 字符集中，字符的取值范围是0000000~1111111，对应0~127的整数。其中，数字0~9用0110000~0111001表示，大写字母 A~Z 用1000001~1011010表示。一些计算机把 ASCII 码扩展为8位代码，以便表示256个字符。其他计算机使用16位的 Unicode 代码，可以表示65536个字符。

可以声明 char 型的变量，并用计算机所能表示的任意字符给 char 型的变量赋值：

```
char ch;
ch='a';
ch='A';
char='9';
ch=";
```

注意，字符常量需要用单引号括起来，不能用双引号。

在 C 语言中，字符的操作很简单，按小整数的方式处理字符。例如，字符'a'的值是 97，'A'的值是 65，'0'的值为 48，而"的值为 34。

当表达式中出现字符时，C 语言使用字符对应的整数值进行计算。例如：

```
char ch;
int i;
i='A';                      /*i 的值现在是 65*/
ch=97;                      /*ch 的值现在是'a'*/
ch=ch+1;                    /*ch 的值现在是'b'*/
```

字符可以像整数一样进行比较。例如，我们可以用 if 语句测试 ch 是否含有大写字母，如果有，则将 ch 转化为相应的小写字母：

```
if('A'<=ch && ch<='Z')
    ch = ch + 32;
```

字符比较'A'<= ch 使用的是字符对应的整数值，由于所使用的字符集不同，这些字符所对应的数值可能有所不同，因此程序中使用<、<=、>、>=和==来进行字符比较可能会导致程序不易移植。

字符常量通常是用单引号括起来的字符。然而，一些特殊符号无法采用这种表示方式，如制表位、换行符等，因为它们是不可见的，或者是无法从键盘输入的。因此，为了使程序可以处理字符集中的每个字符，C 语言提供了一种特殊符号——转义序列。

转义序列共有两种：字符转义序列和数字转义序列。字符转义序列如表 2-4 所示。转义序列\a、\b、\f、\r、\t 和\v 表示通用的 ASCII 码控制字符，转义序列\n 表示 ASCII 码的换行符，转义序列\\允许字符常量或字符串包含字符 "\"，转义序列\'允许字符常量包含字符 "'"，转义序列\"则允许字符串包含字符 """。

表 2-4　字符转义序列

名　称	转 义 序 列	名　称	转 义 序 列
警报（响铃）符	\a	纵向制表符	\v
回退符	\b	反斜杠	\\
换页符	\f	问号	\?
换行符	\n	单引号	\'
回车符	\r	双引号	\"
横向制表符	\t		

虽然字符转义序列使用方便，但字符转义序列只包含了最常用的字符，没有包含所有无法打印的 ASCII 字符，字符转义序列也无法用于表示基本的 128 个 ASCII 码以外的字符。数字转义序列可以表示任何字符，因此它可以解决这个问题。

为了把特殊字符书写成数字转义序列，需要在附录 D 中查找字符对应的八进制或十六进制数。例如，某个 ASCII 码转义字符（十进制数为 27）对应的八进制数为 33，对应的十六进制数为 1B。上述八进制数或十六进制数可以用来书写转义序列：

- 八进制数转义序列由\和跟随其后的一个最多含有三位数字的八进制数组成。此数必须表示为无符号字符型，所以最大值通常是八进制数 377。例如，可以将转义字符写成\33 或\033。转义序列中的八进制数不一定要用 0 开头，这一点与通常表示的八进制数不同。
- 十六进制数转义序列由\x 和跟随其后的一个十六进制数组成。尽管 C 语言对十六进制数中的数字个数没有限制，但必须将该数表示成无符号字符型，因此，十六进制数中的数不能超过 FF。若采用这种符号，可以将转义字符写成\x1b 或\x1B 的形式。字符 x 必须小写，但十六进制数不限大小写。

作为字符常量使用时，数字转义序列必须用一对单引号括起来，如'\33'或'\x1b'。由于数字转义序列有点隐晦，因此程序员常常采用#define宏给它命名。例如：

```
#define    ESC    '\33'
```

数字转义序列可以单独使用，也可以嵌套在字符串中使用。

2.9　字符处理函数

ANSI C 在<ctype.h>中提供了两类字符处理函数。一类是字符大小写转换函数，如 toupper 函数，用来将小写字母转换为大写字母。另一类是字符测试函数，如 isdigit 函数，用来检测一个字符是否是数字。

<ctype.h>中定义的函数都以 int 型作为参数，并返回一个 int 型的值。通常，C 语言会自动完成 char 型与 int 型的参数或返回值的类型转换。

字符大小写转换函数包括：

```
int tolower(int ch);
int toupper(int ch);
```

tolower 函数返回参数表示的字母对应的小写字母，toupper 函数返回参数表示的字母对应的大写字母。例如：

```
int ch1, ch2;
scanf("%c", &ch1);
ch2=tolower(ch1);
```

ch2 为 ch1 对应的小写字母。对于这两个函数，如果参数不是字母，函数将返回原始字符，不做任何改变。

字符测试函数见表 2-5，根据参数是否符合某种特性，每个字符测试函数都会返回 0 或 1。

C 语言使用转换说明%c 作为格式控制符，使用 scanf 函数和 printf 函数对一个字符进行读/写操作。例如：

```
char ch;
scanf("%c", &ch);
printf("%c", ch);
```

在读入字符前，scanf 函数不会跳过空白字符。如果下一个未读字符是空格，那么上面例子中，scanf 函数返回后变量 ch 将包含一个空格。为了强制 scanf 函数在读入字符前跳过空白字符，需要在%c 前面加上一个空格，表示跳过 0 个或多个空白字符，例如：

```
scanf(" %c", &ch);
```

表 2-5　字符测试函数

取值	取值对应的舍入模式
isalnum(c)	c 是否是字母或数字
isalpha(c)	c 是否是字母
iscntrl(c)	c 是否是控制字符
isdigit(c)	c 是否是十进制数字
isgraph(c)	c 是否是可显示字符（除空格外）
islower(c)	c 是否是小写字母
isupper(c)	c 是否是大写字母
isprint(c)	c 是否是可显示字符（包括空格）
ispunct(c)	c 是否是标点符号
isspace(c)	c 是否是空白字符
isxdigit(c)	c 是否是十六进制数字

既然在通常情况下 scanf 函数不会跳过空白，所以它很容易检查到输入行的结尾，即检查刚读入的字符是否为换行符。例如，下面的循环将读入并忽略掉所有当前输入行中其余的字符：

```
do{
    scanf("%c", &ch);
}while(ch !='\n');
```

当下次调用 scanf 函数时，将读入下一输入行中的第一个字符。

C 语言还提供了 getchar 函数和 putchar 函数代替 scanf 函数和 printf 函数。当调用 getchar

函数时，它会读入一个字符，并返回这个字符。为了保存 getchar 函数返回的字符，需要使用赋值语句将返回值存储在变量 ch 中：

ch = getchar();

与 scanf 函数一样，getchar 函数也不会在读取时跳过空白字符。putchar 函数用来显示单独的一个字符，例如：

putchar (ch);

与 scanf 函数和 printf 函数相比，当执行程序时，调用 getchar 函数和 putchar 函数的执行速度更快。

相比 scanf 函数，getchar 函数还有一个优势：因为返回的是读入的字符，getchar 函数可以被应用于多种不同的 C 语言**惯用法**中，如循环搜索字符或跳过所有出现的同一个字符。例如，下面的 scanf 函数用来跳过输入行的剩余部分：

```
do{
    scanf("%c", &ch);
}while(ch!='\n');
```

使用 getchar 函数代替上述 scanf 函数：

```
do{
    ch = getchar();
}while(ch!='\n');
```

为了精简，可以把 getchar 函数调用放在循环控制表达式中，例如：

```
while((ch = getchar ()) ! = '\n') ;
```

这个循环读入一个字符，把它存储在变量 ch 中，然后测试变量 ch 是否不是换行符。如果测试结果为真，那么执行循环体（这里循环体为空），接着再次测试循环条件，从而读入新的字符。实际编程中，甚至可以不使用变量 ch，直接用 getchar 函数的返回值与换行符进行比较，例如：

```
while( getchar () ! = '\n') ;
```

getchar 函数用于循环搜索字符时和跳过字符一样有效。例如，下面语句利用 getchar 函数跳过无限数量的空格符：

```
while((ch = getchar ()) = = ' ') ;
```

当循环结束时，变量将包含 getchar 函数遇到的第一个非空字符。

注意，如果在同一个程序中混合使用 getchar 函数和 scanf 函数，scanf 函数可能会留下后面的字符，即对于后面的字符只是"看了一下"，并没有读入。例如：

```
printf("Enter an integer:");
scanf("%d", &a);
printf("Enter a character:");
ch = getchar();
```

在读入 a 的同时，scanf 函数调用将会留下后面没有消耗掉的任意字符，包括换行符（但不仅限于换行符）。getchar 函数随后将取回第一个剩余字符，但这不是我们希望的结果。

【例 2.10】 编写程序，用户从键盘输入一行信息，计算此信息的长度。

【解题思路】 计算信息的长度要包括字符、空格和标点符号的个数，但不包括短信息结尾处的换行符。要实现信息输入，需要采用循环结构来实现字符读取和计数器自增操作，循环在遇到换行符时立刻终止。字符读取可以采用 scanf 函数也可以采用 getchar 函数，但采用 getchar 函数会比较方便。程序如下：

```
#include<stdio.h>
int main()
{
    char ch;
    int len=0;
    printf("Input a message:");
```

```
    while(ch!='\n')
    {
        len++;
        ch=getchar();   /*从键盘输入字符*/
    }
    len--;
    printf("The length of the message is %d",len);
    return 0;
}
```
程序的运行结果如下：

Input a message:Hello, how are you?
The length of the message is 19

程序第 12 行 len--的作用是，当 ch 为'\n'退出循环时减去多增加的一个字符数。

2.10   类型转换

算术表达式 a + b 具有值和数据类型，如果 a 和 b 的类型为 int 型，那么表达式 a + b 的类型也为 int 型，但如果 a 和 b 的类型为 short 型，那么 a + b 的类型为 int 型，而不是 short 型。这是因为在任何表达式中，都要把 short 型提升或转换成 int 型。因此，执行算术运算时，要求操作数有相同的数据类型和存储方式。

同时，C 语言允许表达式中混合使用基本数据类型。在一个表达式中可以混合使用整数、浮点数，甚至字符。在这种情况下，C 编译器会将某些操作数进行转换，使得硬件能对表达式进行计算。例如，16 位 int 型数与 32 位 long int 型数进行加法运算，编译器将先把 16 位 int 型数转换成 32 位 int 型数。如果是 int 型数和 float 型数进行加法运算，由于 int 型数和 float 型数的存储方式不同，编译器将把 int 型数转换为 float 型数。

因此，在算术表达式中混合使用基本数据类型时，需要遵守以下算术转换规则。

（1）如果一个操作数的类型为 long double 型，则把另一个操作数的类型转换为 long double 型。

（2）否则，如果一个操作数的类型为 double 型，则把另一个操作数的类型转换为 double 型。

（3）否则，如果一个操作数的类型为 float 型，则把另一个操作数的类型转换为 float 型。

（4）否则，按下述规则，对两个操作数进行整型提升：

① 如果一个操作数的类型为 unsigned long 型，则把另一个操作数的类型转换为 unsigned long 型。

② 如果一个操作数的类型为 long 型，另一个操作数的类型为 unsigned 型，那么将发生下面情形：

a）如果 long 型能表示 unsigned 型的所有值，那么把类型为 unsigned 型的操作数转换为 long 型。

b）如果 long 型不能表示 unsigned 型的所有值，那么把两个操作数都转换为 unsigned long 型。

③ 否则，如果一个操作数的类型为 long 型，那么把另一个操作数转换成 long 型。

④ 否则，如果一个操作数的类型为 unsigned 型，那么把另一个操作数转换成 unsigned 型。

⑤ 否则，两个操作数都为 int 型。

下面的例子说明了自动转换的思想：

```
char ch;
int i;
float f;
double d;
ch/i + f * d - ( f + i );
```

进行 ch/i 运算时，编译器首先把 ch 转换为 int 型，然后进行除运算，得到第 1 部分 int 型结果。接着，进行 f * d 运算时，编译器把 f 转换为 double 型，然后进行乘运算，得到第 2 部分 double

型结果。随后第 1 部分 int 型结果与第 2 部分 double 型结果进行加运算时，将第 1 部分 int 型结果转换为 double 型，然后进行加运算，得到第 3 部分 double 型结果。进行(f+i)运算时，先将 i 转换为 float 型，然后进行加运算，得到第 4 部分 float 型结果。最后，第 3 部分 double 型结果与第 4 部分 float 型结果进行减运算时，第 4 部分 float 型结果转换为 double 型，然后进行减运算，得到最终的 double 型结果。

除在混合算术运算表达式中存在自动类型转换外，赋值语句也会发生自动类型转换。例如，在上述声明的变量中，表达式 d=i 将把 int 型的 i 值转换为 double 型，并赋给 d，表达式的类型也为 double 型。

注意，向 d=i 这样的类型转换（提升或延展）遵守类型转换规则，但 i=d 这样的类型转换（收缩或降格）可能丢失信息，此处，d 要丢失小数部分。

【例 2.11】 下面程序演示赋值中的类型转换。

```
1   #include<stdio.h>
2   int main()
3   {
4       int i=123;
5       float f=3.45;
6       double d=8.2;
7       f=i;
8       d=f;
9       i=f;
10      printf("f=%f\n",f);
11      printf("d=%f\n",d);
12      printf("i=%d\n",i);
13      return 0;
14  }
```

程序的运行结果如下：

```
f=123.000000
d=123.000000
i=123
```

该程序在 Visual C++ 6.0 下编译时会出现如下警告信息：

```
'initializing' : truncation from 'const double' to 'float'
'=' : conversion from 'int' to 'float', possible loss of data
'=' : conversion from 'float' to 'int', possible loss of data
```

这些警告信息分别发生在第 5、7 和 9 行语句处。下面结合上述警告信息来分析一下为什么会输出这个奇怪的运行结果。

第 5 行语句出现警告信息是由于 float 型常量 3.45 隐含按 double 型处理,因此提示第 5 行语句将 double 型数据赋值给 float 型 const 常量有可能出现截断误差。

第 7 行语句出现警告信息是由于 int 型常量 123 为准确值，而转化为 float 型数据后变为单精度浮点数。它是有精度限制的。例如，int 型常量 123 转换为 float 型后，其值在内存中可能是 123.0000000000001，但输出时显示的是 123.000000，因此这种转换可能出现精度丢失。

第 9 行语句出现警告信息是由于右侧的实型数据自动转换成左侧的整型数据，这将导致变量 f 的小数部分丢失，因为整型变量 i 只能接收 f 的整数部分，因此显示的 i 值只是 f 的整数部分，等价于对 f 进行了取整操作。

除自动（隐式）类型转换外，还有显式类型转换。这种显式类型转换通常称为强制类型转换，简称强转。例如，若 i 是 int 型变量，则(double)i 将对 i 的值进行类型转换，该表达式的类型也是 double 型，变量 i 本身保存不变。在程序设计中，经常遇到强转，例如：

```
(long)('A'+1.0);
y = (float)((int)x + 1);
```

其中，类型转换运算符是一元运算符，与其他的一元运算符有同样的优先级和自右向左的结合性。因此，表达式(int)i % 10 等价于((int) i)% 10，因为类型转换运算符的优先级比%的优先级高。

【例 2.12】 下面程序演示类型转换运算符的使用。

```
1  #include<stdio.h>
2  int main()
3  {
4      int a=3;
5      printf("a/2=%d\n",a/2);
6      printf("(float)a/2=%f\n",(float)a/2);
7      printf("(float)(a/2)=%f\n",(float)(a/2));
8      printf("a=%d\n",a);
9      return 0;
10 }
```

程序的运行结果如下：

```
a/2=1
(float)a/2=1.500000
(float)(a/2)=1.000000
a=3
```

程序第 5 行中 a/2 是整数除法运算，其结果仍然是整数，因此输出的第 1 行结果为 1。第 6 行中(float)a/2 先将 a 的值强转为实型数，然后再将这个实型数与 2 进行浮点数除法运算，因此输出的第 2 行结果为 1.500000。第 7 行中(float)(a/2)先将表达式(a/2)进行整数相除的结果值（舍去小数位后为 1）强转为实型数（此时在小数部分添加了 0），输出的第 3 行结果为 1.000000，因此这种方法并不能获得 a 与 2 相除后的小数部分的值。虽然第 6 行有(float)a/2，但它只是将 a/2 的值强转为实型数，并没有改变程序的第 8 行 a 的数据类型，因此最后一行输出结果值仍然是 3。

2.11 类型定义

我们曾经使用#define 指令创建一个宏以定义布尔型数据：

#define BOOL int

但采用类型定义的特性可以更好地定义布尔型数据：

typedef int Bool;

注意，需要定义的类型的名字放在后面。同时还要**注意**，我们使用单词 Bool，将类型名的首字母大写不是强制性的，这只是程序员的一种使用习惯。

采用 typedef 定义 Bool 型会导致编译器在它所识别的类型名列表中加入 Bool。这样，Bool 型将能与内置的类型名一样用于变量声明、强转等。例如，可以使用 Bool 型声明下列变量：

Bool flag;   /*等同于 int flag;*/

C 系统将会把 Bool 型看成 int 型的同义词。因此，变量 flag 实际就是一个普通的 int 型变量。

如果程序员仔细选择有意义的类型名，类型定义将会使程序更加容易理解。例如，假设变量 cash_in 和 cash_out 用于存储人民币数量，可把 RMB 声明为：

typedef float RMB;

并声明变量：

RMB cash_in, cash_out;

上面的写法比下面的写法更有实际意义：

float cash_in, cash_out;

类型定义还可以使程序更易于修改。例如，如果后来要将 RMB 的实际类型定义为 double 型，那么只需要改变类型定义就可以了：

typedef double RMB;

变量 cash_in 和 cash_out 的声明不需要修改。如果没有使用类型定义，则需要找到所有用于存储人民币数量的变量并改变它们的声明，这显然不是一件容易的工作。

类型定义也是编写可移植程序的一个重要工具。程序从一台计算机移植到另一台计算机中可能带来的一个问题是，不同计算机中的类型取值范围可能不同。若 i 是 int 型变量，那么赋值语句：

```
i = 100000;
```

在一台使用 32 位整数的计算机中没有问题，但在一台使用 16 位整数的计算机中就会出错。因此，为了编写具有更好可移植性的程序，建议使用 typedef 定义新的类型名。

如果程序中要定义变量来存储产品数量，其取值范围为 0～50000，那么可以使用 long int 型变量（因为这种类型的变量可以存储 2147483647 以内的数）。但程序员可能更愿意使用 int 型变量，因为进行算术运算时，int 型值比 long int 型值的运算速度更快，同时，int 型变量占用的存储空间更小。

我们可以定义自己的"数量"类型，避免使用 int 型声明变量：

```
typedef int    Quantity;
```

然后使用定义的"数量"类型来声明变量：

```
Quantity   num;
```

当把程序移植到使用小整数的计算机中时，需要改变 Quantity 的定义：

```
typedef long   int  Quantity;
```

然而，这种技术无法解决所有问题，因为 Quantity 定义的变化可能会影响 Quantity 型变量的使用方式。例如，在使用 Quantity 型的变量调用 scanf 函数和 printf 函数进行变量的输入/输出时，它们的转换说明符需要改变，用%ld 替换%d。

C 函数库自身使用 typedef 为不同的类型（C 语言的实现不同）创建类型名，这些类型的名字通常以_t 结尾，如 size_t、wchar_t 等。C 函数库中可能有如下定义：

```
typedef unsigned   size_t;
typedef char   wchar_t;
```

其他编译器可能采用不同的方式来定义这些类型，具体详见编译器的说明。

习题 2

一、单项选择题

1. 下面优先权最高是（   ）。

A. *　　　　　　B. ++　　　　　　C. ==　　　　　　D. ()

2. C 语言中字符型（char）数据在内存中存储的是（   ）。

A. 原码　　　　　B. 反码　　　　　C. ASCII 码　　　D. 补码

3. 设 x 为 int 型变量，则执行语句 x=10; x+=x;后，x 的值为（   ）。

A. 10　　　　　　B. 20　　　　　　C. 40　　　　　　D. 30

4. 下列选项中，非法的 C 语言转义字符是（   ）。

A. '\t'　　　　　B. '\018'　　　　C. '\n'　　　　　D. '\xff'

5. 若已定义 x 和 y 为 double 型，则表达式 x=1，y=x+3/2 的值是（   ）。

A. 1　　　　　　B. 2　　　　　　C. 2.0　　　　　　D. 2.5

6. 设 n=10，i=4，执行语句 n%=i+1 后，n 的值是（   ）。

A. 0　　　　　　B. 3　　　　　　C. 2　　　　　　D. 1

7. 下列变量名中，合法的是（   ）。

A. software　　　B. byte-size　　　C. double　　　　D. A+a

8. sizeof(double)是（   ）表达式。

A．双精度　　　　　B．不合法　　　　　C．整型　　　　　D．函数调用

9．在算术表达式中允许使用的括号类型是（　　　）。

A．{}　　　　　　　B．[]　　　　　　　C．()　　　　　　　D．以上三项皆错

10．在 C 语言中，变量所分配的内存空间大小（　　　）。

A．均为一字节　　　　　　　　　　　　B．由用户自己定义

C．由变量的类型决定　　　　　　　　　D．是任意的

11．下列能把 x、y 定义为 float 型变量，并赋同一个初值 3.14 的语句是（　　　）。

A．float x, y=3.14;　　　　　　　　　B．float x, y=2*3.14;

C．float x=3.14, y=x;　　　　　　　　D．float x=y=3.14;

12．已知 int a=10; a/=a+a;，执行后 a 的值为（　　　）。

A．10　　　　　　　B．1/2　　　　　　C．0　　　　　　　D．13

13．假定 x 和 y 为 double 型，则表达式 x=2,y=x+3/2 的值是（　　　）。

A．3.500000　　　　B．3　　　　　　　C．2.000000　　　　D．3.000000

14．若有 int a,b;float x;，则正确的赋值语句是（　　　）。

A．a=1,b=2;　　　　B．b++;　　　　　C．a= b= 5;　　　　D．b= int(x);

15．已知 int i; float f;，则正确的语句是（　　　）。

A．(int f)%i　　　　B．int(f)%i　　　　C．int(f%i)　　　　D．(int)f%i

16．已知 char a;int b;float c;double d;，执行语句 c=a+b+c+d;后，变量 c 的数据类型是（　　　）。

A．int　　　　　　　B．char　　　　　　C．float　　　　　　D．double

17．已知 int i=5;，执行语句 i+=++i;后，i 的值是（　　　）。

A．10　　　　　　　B．11　　　　　　　C．12　　　　　　　D．以上答案都不对

18．为计算 s=10!的值，变量 s 的类型应当为（　　　）。

A．int　　　　　　　B．unsigned　　　　C．long　　　　　　D．以上三种类型均可

19．已知 float x=1,y;，执行语句 y=++x*++x 后，结果为（　　　）。

A．y=9　　　　　　　B．y=6　　　　　　　C．y=1　　　　　　　D．表达式是错误的

20．以下程序的输出结果是（　　　）。

```
main()
{
    int x='f';
    printf("%c\n",'A'+(x-'a'+1));
}
```

A．G　　　　　　　　B．H　　　　　　　　C．I　　　　　　　　D．J

21．已知 int c1=1, c2=2, c3; c3=1.0/c2*c1;，执行后，c3 的值是（　　　）。

A．0　　　　　　　　B．0.5　　　　　　　C．1　　　　　　　　D．2

22．以下程序的输出结果是（　　　）。

```
main( )
{
    int y=3, x=3, z=1;
    printf("%d %d\n", (++x, y++), z+2);
}
```

A．3 4　　　　　　　B．4 2　　　　　　　C．4 3　　　　　　　D．3 3

23．以下程序的输出结果是（　　　）。

```
main()
{
    float x=3.6;
    int i;
```

```
            i=(int)x;
            printf("x=%f,i=%d",x,i);
        }
```
A．x=3.600000,i=4　　　　　　　B．x=3,i=3

C．x=3.600000,i=3　　　　　　　D．x=3.000000,i=3.600000

24．以下程序的输出结果是（　　　）。
```
    main()
    {
        int a=3;
        printf("%d\n",(a+=a-=a*a));
    }
```
A．-6　　　　　B．12　　　　　C．0　　　　　D．-12

25．以下程序的输出结果是（　　　）。
```
    main()
    {
        char c='z';
        printf("%c",c-25);
    }
```
A．a　　　　　B．Z　　　　　C．z-25　　　　　D．y

二、填空题

1．程序功能：输入三个整数给变量 a、b、c，然后进行交换，b 中的值给 a，c 中的值给 b，a 中的值给 c，交换后输出 a、b、c 的值。填空完成程序功能。
```
    #include <stdio.h>
    int main()
    {
        int a,b,c,___;
        printf("enter a,b,c");
        scanf("%d%d%d",&a,&b,&c);
        _____;
        _____;
        _____;
        printf("%d,%d,%d",a,b,c);
        return 0;
    }
```

2．若有定义 int b=7;float a=2.5,c=4.7;，则表达式 a+(int)(b/3*(int)(a+c)/2)%4 的值为_____。

3．若有定义 int x=3,y=2;float a=2.5,b=3.5;，则表达式(x+y)%2+(int)a/(int)b 的值为_____。

4．以下程序的输出结果是_____。
```
    main()
    {
        unsigned short a=65536;
        int b;
        printf("%d\n",b=a);
    }
```

三、编程题

1．编写一个程序，从键盘输入任意一个大写字母，转换成对应的小写后输出。

2．有购房者从银行贷款 d 元，每月还款额为 p 元，月利率为 r，计算多少月能还请贷款。设 d 为 1000000 元，p 为 20000 元，r 为 5.45%。要求对计算得到的月数精确到小数点后 1 位（提示：C 语言标准库函数中有函数 log10()，用于求以 10 为底的对数）。

还清月数 m 的计算公式是：

$$m = \frac{\log_{10}\left(\dfrac{p}{p - d \times r}\right)}{\log_{10}(1+r)}$$

3．设长方体的长、宽、高分别为 6、4 和 2，计算该长方体的表面积和体积。要求长方体的长、宽、高用 scanf()输入，计算结果用 printf()输出。

4．编写程序，从键盘输入任意三个整数给变量 a、b、c，然后交换它们，使 a 中存放 b 的值，b 中存放 c 的值，c 中存放 a 的值。

5．编写程序实现数字反向，即根据用户输入的三位数，反向显示该数相应位上的数字。要求程序执行过程中需要具有下列显示信息：

    Please input a two-digit number: 964
    The reversal number is:469

用%d 从键盘读入一个三位数，然后分解成三个数字。提示：用求余运算符（%）和整除运算符（/）。

实验题

实验题目：商品条码。

实验目的：熟悉求余、整除等算术运算符的使用，以及 scanf()、printf()的使用方法。

说明：超市销售的每个商品都有一个条码，超市可以通过条码来确定该商品的价格。每个条码表示成一个 12 位的数字，通常会把这个数字打印在条码下面。其中，第 1 位数字表示商品的种类，第 1 组 5 位数字用来识别生产商，第 2 组 5 位数字用来区分产品，最后 1 位数字是校验位，它用来验证前面数字的准确性。

校验位的计算方法是：首先把第 1、3、5、7、9、11 位数字相加；然后把第 2、4、6、8、10 位数字相加；接着把第一次相加结果乘以 3 后再加上第二次相加结果；随后再把上述结果减 1；相减后的结果除以 10 取余数。最后用 9 减去上一步得到的余数后的结果即为校验位。如果前 11 位数字按此方法计算出来的数字和最后 1 位数字不一致，那么认为条码是错误的。

试编写程序，计算任意条码的校验位，要求用户输入条码的前 11 位数字，程序计算后输出相应的校验位。用户分三部分输入数字：第 1 位数字，第 1 组数字，第 2 组数字。

对于条码 0 24600 01003 ?，程序的运行结果如下：

    Please enter the first digit: 0
    Please enter first group of five digits: 2 4 6 0 0
    Please enter second group of five digits: 0 1 0 0 3
    Check digit: 0

第3章 格式化输入与输出

本章将学习如何使用标准库中的一些输入/输出函数，其中包括 printf()和 scanf()。虽然本书前面章节中使用过这些函数，但很多细节仍需加以解释，我们将对输入/输出的各种格式给予说明。

3.1 输出函数

printf()有两个很好的性质，这使得 printf()的使用非常灵活：

① 参数表的长度可以是任意的；

② 用简单的转换说明或格式控制显示。

printf()把它的字符流交付给标准输出流 stdout()（这个函数通常与屏幕相连）。printf()的参数有两部分：格式控制串和参数表。

我们看个例子：

printf("She buys %d %s for $%f", 1, "iPhone", 500.00);

格式控制串："She buys %d %s for $%f"

参数表：1, "iPhone", 500.00

其中，格式控制串中的格式控制符与参数表中的参数相匹配，如表 3-1 所示。

表 3-1　格式控制符与对应的参数

格式控制符	对应的参数
%d	1
%s	iPhone
%f	500.00

如果参数表中存在表达式，则对表达式求值并按照格式控制串中的格式控制符进行转换，然后把结果放进输出流。格式控制串包含两种类型的对象：普通字符和转换说明。输出时，普通字符将原样不动地复制到输出流中，而转换说明并不直接输出到输出流中，而是用于控制 printf()中参数的转换和打印。符号%用于引入转换说明或格式。单个转换说明用%开头并用一个转换字符结尾。表 3-2 是 printf()使用的转换字符。

在字符%和转换字符中间可能包含以下内容。

① 说明被转换参数的最小域宽的正整数，可选。C 语言把显示参数的位置称为域，把显示参数的格数称为域宽。如果被转换参数的字符数小于域宽，那么根据被转换参数是左调整或右调整，来决定在左边或右边填充空格。如果被转换参数的字符数大于域宽，那么就把域宽调整到所需的大小。如果定义域宽的整数从 0 开始，并且被转换参数在它的域中是右调整，那么就用 0 而不是空格进行填充。

② 精度，可选，用一个后跟非负整数的小数点描述它。对于 d、i、o、u、x 和 X 转换，描述了被显示的数字的最小个数。

③ e、E 和 f 描述了小数点右侧的数字个数。g 和 G 描述了有效数字的最大位数。S 描述了显示一个串的最大字符个数，可选项 h 或 l 分别是 short 或

表 3-2　printf()使用的转换字符

转换字符	对应的参数如何显示
c	作为字符
d, i	作为十进制整数
u	作为无符号十进制整数
o	作为无符号八进制整数
x, X	作为无符号十六进制整数
e, E	作为指数形式的浮点数，如 1.234e+3
f	作为带小数点的浮点数，如 3.1415
g, G	以 e（E）或 f 格式，都是较短的
s	作为串
p	相应的参数是指向 void 的指针，按十六进制数显示它的值
n	相应的参数是指向一个整数的指针，该整数是至今成功写到流或缓冲区中的字符个数，对参数不做转换
%	使用%%把%写入输出流，没有相应的参数被转换

long 修饰符。如果 h 后跟转换字符 d、i、o、u、x 或 X，那么转换描述适用于 short int 或 unsigned short int 型参数；如果 h 后跟转换字符 n，那么相应的参数是指向 short int 或 unsigned short int 型的指针。如果 l 后跟转换字符 d、i、o、u、x 或 X，那么转换描述适用于 long int 或 unsigned long int 型参数；如果 l 后跟转换字符 n，那么相应的参数是指向 long int 或 unsigned long int 型的指针。

④ L，可选，它是一个 long 修饰符。如果 L 后跟转换字符 e、E、g 或 G，那么转换说明适用于 long double 型参数。

⑤ 用于修改转换说明的零个或多个标志字符。

在转换说明中的标志字符包括下列内容：

● 减号，表示在它的域中被转换的参数为左对齐。若没有减号，则被转换的参数为右对齐。

● 加号，表示如果输出值是非负整数且有符号，就在其前面加一个 "+"。它与 d、i、e、E、g 和 G 一起使用。所有的负数都用减号开头。

● 空格，表示如果输出值是非负的整数且有符号，就在其前面加一个空格。它与 d、i、e、E、g 和 G 一起使用。如果 "+" 和空格同时出现，就把空格忽略掉。

● #，表示依赖转换字符把结果转换成 "可选择的形式"。与转换字符 0 一起使用，#自动在显示的八进制数前加 0。在 x 或 X 转换中，它自动在显示的十六进制数前加 0x 或 0X。在 g 或 G 转换中，它自动显示尾部的 0。在 e、E、f、g 或 G 转换中，它自动显示小数点，甚至精度为 0 也是如此。其他的转换没有定义这样的行为。

● 0，表示用 0 代替空格来填充域。与 d、i、o、u、x、X、e、E、f、g 和 G 一起使用，会导致用 0 作为前导。被显示的数之前的任何标记和任何 0x 或 0X 都优先于前导 0。

在转换说明中，宽度或精度可以用星号 * 表示，这时，其值通过转换下一个参数来计算。例如：

```
#include<stdio.h>
int main()
{
    int m,n;
    m=12;
    n=8;
    float x=3.1415;
    printf("x=%*.*f\n",m,n,x);      /*相当于 printf("x=%12.8f\n",,x);*/
    return 0;
}
```

在这里，宽度为 12，精度为 8，x=　3.14150000（左边填充两个空格）。

表 3-3 给出了格式化显示数字举例。我们用双引号把字符括起来以界定显示内容，实际上不显示双引号。

表 3-3　格式化显示数字举例

初始化和声明：int i=1234; double x=0.123456789;

格　式	对 应 参 数	在其域中的打印结果	说　明
%d	i	"1234"	默认域宽为 3
%6d	i	"001234"	填充 0
%7o	i	"　　2322"	右调整，八进制数
%-9x	i	"4d2　　　"	左调整，十六进制数
%-#9x	i	"0x4d2　　"	左调整，十六进制数
%10.5f	x	"　0.12346"	域宽 10，精度 5
%-12.5e	x	"1.23457e-001 "	左调整，e 格式

【例 3.1】 下面程序演示表 3-3 中的格式化显示数字举例。

```
#include<stdio.h>
int main()
{
    int i=1234;
    double x=0.123456789;
    printf("|%d|%6d|%7o|%-9x|%-#9x|\n",i,i,i,i,i);
    printf("|%10.5f|%-12.5e|\n",x,x);
    return 0;
}
```

程序的运行结果如下：

```
|1234|  1234|   2322|4d2      |0x4d2    |
|   0.12346|1.23457e-001|
```

程序第 6 行第一个格式控制符%d 表示按变量 i 的实际域宽显示；第二个格式控制符%6d 表示域宽为 6，而 i 的域宽为 4，所以显示时在 1234 的左边填充两个空格；第三个格式控制符%7o 表示域宽为 7，而 i 的八进制值只有 4 位，所以显示时在 i 的八进制值的左边填充三个空格；第四个格式控制符%-9x 表示左对齐显示 i 的十六进制值，域宽为 9，而 i 的十六进制值 4d2 只有 3 位，所以显示时在 4d2 的右边填充 7 个空格；第 5 个格式控制符%-#9x 表示在 i 的十六进制值前面自动显示 0x，即 0x4012。

程序第 7 行第一个格式控制符%10.5f 表示域宽为 10，精度为 5，即保留小数点后 5 位（四舍五入），所以显示时在 0.12346（0 和小数点各占 1 位）的左边填充三个空格；第二个格式控制符%-12.5e 表示域宽为 12，精度为 5，左对齐显示变量 x 的指数形式的浮点数，即有效数字为 7位，指数为 5 位。

表 3-4 给出了格式化显示字符和串举例。我们用双引号把字符括起来以界定显示内容，实际上不显示双引号。

表 3-4 格式化显示字符和串举例

初始化和声明：char ch='W', s[]="Blue moon!"			
格式控制符	对 应 参 数	在其域中的打印结果	说　　明
%c	ch	"W"	默认域宽为 1
%2c	ch	" W"	域宽为 2，右调整
%-3c	ch	"W "	域宽为 3，左调整
%s	s	"Blue moon!"	默认域宽为 10
%3s	s	"Blue moon!"	需要更多的格
%.6s	s	"Blue m"	精度为 6
%-11.8s	s	"Blue moo "	精度 8，左调整

【例 3.2】 下面程序演示表 3-4 中的格式化显示字符和串举例。

```
#include<stdio.h>
int main()
{
    char ch='W';
    char s[]="Blue moon!";
    printf("|%c|%2c|%-3c|\n",ch,ch,ch);
    printf("|%s|%3s|%.6s|%-11.8s|\n",s,s,s,s);
    return 0;
}
```

程序运行结果如下：

|W| W|W |
|Blue moon!|Blue moon!|Blue m|Blue moo |

程序第 6 行显示字符变量 ch 的值'W'，第一个格式控制符%c 表示按字符实际域宽显示；第二个格式控制符%2c 设置域宽为 2，而字符'W'域宽为 1，所以显示时在'W'的左边填充一个空格；第三个格式控制符%-3c 设置域宽为 3，负号表示左对齐，所以显示时在'W'的右边填充两个空格。

程序第 7 行显示字符数组 s 的值（即字符串"Blue moon!"），第一个格式控制符%s 按字符串实际长度显示；第二个格式控制符%3s 设置的域宽小于字符串的实际长度，也按字符串的实际长度显示；第三个格式控制符%.6s 设置字符串的精度为 6，因而只能显示字符串的前 6 个字符（包括中间的一个空格）；第 4 个格式控制符%-11.8s 的负号表示左对齐，11 表示显示域宽为 11，尽管字符串的长度为 10，但由于规定精度为 8，所以只能显示其中的前 8 个字符（包括中间的一个空格），右边剩余 3 个字符用空格填充。

3.2   输入函数

scanf()有两个很好的性质，这使得 scanf()具有高度灵活性：① 参数表的长度可以是任意的；② 用简单的转换说明或格式控制输入。scanf()从标准输入流 stdin()（这个函数通常与键盘相连）中读字符。scanf()的参数有两部分：格式控制串和参数表。我们看个例子：

```
int   num;
char ch1, ch2, ch3, ch[25];
double x;
scanf("%c%c%c%d%s%lf", &ch1, &ch2, &ch3, &num, ch, &x);
```

格式控制串："%c%c%c%d%s%lf"

参数表：&ch1, &ch2, &ch3, &num, ch, &x

格式控制串后面的参数由用逗号分隔的指针或地址表达式组成。**注意**，本例中，如果用&ch，则会产生错误，因为表达式 ch 本身就是地址（ch 是字符数组，数组名为数组首地址）。

scanf()的格式控制串由 3 种字符组成：普通字符、空白字符和转换说明。普通字符是格式控制串中除空白字符和转换说明中的字符以外的字符。普通字符必须与输入流中的字符相匹配。例如：

```
float   price;
scanf("$%f", price);
```

字符$是一个普通字符，必须在输入流中匹配$。如果匹配成功，那么将跳过空白字符（如果有的话），并匹配能转换成浮点数的字符，把转换的值放在内存中 price 的地址处。我们再看一个例子，字符 h、a、i 都是普通字符：

```
scanf("hai");
```

首先匹配字符 h，其次匹配字符 a，最后匹配字符 i。如果在某处不能进行匹配，就在输入流中留下非法字符，scanf()返回。如果调用 scanf()成功，就可以对输入流中 h、a、i 后面的字符进行处理。

在格式控制串中但不在转换说明中的空白字符可以匹配输入流的空白字符，也可以不匹配。例如：

```
char c1,c2,c3;
scanf("  %c   %c  %c",&c1,&c2,&c3);
```

这条语句在各格式控制符前面均有一个空格，如果输入流含有字符 a、b、c，则无论它们有无前导空格，也无论是否用空白字符把它们隔开，都会把字符 a、b、c 分别读入变量 c1、c2、c3 中。空白指示使得输入流中的空白字符（如果有）被跳过。

注意：如果在格式控制符%c 的前面没有空白字符，则上例从键盘输入字符 a、b、c 时字符之间不能有空格，只能连续输入 abc，然后回车，才能使变量 c1、c2、c3 分别得到字符 a、b、c。

否则，如果输入 a␣␣b␣␣c，然后回车，那么变量 c1、c2、c3 只能分别得到字符 a、空格、字符 b。

在 scanf() 的格式控制串中，转换说明用%开始，用一个转换字符结束。它决定了怎样匹配转换输入流中的字符。scanf() 使用的转换字符如表 3-5 所示。

表 3-5　scanf() 使用的转换字符

未加修饰的转换字符	在输入流中被匹配的字符	对应参数的类型
c	任何字符，包括空白	char
d	可选的有符号十进制整数	int
i	可选的有符号十进制整数、八进制整数或十六进制整数	int
u	可选的有符号十进制整数	unsigned
o	可选的有符号八进制整数，不需要前导 0	unsigned
x, X	可选的有符号十六进制整数，不允许前导 0x 或 0X	unsigned
e, E, f, g, G	可选的有符号浮点数	float
p	printf() 中的%p 所产生的通常是无符号十六进制整数	void

scanf() 还有三个特殊转换字符，如表 3-6 所示。

表 3-6　scanf() 的特殊转换字符

未加修饰的转换字符	说　明
n	在输入流中没有任何字符被匹配。相应的参数是指向 int 的指针，它存储的是已读入的字符数
%	转换字符%%使得输入流中的%被匹配，没有任何相应的参数
[…]	把在 [ ] 中的字符集称为扫描集，它决定了匹配什么和读入什么。相应的参数是指向字符数组的基地址。该数组足够大，能容纳被匹配的字符，并用自动加入的空字符\0 结尾

在字符%和转换字符中间可能包含以下内容。

① 可选的*，它表示赋值抑制，其后跟一个定义最大扫描宽度的可选整数，此外还跟有修饰符 h、l 或 L。

② 修饰符 h，它可在转换字符 d、i、o、u、x 或 X 的前面。它表示把被转换的值以 short int 或 unsigned short int 型存储。

③ 修饰符 l，它可在转换字符 d、i、o、u、x 或 X 的前面，或者在 e、E、f、g 或 G 的前面。在第一种情况下，它表示把被转换的值以 long int 或 unsigned long int 型存储，在第二种情况下，它表示把被转换的值以 double 型存储。

④ 修饰符 L，它可在 e、E、f、g 或 G 的前面，它表示把被转换的值以 long double 型存储。

按照格式控制串中的转换说明把输入流中的字符转换成值，并把值存储在由参数表中的相应指针表达式指向的地址处。除字符输入外，扫描域由连续的适合于指定转换的非空白字符组成。在遇到不适合的字符时，就结束扫描域。如果超过了扫描宽度或遇到了文件结束标记，也结束扫描域。

扫描宽度是被扫描的字符数，默认是输入流的长度。%s 表示跳过空白字符，然后读入非空白字符，直到遇见空白字符或文件结束标记为止。%5s 表示跳过空白字符，然后读入非空白字符，直到读入了 5 个字符，遇见空白字符或文件结束标记为止。在读入串时，假定在内存中已经分配足够的空间，它能容纳读入的串和自动加上的串结束标记\0。可以用%nc 读入 n 个字符，其中包括空白字符。在读入串时，假定在内存中已经分配足够的空间，它能容纳读入的串，字符\0 并没有自动加上。

%[string]表示读入具体的串，把[ ]中字符集称为扫描集。如果扫描集中的第一个字符不是抑制字符^，那么输入的串仅由扫描集中的字符组成。例如%[abc]仅输入含有字符 a、b 和 c 的串。如果在输入流中出现其他字符，包括空白字符，那么输入就停止。例如：

```
char    str[30];
scanf("20[ab  \t\n]", str);
```

它向字符数组 str 中读入一个最多 20 个字符的串，该串由 a、b、空格、制表位和换行符组成，并以\0 结尾。

如果扫描集中的第一个字符是抑制字符^，那么输入的串由除扫描集中的字符之外的所有字符组成，而不是由扫描集中的字符组成。例如%[^abc]输入一个由字符 a、b 或 c 终结的串，而不是由空白字符终结的串。例如：

```
char    line[100];
while(scanf("%[^\n]", line)==1)
    printf("%s\n", line);
```

上述代码的作用是去掉空行，并去掉任何行的前导空白。

调用 scanf()时，可能会发生输入失败或匹配失败的情况。如果在输入流中没有字符，就会发生输入失败的情况，返回的值是 EOF。在匹配失败时，非法的字符被留在输入流中，返回已成功转换的字符数。如果没有进行转换，返回的数就是 0。如果 scanf()调用成功，就返回成功转换的字符数，这个数也可能是 0。

因此，利用 scanf()的返回值可以判断是否成功读入了指定的数据项数给程序。当然，这得使用 if-else 语句编程实现，我们将在第 4 章中详细介绍。

【例 3.3】 编写一个程序，对用户录入的产品信息进行格式化。

程序运行后需得到如下运行结果：

```
Enter item number: 456
Enter unit price: 12.3
Enter purchase date (mm/dd/yyyy): 6/24/2019
Item            Unit            Purchase
                Price           Date
456             $   12.30       6/24/2019
```

其中，数字项和日期项采用左对齐方式，单位价格采用右对齐方式，美元的最大取值为9999.99。

程序如下：

```
#include <stdio.h>
int main(void)
{
    int item_number, month, day, year;
    float unit_price;

    printf("Enter item number: ");
    scanf("%d", &item_number);
    printf("Enter unit price: ");
    scanf("%f", &unit_price);
    printf("Enter purchase date (mm/dd/yyyy): ");
    scanf("%d/%d/%d", &month, &day, &year);

    printf("\nItem\t\tUnit\t\tPurchase\n");
    printf("\t\tPrice\t\tDate\n");
    printf("%d\t\t\t$%7.2f\t%d/%d/%d\n", item_number, unit_price, month, day, year);
    return 0;
}
```

程序第 10 行按"月/日/年"的格式输入日期，所以从键盘输入的时候就要把'/'作为普通字符随日期一起输入，不能在月、日、年之间用空格分隔，而应用'/'分隔，否则变量 month、day、year 得不到正确的输入。

　　为了分隔不同的输出项，程序使用了转义字符制表位'\t'来对齐各输出列的数据。

　　【例 3.4】　编写程序，按如下数据输入格式从键盘输入一个整数乘法表达式：

整数 1 * 整数 2

然后计算并输出该表达式的计算结果，输出格式如下：

整数 1 * 整数 2=计算结果

　　程序如下：

```c
#include<stdio.h>
int main()
{
    int i,j;
    char op;
    printf("Please input the expression i * j\n");
    scanf("%d%c%d",&i,&op,&j);
    printf("%d%c%d=%d\n",i,op,j,i%j);
    return 0;
}
```

　　运行程序，先输入 2，然后输入空格，接着输入*，随后输入空格，最后输入 3，运行结果为：

```
Please input the expression i * j
2 * 3
2 1=0
```

　　可以看到，出现了错误的结果，为什么呢？

　　原因是数据没有被正确地读入。下面我们先看一下输入过程：当输入 2 时，2 被 scanf()用 d 格式控制符赋值给变量 i。接着其后输入的空格被 scanf()用 c 格式控制符赋值给变量 op，因为在 C 语言中，空格也是一个字符。这样，变量 j 的值也是错的。

　　可以通过修改输入格式，来验证上面的分析结果是否正确。下面是程序两次测试的运行结果：

　　第 1 次测试先输入 2，接着输入空格，最后输入 3，运行结果如下：

```
Please input the expression i * j
2 3
2 3=6
```

　　第 2 次测试先输入 2，接着输入*，最后输入 3，运行结果如下：

```
Please input the expression i * j
2*3
2*3=6
```

　　从上面两次测试结果可以看出，在第 1 次测试中，输入的 2、空格、3 分别被赋值给整型变量 i、字符型变量 op、整型变量 j。在第 2 次测试中，输入的 2、*、3 分别被赋值给整型变量 i、字符型变量 op、整型变量 j。这说明，当用%c 读入字符时，空格字符和转义字符（包括\n）都将被作为有效字符读入，因此，使用%c 输入时要特别注意。

　　【例 3.5】　编写程序，从键盘依次先后输入 int 型、char 型和 float 型数据，要求每输入一个数据就显示这个数据的类型及其值。

　　程序如下：

```c
#include<stdio.h>
int main()
{
    int i;
    char ch;
    float f;
```

```
        printf("Please input an integer:");
        scanf("%d",&i);
        printf("integer:%d\n",i);
        printf("Please input a character:");
        scanf("%c",&ch);
        printf("character:%c\n",ch);
        printf("Please input a float number:");
        scanf("%f",&f);
        printf("float:%f\n",f);
        return 0;
}
```

程序运行结果如下：

```
Please input an integer:5
integer:5
Please input a character:character:

Please input a float number:2.3
float:2.300000
```

这个程序与例 3.4 一样，问题也是出在%c 上面，在输入数据 5 后的回车符被作为一个有效字符赋值给字符变量 ch 了。

那么，如何解决数值与字符数据混合输入造成的问题呢？

我们知道，当调用 getchar()时，会将缓冲区中的回车符清空，从而避免回车符被作为随后的字符变量当作有效字符读入。上面的程序可用这种方法修改如下：

```
#include<stdio.h>
int main()
{
        int i;
        char ch;
        float f;
        printf("Please input an integer:");
        scanf("%d",&i);
        printf("integer:%d\n",i);
        getchar();      /*清空缓冲区，避免回车符作为后续字符变量的有效输入*/
        printf("Please input a character:");
        scanf("%c",&ch);
        printf("character:%c\n",ch);
        printf("Please input a float number:");
        scanf("%f",&f);
        printf("float:%f\n",f);
        return 0;
}
```

程序运行结果如下：

```
Please input an integer:5
integer:5
Please input a character:A
character:A
Please input a float number:2.3
float:2.300000
```

另一种可行的方法是，在%c 前面添加一个空格，这样程序将忽略前面数据输入时存入缓冲区中的回车符，避免其被后续的字符变量当作有效字符输入。与前一种方法相比，这种方法更简单，程序的可读性也更强。用这种方法修改的程序如下：

```
#include<stdio.h>
int main()
{
        int i;
```

```
    char ch;
    float f;
    printf("Please input an integer:");
    scanf("%d",&i);
    printf("integer:%d\n",i);
    printf("Please input a character:");
    scanf(" %c",&ch);   /*在%c 前面留了一个空格*/
    printf("character:%c\n",ch);
    printf("Please input a float number:");
    scanf("%f",&f);
    printf("float:%f\n",f);
    return 0;
}
```

程序的运行结果如下：

```
Please input an integer:5
integer:5
Please input a character:A
character:A
Please input a float number:2.3
float:2.300000
```

用这种方法在例 3.4 程序的%c 前加一个空格后，重新编译程序，那么无论用哪种方式输入乘法表达式，都能得到正确的结果。

习题 3

一、单项选择题

1. 为了输出字符串，下列哪一条语句是正确的？（   ）。

A. printf("%f",a);　　　B. printf("%d",a);　　　C. printf("%c",a);　　　D. printf("%s",a);

2. 用 scanf("%d:%d",&a,&b);语句输入数据时，数据之间必须用（   ）隔开。

A. 逗号　　　　　　B. 分号　　　　　　　C. 冒号　　　　　　　D. 空格

3. 若 a 为 int 型，且 a=125，执行 printf("%d,%o,%x\n",a,a+1,a+2);语句后的输出是（   ）。

A. 25, 175, 7D　　　B. 125, 176, 7F　　　C. 125, 176, 7D　　　D. 125, 175, 2F

4. 若 x, y 均定义为 int 型，z 定义为 double 型，以下不合法的 scanf 函数调用语句是（   ）。

A. scanf("%d %x, %le", &x, &y, &z);

B. scanf("%2d *%d, %lf", &x, &y, &z);

C. scanf("%x %*d %o", &x, &y);

D. scanf("%x %o%6.2f", &x, &y, &z)

5. 只能向终端输出一个字符的函数是（   ）。

A. printf 函数　　　B. putchar 函数　　　C. getchar 函数　　　D. scanf 函数

二、阅读程序，并写出运行结果

1.
```
    main()
    {
        int n;
        (n=6*4,n+6),n*2;
        printf("n=%d\n",n);
    }
```

2.
```
    main()
    {
        int x=2,y,z;
        x*=3+1;
        printf("%d,",x++);
        x+=y=z=5;
        printf("%d,",x);
        x=y=z;
        printf("%d\n",x);
    }
```

3.
```c
main()
{
    int x, y, z;
    x=0;y=z=-1;
    x+=-z---y;{(-z--)-y;}
    printf("x=%d\n",x);
}
```

4.
```c
main()
{
    char c1='a',  c2='b',  c3='c';
    printf("a%cb%c\tc%c\n",c1,c2,c3);
}
```

5.
```c
/*运行时从键盘输入 12345 和 abc*/
main()
{
    int a;
    char ch;
    scanf("%3d%3c",&a,&ch);
    printf("%d, %c" ,a, ch);
}
```

6.
```c
main()
{
    unsigned x1;
    int b= -1;
    x1=b;
    printf("%u",x1);
}
```

7.
```c
#include<stdio.h>
#include<math.h>
main()
{
    int a=1,b=4,c=2;
    float x=10.5, y=4.0, z;
    z=(a+b)/c+sqrt((double)y)*1.2/c+x;
    printf("%f\n", z);
}
```

8.
```c
main()
{
    int a=2, c=5;
    printf("a=%%d, b=%%d\n", a, c);
}
```

9.
```c
/*运行时从键盘输入 9876543210<CR>（<CR>表示回车）*/
main()
{
    int a;
    float b, c;
    scanf("%2d%3f%4f",&a,&b,&c);
    printf("\na=%d, b=%f, c=%f\n", a, b, c);
}
```

实验题

实验题目：国际标准图书编号。

实验目的：熟悉格式化 scanf()、printf()的使用，以及不同类型数据的输入/输出方法。

说明：图书用国际标准图书编号（ISBN）进行标识，如 0-393-30375-6。其中，第 1 位数字说明编写书籍所用的语言，第 1 组数字是出版社的编号，第 2 组数字则是由出版社指定的、用来识别图书的编号，最后 1 位数字是校验位，它用来验证前面数字的准确性。编写程序，分解用户输入的 ISBN，格式如下：

```
Enter ISBN: 0-393-30375-6
Language: 0
Publisher: 393
Book Number: 30375
Check digit: 6
```

第 4 章 选 择 结 构

程序中的语句通常是从上到下逐条执行的，称为顺序结构。但我们经常要改变顺序结构的控制流程，以进行行为选择。本章将学习选择结构。

4.1 关系、等式和逻辑运算符

数学里有一些表示判断的运算符，如等于或不等于、大于、小于等。C 语言也提供了一些用于描述条件判断的运算符以及一种特殊的语句，利用条件判断的结果选择执行不同的语句或语句序列。表 4-1 列出了 C 语言的关系运算符。

关系运算符用于比较整数、浮点数、字符以及允许混合类型的操作数。关系运算符在 C 语言的表达式中产生的结果为 0（假）或 1（真）。例如，表达式 1<2 的结果为 1，表示 1<2 这个比较关系成立（为真），而表达式 4.5<3 的结果为 0，表示 4.5<3 这个比较关系不成立（为假）。

关系运算符都是二元的，用两个表达式作为操作数，产生的结果是 int 型值 0 或 1。下面的表达式是合法的：

x>y   2.5>=(1.5*x+1)   2+a<6+b   4<=(x+3)*2

下面的表达式是不合法的：

a =<b（次序混乱）   a< = b（关系运算符<和=中间不允许有空格）   a >> b（这是移位表达式）

表 4-2 说明了关系运算符的优先级和结合性。

等式运算符==和!=产生的结果是 int 型值 0 或 1。下面的判等表达式是合法的：

ch='z';   num!=4   a+b==2*c+d

下面的判等表达式是不合法的：

x=y（赋值表达式）   x = = 2*y（==中间不允许空格）   (a-b)=!3（语法错误）

表 4-1 C 语言的关系运算符

关系运算符	<	小于
	>	大于
	<=	小于等于
	>=	大于等于
等式运算符	==	相等
	!=	不等
逻辑运算符	!	逻辑非
	&&	逻辑与
	||	逻辑或

对于表达式 a==b，如果 a 等于 b，那么表达式的结果是 1（真），否则表达式的值为 0（假）。这个判等表达式与 a-b==0 是等价的，计算机就是这样实现判等的。表达式 a!=b 的计算方法与 a==b 的类似。

注意，要避免对实数进行判断相等或不等的操作。要判断实数 a 是否等于 b，不要使用表达式 a==b，而应通过计算两个实数的差的绝对值是否小于一个足够小的数，来判断两个实数是否相等。例如 fabs(a-b)<1e-6。

注意，"="与"=="是有区别的。"="是赋值运算符，a=b 表示将变量 b 的值赋给变量 a，在程序中代表一种操作，它是动态的，因此，a=b 与 b=a 是不等价的。

表 4-2 关系运算符的优先级和结合性

声明和初始化：int a=1, b=2, c=3;

double x=2.2, y=5.2;

表 达 式	等价表达式	值
a<b-c	a<(b-c)	0
5*b-a>=c+1	((5*b)-a)>=(c+1)	1
x-y<=b-c-1	(x-y)<=((b-c)-1)	1
x+c+7<y/c	((x+c)+7)<(y/c)	0

而"=="是关系运算符，表示一种数学关系，它是静态的，因此 a==b 与 b==a 是等价的。

惯用法：为了防止将类似 a==2 这样的关系表达式误写为 a=2，最好使用 2==a 这种关系表达式，即常量放在左边，变量放在右边，这样，如果误写为 2=a，程序不可能将变量的值赋给左边的常量，编译器也将报错，从而避免误写。

4.2 逻辑运算符和表达式

逻辑运算符!（非）是一元的，&&（与）和||（或）是二元的。这些运算符应用到表达式中时，表达式的结果为 int 型值 0（假）或 1（真）。

对于逻辑非运算符!，如果表达式的值为 0，对它进行非运算，则结果是 int 型值 1；如果表达式的值不是 0，对它进行非运算，则结果是 int 型值 0。下面是一些合法的例子：

```
!a        !(a-5)        !(i<j||k<h)
```

下面是不合法的例子：

```
a!        a!=b（!=是不等运算符）
```

注意，逻辑非运算符!虽然有否定的意思，但与一般逻辑中的否定运算符（not）不同。例如，如果 str 是一条逻辑语句，那么 not(not str)=str。而在 C 语言中，!!8 的值是 1 而不是 8。因为与其他一元运算符一样，!从右到左进行结合，所以以表达式!!8 与!(!8)等价，而!(!8)与其值为 1 的!(0)等价。

表 4-3 给出了逻辑非运算符举例。

二元逻辑运算符&&和||用于表达式得到逻辑表达式，其结果为 int 型值 0（假）或 1（真）。例如，下面的逻辑表达式都是合法的：

表 4-3 逻辑非运算符举例

声明和初始化：int x=7, y=7; double a=0.0, b=5.5;		
表 达 式	等价表达式	值
!(x−y)+ 1	(!(x−y))+ 1	2
!x−y + 1	((!x)−y)+ 1	−6
!!(a + 3.0)	!(!(a + 3.0))	1
!a*!!b	(!a)*(!(!b))	1

```
a&&b      a||b      !(a>b)&&c      4&&(2*i+j)
```

但下面的逻辑表达式是非法的：

```
a&&      a||b（||中间不允许空格）    a&b（位运算）       &b（获取 b 的地址）
```

表 4-4 给出了二元逻辑运算符的真值表。

&&的优先级高于||，但这两个运算符的优先级都低于所有的一元运算符。表 4-5 举例说明了二元逻辑运算符的优先级和结合性。

表 4-4 二元逻辑运算符的真值表

a	b	a&&b	a||b
F	F	F	F
F	T	F	T
T	F	F	T
T	T	T	T

表 4-5 二元逻辑运算符的优先级和结合性举例

声明和初始化：int a=1, b=1, c=3; double x=0.0, y=2.0;		
表 达 式	等价表达式	值
a && b && c	(a&&b) &&c	1
x || a && b−3	x||(a&& (b−3))	1
a < b && x < y	(a<b) && (x<y)	0
a < b || x < y	(a<b) || (x<y)	1

二元逻辑运算符的一个重要性质是短路求值。当计算含有&&和||的表达式时，只要得到了该表达式的结果，求值的过程就立即停止，把这样的计算称为短路求值。例如，假设 expr1 和 expr2 是表达式，expr1 的值为 0，则对逻辑表达式 expr1 && expr2 求值时，不会对 expr2 求值，这是因为从整体上来说，expr1 的值已经决定了该逻辑表达式的值是 0。

类似地，如果 expr1 的值不为 0，那么对逻辑表达式 expr1 || expr2 求值时，不会对 expr2 求值，因为从整体上来说，expr1 的值已经决定了该逻辑表达式的值是 1。

【例 4.1】   下面程序演示短路求值的例子。

```
#include<stdio.h>
int main()
```

```
{
    int i,j;
    i=2&&(j=2);        /*尽管赋值表达式 i=2 的值为 2（真），但由于为与运算，还要计算右边赋值表达式(j=2)
的值，它等于 j 的值 2（真），然后执行与运算，整个逻辑表达式的值为 1（真），它即为 i 的值*/
    printf("%d  %d\n",i,j);    /*显示 1 2*/
    (i=0)&&(j=3);        /*先计算左边赋值表达式的值，它等于 i 的值 0（假），此时无须再计算右边赋值表
达式的值，因为发生了短路，整个逻辑表达式的值为 0（假），它即为 i 的值，而 j 的值是前一条语句中 j
的值*/
    printf("%d  %d\n",i,j);    /*显示 0 2*/
    i=0||(j=4);
    printf("%d  %d\n",i,j);    /*显示 1 4*/
    (i=2)||(j=5);
    printf("%d  %d\n",i,j);    /*显示 2 4*/
    return 0;
}
```

程序的运行结果如下：

```
2
2
4
2  4
```

4.3 复合语句

复合语句是由一系列用一对花括号括起来的声明和语句。复合语句主要用于把多条语句组成一个可执行单元。当声明出现在复合语句的头部时，称为块。在 C 语言中，凡是在语法上能正确地出现语句的地方，都能出现复合语句。复合语句本身是一条语句。例如：

```
{
    a=1;
    if(a<b)
    {
        temp=a;
        a=b;
        b=temp;
    }
}
```

注意，本例中在复合语句中嵌套了一条复合语句，复合语句主要用于实现 if、if-else、while、for、do-while 和 switch 语句中所需要的控制流。

4.4 空语句

只有一个分号表示的语句称为空语句。空语句主要用于在语法上需要出现一条语句但在语义上并不需要任何行为的情况。空语句通常用于选择控制或循环控制结构。

表达式后跟一个分号的语句称为表达式语句。空语句是表达式语句的一个特例。下面是一些常见的空语句的例子：

```
while(1) ;
for(int i=1; i<10; i++) ;
if(max<a) ;
```

4.5 if 语句

if 语句允许程序通过测试表达式的值从两个选项中选择一个。if 语句的格式如下：

```
if (expr)
    statement;
```

if 语句的功能是：计算表达式 expr 的值，若为真，则执行语句序列；否则将跳过语句序列，执行 if 语句的下一条语句。流程图如图 4-1 所示，其中，Y 表示真，N 表示假。

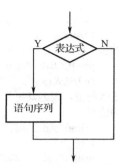

执行 if 语句时，先计算圆括号内表达式的值，如果 expr 的值为非零值（真），那么执行 statement；否则跳过 statement，控制转移到下一条语句。例如：

```
if(grade>=90)
    printf("Congratulations!\n");
printf("Your grade is %d\n", grade);
```

当 grade 的值大于或等于 90 时，显示一条祝贺信息，然后显示成绩；否则，只显示成绩，第二条显示语句总是要执行的。

图 4-1　if 语句流程图

注意，表达式两边的圆括号是必需的，它们是 if 语句的组成部分，而不是表达式的内容。同时，不要混淆判等运算符==和赋值运算符=。例如，语句 if(i==0)测试 i 是否等于 0。而语句 if(i=0)则先把 0 赋值给 i，然后测试赋值表达式的结果是否为非零值。在这种情况下，测试总是会失败的。

避免判等运算符==和赋值运算符=混淆的一个好方法是将数值写在表达式的左边。例如：

```
if(0==i)
if(x+y==z)
```

当缺少一个等号时，编译器会报错。

惯用法：if 语句中的表达式用于判断变量是否落在某个数值范围内。例如，要判断 $0 \leqslant x \leqslant 5$ 是否成立，最好写成：

```
if(0<=x && x<=5)
```

为了判断相反的情况（在范围之外），最好写成：

```
if(x<0 || x>=5)
```

下面是一些 if 语句的例子：

```
if(x!=0)
    y=y/x;
if(x<y && y<z)
{
    w=x+y+z;
    printf("%f\n", w);
}
```

在适当的位置，用复合语句把单条 if 语句控制下的一系列语句合并在一起，即用复合语句作为语句体，可以更有效和更易理解。例如：

```
if(a<b)
    min=a;
if(a<b)
    printf("a is smaller than b\n");
```

修改为：

```
if(a<b)
{
    min=a;
    printf("a is smaller than b\n");
}
```

【例 4.2】　从键盘输入任意一个整数，求其绝对值。

【解题思路】　求 x 的绝对值的算法很简单，若 x≥0，则 x 即为所求；若 x<0，则-x 为 x 的绝对值。流程图如图 4-2 所示。

程序中首先定义整型变量 x 和 y，其中用于存放 x 的绝对值。输入 x 后，执行 y=x 语句（即先假定 x>=0），然后再判断 x 是否小于 0，若 x<0，则 x 的绝对值为-x，将-x 赋值给 y（y 中原来的值被修改了），然后输出结果。若 x>=0，则直接输出结果。此时 y 的值保持不变。

程序如下：

```c
#include<stdio.h>
int main()
{
    int x,y;
    scanf("%d",&x);
    y=x;
    if(x<0)
        y=x;
    printf("x=%d,|x|=%d\n",x,y);
    return 0;
}
```

程序运行结果如下：

```
-6
x=-6,|x|=-6
```

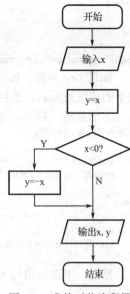

图 4-2　求绝对值流程图

【例 4.3】　编写程序，从键盘任意输入两个实数，按数值由小到大的顺序输出这两个数。

【解题思路】　要实现任意两个数由小到大顺序输出，只需要对这两个数做一次比较，然后根据比较结果决定是否进行两个数的交换即可。因此，可用 if 语句实现条件判断，关键是如何实现两个数的交换。

```c
/*按由小到大的顺序输出两个实数*/
#include<stdio.h>
int main()
{
    float x,y,z;
    printf("Please input two number:");
    scanf("%f%f",&x,&y);
    if(x>y)
    {   /*这里的复合语句实现两个数的交换*/
        z=x;
        x=y;
        y=z;
    }
    printf("x=%6.2f   y=%6.2f\n",x,y);
    return 0;
}
```

程序的运行结果如下：

```
Please input two number:6.6 3.5
x=   3.50   y=   6.60
```

注意，if 语句中的花括号不能省略，否则将出现逻辑错误。

4.6　if-else 语句

if-else 语句与 if 语句是紧密相关的，它的一般格式为：

```c
if(expr)
    statement1
else
    statement2
```

如果表达式 expr 的值不为 0（真），那么程序只执行 statement1，而跳过 statement2；否则，如果表达式 expr 的值为 0（假），那么程序只执行 statement2，而跳过 statement1。流程图如图 4-3 所示。

无论哪种情况，在 if 语句执行后，控制都将转到下一条语句。例如：

```
if(x>y)
    max=x;
else
    max=y;
printf("max value=%d\n", max);
```

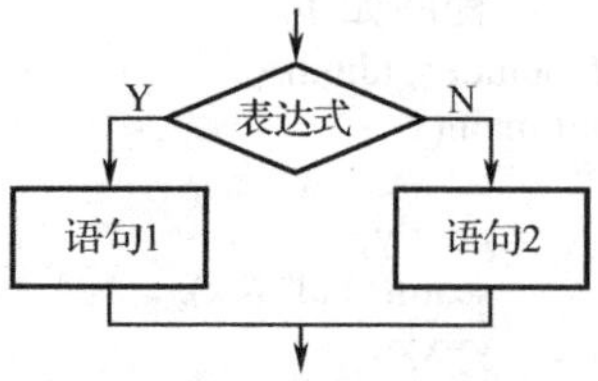

图 4-3　if-else 语句流程图

如果 x>y 为真，那么把 x 的值赋给 max；如果 x>y 为假，那么把 y 的值赋给 max，然后把控制转给 printf 语句。

下面是另一种 if-else 结构的例子：

```
if(ch>='0'&& ch<='9')
{
    count1++;
    printf("%c is a number letter\n", ch);
}
else
{
    count2++;
    printf("%c is not a number letter\n", ch);
}
```

然而，下面的语句不是 if-else 结构：

```
if(i!=j)
{
    temp=a;
    a=b;
    b=temp;
};
else
    ;
```

这是因为 if 语句的右花括号后的分号表示一条空语句，使得后续的 else 不属于任何 if 语句，因此产生语法错误。

【例 4.4】　编写程序，从键盘输入一个整数，判断它是偶数还是奇数。

【解题思路】　偶数能被 2 整除，而奇数不能被 2 整除。因此，可以通过对 2 求余，判断余数是否为零的方法，确定某个整数是偶数还是奇数。

```
/*判断一个整数是偶数还是奇数*/
#include<stdio.h>
int main()
{
    int a;
    printf("Please input a number:");
    scanf("%d",&a);
    if(a%2==0)
        printf("%d is an even number.",a);
    else
        printf("%d is an odd number.",a);
    return 0;
}
```

程序运行结果如下：

```
Please input a number:3
3 is an odd number.
Please input a number:6
6 is an even number.
```

4.7　if 语句的嵌套

if 语句的 statement 可以是另一条 if 语句，这种结构称为 if 语句的嵌套。例如：

```
if(a>b)
    if(b>c)
        max=a;
```

类似地，if-else 语句也可以看作 if 语句的一部分。例如：

```
if(a<b)
    if(b<c)
        max=c;
    else
        max=b;
```

if 语句的嵌套比较灵活，可以有多种形式。

1．if 语句嵌套形式 1

```
if(表达式 1)
    if(表达式 2) 语句 1
    else 语句 2
else
    语句 3
```

流程图如图 4-4 所示，第一个 else 与第二个 if 结合，而第二个 else 与第一个 if 结合。

2．if 语句嵌套形式 2

```
if(表达式 1)
    {if（表达式 2） 语句 1}
else 语句 2
```

流程图如图 4-5 所示，else 与第一个 if 结合。因为第二个 if 在复合语句中，复合语句相当于一条语句，不能与复合语句外的 else 结合。但如果把一对花括号去掉，则 else 将与第二个 if 结合。

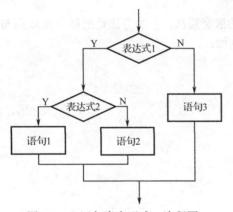

图 4-4　if 语句嵌套形式 1 流程图

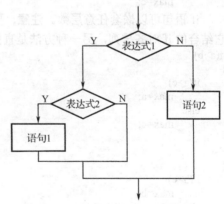

图 4-5　if 语句嵌套形式 2 流程图

3．if 语句嵌套形式 3

```
if(表达式 1)
    语句 1
else
    if(表达式 2)
        语句 2
        else
            语句 3
```

流程图如图 4-6 所示。

在设计这种嵌套形式，我们面临一个语义难题，即可能不清楚 else 与哪个 if 结合？C 语言规定，else 与离它最近的 if，即第二个 if 结合。例如：

```
if(y!=0)
    if(x!=0)
        result=x/y;
    else
        printf("Error: y is equal to 0. \n");
```

这个例子中，else 与离它最近的 if，即内层的 if
结合。如果要让 else 与外层的 if 结合，则应把内层
的 if 语句用花括号括起来：

```
if(y!=0)
{
    if(x!=0)
        result=x/y;
}
else
    printf("Error: y is equal to 0. \n");
```

实际上，在 if 语句内部可以嵌套其他形式的 if
语句。例如：

```
if(a>b)
    if(a>c)
        max=a;
    else
        max=c;
else
    if(b>c)
        max=b;
    else
        max=c;
```

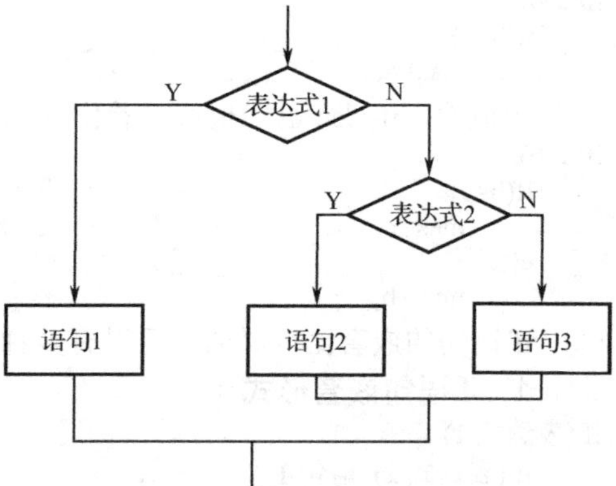

图 4-6   if 语句嵌套形式 3 流程图

if 语句可以嵌套任意层数。**注意**，要辨别 if 语句的嵌套层次，一种方法是把每个 else 同与
它结合的 if 对齐排列，另一种方法是直接加花括号。例如：

```
if(a>b)
{
    if(a>c)
        max=a;
    else
        max=c;
}
else
{
    if(b>c)
        max=b;
    else
        max=c;
}
```

这两种方法都可以使程序更加容易阅读。

【例 4.5】   编写一个程序，从键盘输入三个整数，求其中的最大数。

【解题思路】   求三个整数中的最大数，可以先比较前两个数的大小，大的数暂时假定为最大
数 max，然后将第三个数与 max 进行比较，大的数为真正的 max。

```
/*Find the maximum of three values.*/
#include<stdio.h>

int main()
{
    int a,b,c,max;
    printf("Please input three integers:\n");
    scanf("%d%d%d",&a,&b,&c);
```

```
        if(a>b)
            max=a;
        else
            max=b;
        if(c>max)
            max=c;
        printf("The maximun value is:%\n",max);
        return 0;
}
```

【4.6】 有函数 $y = \begin{cases} -1 & x < 0 \\ 0 & x = 0 \\ 1 & x > 0 \end{cases}$，编写程序，输入一个 x 值，要求输出相应的 y 值。

【解题思路】 用 if 语句，根据 x 的值决定赋予 y 相应的值，由于 y 的可能取值不是两个而是三个，因此不能只用一条简单的（无内嵌）if 语句来实现。为此，可以通过三种方法来完成算法设计。

方法 1：先后用三条独立的 if 语句进行处理。

输入 x;
若 x < 0, 则 y =-1;
若 x = 0, 则 y = 0;
若 x > 0, 则 y = 1;
输出 x 和 y;

程序如下：
```
#include<stdio.h>
int main()
{
    int x,y;
    printf("Please input a number:");
    scanf("%d",&x);
    if(x<0)      y = -1;
    if(x==0)    y = 0;
    if(x>0)      y = 1;
    printf("x=%d,y=%d\n",x,y);
    return 0;
}
```

程序的运行结果如下：
```
Please input a number:3
x=3,y=1
Please input a number:-2
x=-2,y=-1
Please input a number:0
x=0,y=0
```

方法 2：用嵌套的 if 语句进行处理，嵌套的 if 语句放在 else 子句中。

输入 x;
若 x < 0, 则 y = -1;
否则
    若 x = 0, 则 y = 0;
    否则   y = 1;
输出 x 和 y;

程序如下：
```
#include<stdio.h>
int main()
{
    int x,y;
    printf("Please input a number:");
    scanf("%d",&x);
```

```
        if(x<0)   y=-1;
        else
            if(x==0) y=0;
            else   y=1;
        printf("x=%d,y=%d\n",x,y);
        return 0;
}
```

程序的运行结果同上。

方法 3：用嵌套的 if 语句进行处理，嵌套的 if 语句放在 if 子句中。

输入 x；
若 x >= 0；
    若 x>0，则 y=1；
    否则   y = 0；
否则   y = 1；
输出 x 和 y；

程序如下：

```
#include<stdio.h>
int main()
{
    int x,y;
    printf("Please input a number:");
    scanf("%d",&x);
    if (x>=0)
        if (x>0) y=1;
        else    y=0;
    else
        y=-1;
    printf("x=%d,y=%d\n",x,y);
    return 0;
}
```

程序的运行结果同上。

4.8   级联式语句

编程时常常需要判定一系列的条件，一旦其中某个条件为真就立即停止。级联式 if 语句是编写这类条件判定的最好方法。例如，判定变量 n 小于 0、等于 0、大于 0 的问题，可以采用下面这种级联式 if 语句实现：

```
if(n<0)
    printf("n is less than 0.\n");
else if(n==0)
    printf("n is equal to 0.\n");
else
    printf("n is greater than 0.\n");
```

级联式 if 语句的一般格式为：

```
if(表达式 1)
    语句 1
else if(表达式 2)
    语句 2
...
else if(表达式 n-1)
    语句 n-1
else
    语句 n
```

【例 4.7】 编写程序，计算证券公司对证券用户买卖股票时收取的佣金。佣金根据股票交易额采用某种变化的比例进行计算。表 4-6 给出了证券交易佣金，最低佣金为 39 元。

表 4-6 证券交易佣金

股票交易额范围	佣 金
低于 2500 元	30 元+1.7%
2500～6250 元	56 元+0.66%
6250～20000 元	76 元+0.34%
20000～50000 元	100 元+0.22%
50000～500000 元	155 元+0.11%
超过 500000 元	255 元+0.09%

【解题思路】 本例有一系列的佣金收取条件（即股票交易额范围）和佣金收取方法，每一个佣金收取条件对应一种收取方法。只要满足某一个收取条件，就执行相应的收取方法，不执行其他收取方法。因此，编写此程序的关键是采用级联式 if 语句来确定交易额所在的范围。

```c
/*采用级联式 if 语句计算证券交易佣金*/
#include<stdio.h>

int main()
{
    float expenses,value;
    scanf("%f",&value);
    if(value<2500.00)
        expenses=30.00+0.017*value;
    else if(value<6250.00)
        expenses=56.00+0.0066*value;
    else if(value<20000.00)
        expenses=76.00+0.0034*value;
    else if(value<50000.00)
        expenses=100.00+0.0022*value;
    else if(value<500000.00)
        expenses=155.00+0.0011*value;
    else
        expenses=255.00+0.0009*value;
    if(expenses<39.00)
        expenses=39.00;
    printf("expenses: ￥%.2f",expenses);
    return 0;
}
```

4.9 switch 语句

在 C 程序设计中，常常需要把表达式和一系列值进行比较，从中找出当前匹配的值。级联式的 if 语句可以达到这个目的，switch 语句也可以达到这个目的。

```c
switch(grade)
{
    case 5:printf("A");break;
    case 4:printf("B");break;
    case 3:printf("C");break;
    case 2:printf("D");break;
    case 1:printf("E");break;
    default:printf("Illegal grade");break;
}
```

程序执行时，将判断变量 grade 的值是否等于 5、4、3、2、1 中的一个。例如，如果 grade 的值等于 5，则显示成绩等级为 A，然后执行 break 语句，再执行 switch 语句后边的语句。如果 grade 的值与 case 列出的任何值都不相等，那么使用 default 情况，并且显示信息 Illegal grade。

C 程序中，常常需要把表达式和一系列值进行比较，从中找出当前匹配的值，switch 语句和级联式 if 语句都可以完成这种判定，然而，switch 语句往往比级联式 if 语句更容易阅读。此外，switch 语句的执行速度往往比级联式 if 语句更快，特别是在有一连串条件需要判定的时候。

switch 语句的一般格式如下：

```
switch(测试表达式)
{
    case 常量 1:     语句序列 1
    case 常量 2:     语句序列 2
    …
    case 常量 n:     语句序列 n
    default:        语句 n+1

}
```

switch 语句的测试表达式写在关键字 switch 后面的圆括号内，该表达式的值只能是 char 型或 int 型，这在一定程度上限制了 switch 语句的使用。关键字 case 后面是常量。**注意**，case 与常量之间至少存在一个空格。常量的后面是冒号。常量的类型应与 switch 圆括号内测试表达式的类型一致。

switch 语句的执行过程如下：首先计算 switch 圆括号内测试表达式的值，然后将该值依次与 case 常量进行比较，如果相等，则执行该 case 后面的语句序列，执行完毕后，执行 break 语句跳出 switch 语句。如果没有 break 语句，程序将依次执行后面的 case 语句，直到遇到 break 语句或 switch 语句的右花括号"}"为止。

【例 4.8】　　判断任意日期是该年的第几天。

【解题思路】　　一年有 12 个月，不同月份的天数不同，有的月份为 30 天，有的月份为 31 天，闰年 2 月为 29 天，平年 2 月为 28 天。因此，我们首先计算输入月份之前的总天数，然后判断该年是闰年还是平年，如果是闰年，则从 3 月开始的总天数加 1。本题的难点在于判断闰年，因为涉及算术运算和逻辑运算，它关系到 3 月以后的天数计算。闰年判断条件是：年份能被 4 整除且不能被 100 整除或能被 400 整除的为闰年，对应的判断语句是 if((year%4==0 && year%100!=0)||(year%400==0))。

程序如下：

```
/*计算某天是该年的第几天*/
#include <stdio.h>
int main()
{
    int year, month, day, total;
    printf("请输入年，月，日数据:\n");
    scanf("%d,%d,%d",&year,&month,&day);
    switch(month)
    {
        case 1:     total=day;break;
        case 2:     total=day+31;break;
        case 3:     total=day+31+28;break;
        case 4:     total=day+31+28+31;break;
        case 5:     total=day+31+28+31+30;break;
        case 6:     total=day+31+28+31+30+31;break;
        case 7:     total=day+31+28+31+30+31+30;break;
        case 8:     total=day+31+28+31+30+31+30+31;break;
        case 9:     total=day+31+28+31+30+31+30+31+31;break;
        case 10:    total=day+31+28+31+30+31+30+31+31+30;break;
        case 11:    total=day+31+28+31+30+31+30+31+31+30+31;break;
        case 12:    total=day+31+28+31+30+31+30+31+31+30+31+30;break;
        default:    printf("Invalid month data!\n");
    }
```

```
    if((year%4==0 && year%100!=0)||(year%400==0))
        if(month>2)
            total+=1;
    printf("%d 年%d 月%d 日是%d 年的第%d 天",year,month,day,year,total);
}
```

程序的两次测试结果如下：
```
请输入年，月，日数据：
2019,4,28
2019 年 4 月 28 日是 2019 年的第 118 天
请输入年，月，日数据：
2000,4,28
2000 年 4 月 28 日是 2000 年的第 119 天
```

　　程序执行到 switch 语句时，先计算 switch 圆括号内测试表达式 month 的值，然后自上而下寻找与该值相等的 case 常量，找到后则按顺序执行此 case 后的所有语句；如果没有任何一个 case 常量与 month 的值匹配，则执行 default 后面的语句。本例用 default 后面的语句来处理输入非法数据的情况。程序不仅对用户正确的输入数据进行运算，还对错误的输入数据进行错误处理，这对保障程序的健壮性是非常必要的。

　　由于每个 case 常量只起到一个语句常量的作用，所以 case 常量必须互不相同，否则会出现矛盾。本例中各 case 常量分别为整型常量 1,2,…,12。在 switch 语句中，case 常量出现的次序不同时，不会影响程序的运行结果，但不能有重复的 case 常量。

　　程序第 10～21 行使用了 break 语句，如果把这些语句注释或删除掉，程序的执行流程会发生变化。例如，如果删除第 15 行的 break 语句，程序的运行结果为：
```
请输入年,月,日数据：
2019,7,12
2019 年 7 月 12 日是 2019 年的第 224 天
```

　　而正确的结果应为：2019 年 7 月 12 日是 2019 年的第 193 天。

　　如果删除所有的 break 语句，则程序的运行结果为：
```
请输入年,月,日数据：
2019,7,12
2019 年 7 月 12 日是 2019 年的第 346 天
```

　　为什么会出现这样的结果呢？这是因为此时用户输入的日期 2019,7,12,即用户输入的 month 值是 7，它与第 16 行的 case 常量相匹配，程序执行第 16 行 case 后的语句，由于这一行的 break 语句被删除了，又继续执行第 17 行 case 后的语句，直至遇到 break 语句或 switch 语句的右花括号为止。

　　因此，只有 switch 语句和 break 语句配合使用，才能形成真正意义上的多分支控制。即执行完一个分支后，一般要用 break 语句跳出 switch 语句。

　　此外，若 case 后面的语句省略不写，则表示它与后续 case 执行相同的语句。例如：
```
switch(grade){
    case4:   case 3:   case 2:   case 1:
        passing_num ++;
    case0:
        total_num++;
        break;
```

　　此时，无论用户输入 4、3、2、1 中的哪一个数，都将执行 passing_num ++。

4.10　条件表达式

　　C 语言的 if-else 语句根据条件表达式的值执行两条语句中的一条。C 语言还提供了一种条件运算符，条件运算符允许条件表达式根据条件的值产生两个值中的一个。条件运算符由符号?和符号:组成，两个符号按如下格式构成条件表达式：

表达式 1? 表达式 2: 表达式 3

　　表达式 1、表达式 2 和表达式 3 可以是任何形式的表达式。条件运算符是 C 语言运算符中唯一一个需要三个操作数的运算符，因此人们经常把条件运算符称为三元运算符。

　　条件表达式的计算过程是：首先计算表达式 1 的值，如果此值为真（不为 0），那么计算表达式 2 的值，表达式 2 的值就是整个条件表达式的值；如果表达式 1 的值为假（为 0），那么计算表达式 3 的值，并且此值就是整个条件表达式的值。例如：

```
int i=1, j=2, k;
k = i > j ? i: j;
k = (i > 0 ? i : 0) + j;
```

　　在第一个 k 的赋值语句中，i>j 比较的结果为假，所以条件表达式 i > j?i:j 的值为 2，把这个值赋给 k，因此 k 的值为 2。在第二个赋值语句中，i>0 比较的结果为真，所以条件表达式(i > 0?i:0) 的值为 1，这个值与 j 相加的结果是 3，因此 k 的值为 3。**注意**，在第二个赋值语句中的添加圆括号是必要的，因为条件运算符的优先级高于赋值运算符，但低于此前介绍的所有运算符。条件运算符遵从从右到左的结合规则。

　　条件表达式可以使程序更加短小灵活，但难以阅读。它在条件判断较简单的情况下用于取代 if-else 语句。例如：

```
if(a>b)
    return a;
else
    return b;
```

可以写成：

```
return (a>b ? a : b);
```

　　printf()中也可以使用条件表达式，例如：

```
if(a>b)
    printf("%d\n", a);
else
    printf("%d\n", b);
```

可以简单地写成：

```
printf("%d\n", a>b ? a : b);
```

　　条件表达式也经常用于某些带参数的宏定义中，以代替一些简单的函数。

4.11　程序举例与测试

　　【例 4.9】　编写程序，从键盘输入任意年份，判断该年是否为闰年。

　　【解题思路】　根据闰年判断条件，判断闰年算法的 N-S 图如图 4-7 所示。图中使用了一个标志变量 leap 代表是否为闰年，若 leap=1，代表为闰年，若 leap=0，代表为非闰年。最后通过判断 leap 是否为 1，输出是否为闰年。

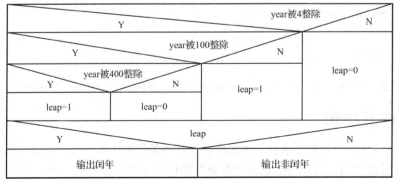

图 4-7　判断闰年算法的 N-S 图

程序如下：
```c
#include <stdio.h>
int main()
{
    int year,leap;
    printf("Please enter year:");
    scanf("%d",&year);
    if (year%4==0)
        if(year%100==0)
            if(year%400==0)    leap=1;
            else    leap=0;
        else leap=1;
    else    leap=0;
    if (leap)
        printf("%d is ",year);
    else
        printf("%d is not ",year);
    printf("a leap year.\n");
    return 0;
}
```

程序的运行结果如下：
```
Please enter year:2004
2004 is a leap year.
Please enter year:1900
1900 is not a leap year.
```
上述程序中第 7～12 行可以用如下的 if 语句取代：
```c
if (year%4!==0)
    leap=0;
else if(year%100!==0)
    leap=1;
else if(year%400!==0)
    leap=0;
else
    leap=1;
```
前面的闰年判断条件还可以进一步简化，用一个逻辑表达式包含所有的闰年条件。可以用下面的语句取代前述 if 语句：
```c
if((year%4==0 && year%100!=0) || (year%400==0))
    leap=1;
else
    leap=0;
```

【例 4.10】　编写程序，从键盘任意输入 a、b、c 的值，求一元二次方程 $ax^2 + bx + c = 0$ 解。

【解题思路】　由于对方程参数的值没有任何限制，所以求解方程需要处理以下 4 种情况：

① 当 $a=0$ 时，输出"该方程不是一元二次方程"；

② 当 $a \neq 0$ 时，若 $b^2 - 4ac = 0$，则方程有两个相等实根；

③ 当 $a \neq 0$ 时，若 $b^2 - 4ac > 0$，则方程有两个不等实根；

④ 当 $a \neq 0$ 时，若 $b^2 - 4ac < 0$，则方程有两个共轭复根。

根据一元二次方程的求根公式，若设 $p = -\dfrac{b}{2a}$，$q = \dfrac{\sqrt{|b^2 - 4ac|}}{2a}$，则当 $b^2 - 4ac = 0$ 时，方程有两个相等实根 $x_1 = p$，$x_2 = p$；当 $b^2 - 4ac > 0$ 时，方程有两个不等实根 $x_1 = p + q$，$x_2 = p - q$；当 $b^2 - 4ac < 0$，方程有两个共轭复根 $x_1 = p + qi$，$x_2 = p - qi$。

按照第 1 章介绍的结构化程序设计方法，求解问题的程序一般可分成三部分：输入、计算处理和输出。输入部分负责输入必要的原始数据，计算处理部分根据问题的算法进行求解，得到的结果由输出部分显示或打印。因此，本题的顶层设计就是把问题划分为三个模块：M1 模块负责输入方程的系数 a、b、c；M2 模块负责计算方程的根；M3 模块负责输出方程的根。它们的执行流程是 M1→M2→M3。

　　M1 和 M3 模块负责简单的输入和输出操作，不需要做进一步细化。而 M2 模块根据前面的分析，需要进一步分解为 M21 和 M22 两个模块，分别求解一元一次方程和一元二次方程。M21 模块算法简单，可以直接求解。M22 模块可进一步分解为求实根和共轭复根两个模块，二者流程相似，这里就不再细化。最后，将 M1、M21、M22 和 M3 模块进行组装，得到如图 4-8 所示的最终完整的流程图。根据这个流程图就能用 C 语言编写程序了。

　　程序如下：

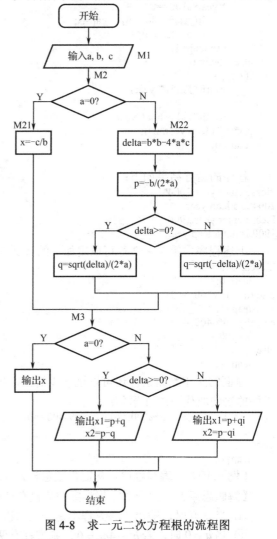

图 4-8　求一元二次方程根的流程图

```c
#include <stdio.h>
#include <math.h>
int main()
{
    double a,b,c,delta,p,q;
    printf("Please input the coefficients a,b,c:");
    scanf("%lf,%lf,%lf",&a,&b,&c);
    printf("The equation ");
    if(fabs(a)<=1e-6)
        printf("is not a quadratic\n");
    else
    {
        delta=b*b-4*a*c;
        p=-b/(2*a);
        q=sqrt(fabs(delta))/(2*a);
        if(fabs(delta)<=1e-6)
          printf("has two equal roots:\nx1=x2=%8.4f\n",
                 p);
        else if(delta>1e-6)
        {
            printf("has distinct real roots: \nx1=%8.4f
                   \nx2=%8.4f\n",p+q,p-q);
        }
        else
        {
            printf(" has complex roots:\n");
            printf("x1=%8.4f+%8.4fi\n",p,q);
            printf("x1=%8.4f-%8.4fi\n",p,q);
        }
    }
    return 0;
}
```

　　在第 2 章中介绍过，实数在内存中是以浮点数形式存储的，而浮点数在内存中存储时其尾数所占位数是有限的，因此其所能表示的实数的精度也是有限的，即浮点数并非真正意义上的实数，而只是某种程度的近似。因此，在判断实数是否等于 0 时，不能直接判等，只能用近似的方法将实数与 0 进行比较。

　　例如，本例不能使用下面的条件表达式进行比较：

```c
if(delta==0)
```

　　而应判断浮点数 delta 是否近似为 0，或者说判断 delta 的绝对值是否小于或等于一个很小的数，如 1e-6 等：

```
if(fabs(delta)<=1e-6)
```

同理，判断两个实数是否相等，应该判断两个实数差值的绝对值是否近似为 0，而不能直接判等。

程序的运行结果如下：

```
Please input the coefficients a,b,c:1,2,1
The equation has two equal roots:
x1=x2= -1.0000
Please input the coefficients a,b,c:1,3,2
The equation has distinct real roots:
x1= -1.0000
x2= -2.0000
Please input the coefficients a,b,c:1,2,3
The equation    has complex roots:
x1= -1.0000+   1.4142i
x1= -1.0000-   1.4142i
Please input the coefficients a,b,c:0,2,4
The equation is not a quadratic
```

4.12　本章扩展内容：位运算

前面讨论的都是高级的、与机器无关的 C 语言特性，但仍然有一些程序需要进行位级别的运算。位运算在编写系统程序、加密程序、图形程序及其他一些需要高执行速度或高效使用内存空间的程序时非常有用。

位运算用于整型或字符型数据，即把整型数据看成固定的二进制数序列，然后对这些二进制数序列进行按位运算。

4.12.1　位运算符

由于二进制数序列的每一位只能取值 0 或 1，所以位运算就以 0 或 1 作为运算量，结果为 0 或 1。C 语言提供的基本位运算包括：位否定、位与、位或、位异或、位左移和位右移。除位否定是单目运算符外，其余 5 个都是双目运算符。位运算符的含义如表 4-7 所示。

表 4-7　位运算符

运 算 符	含 义	运算符类型	结 合 方 向	优 先 级
~	按位求反	单目运算符	自右至左	1
<<	按位左移	双目运算符	自左至右	2
>>	按位右移	双目运算符	自左至右	2
&	按位与	双目运算符	自左至右	3
^	按位异或	双目运算符	自左至右	4
|	按位或	双目运算符	自左至右	5

注意，位运算的运算量只能是整型或字符型数据。

4.12.2　位逻辑运算

位逻辑运算包括：位与、位或、位异或、位否定 4 种。设整型变量 a 和 b 的值分别为 21 和 56，则它们对应的 16 位二进制数分别为：

```
a: 0000,0000,0001,0101
b: 0000,0000,0011,1000
```

为便于阅读，在计算过程中将二进制数的每 4 位用一个逗号分开。下面介绍相关的位逻辑运算。

（1）位与运算（&）

位与运算是对两个运算对象相应的位进行逻辑与运算。"&"的运算规则与逻辑与 "&&" 的相同。例如，表达式 c=a&b 的计算过程如下：

```
       a:0000,0000,0001,0101
  &    b:0000,0000,0011,1000
       c:0000,0000,0001,0000
```

即 c=a&b=16，对应的二进制数为 0000000000010000。

（2）位或运算（|）

位或运算是对两个运算对象相应的位进行逻辑或运算。"|"的运算规则与逻辑或 "||" 的相同。例如，表达式 c=a|b 的计算过程如下：

```
       a:0000,0000,0001,0101
  |    b:0000,0000,0011,1000
       c:0000,0000,0011,1101
```

即 c=a|b=61，对应的二进制整数为 00000000000111101。

（3）位异或（^）

位异或运算是对两个运算对象相应的位进行逻辑异或运算。按位异或的运算规则是，若两个运算对象的相应位相同，则结果为 0，若相异则结果为 1。例如，表达式 c=a^b 的计算过程如下：

```
       a:0000,0000,0001,0101
  ^    b:0000,0000,0011,1000
       c:0000,0000,0010,1101
```

即 c=a^b=45，对应的二进制整数为 00000000000101101。

（4）位求反（~）

位求反运算的规则是，将二进制数表示的运算量按位取反，即 0 变为 1，1 变为 0。例如，表达式 c=~a 的计算过程如下：

```
  ~    a:0000,0000,0001,0101
       c:1111,1111,1110,1010
```

即 c=~a=65514，对应的二进制整数为 1111111111101010。

4.12.3 移位运算

C 语言提供了两种移位运算符：左移和右移，它们都是双目运算符，运算符左边的运算对象是被左移或右移的数据，运算符右边的运算对象是需要移动的位数。左移或右移运算表达式的一般格式是：

```
a<<n 或 a>>n
```

其中，a 是移位运算对象，是被移位的对象，n 是要移动的位数。

左移的规则是，将 a 的二进制位全部向左移动 n 位，将左边移出的高位舍弃，右边空出的低位补 0。右移的规则是，将 a 的二进制位全部向右移动 n 位，将右边移出的低位舍弃，左边空出的高位要根据原来符号位的情况进行补充，若为无符号数或正数则补 0，若为有符号负数则补 1。例如，若 a=15，则：

未移位前	0000,1111	对应十进制数为 15
左移一位	0001,1110	对应十进制数为 30
左移两位	0011,1100	对应十进制数为 60
左移三位	0111,1000	对应十进制数为 120
右移一位	0000,0111	对应十进制数为 7
左移两位	0000,0011	对应十进制数为 3
左移三位	0000,0001	对应十进制数为 1

从上述结果可以看出，左移相当于将原值乘 2 的幂，右移相当于将原值除 2 的幂。

4.12.4 复合位运算赋值运算符

使用位运算与赋值运算符可以组成复合位运算赋值运算符：&=、|=、^=、>>=、<<=。

由这些复合位运算赋值运算符可以构成位运算赋值表达式。例如：

a&=b	等价于：a=a&b
a|=b	等价于：a=a|b
a^=b	等价于：a=a^b
a<<4	等价于：a=a<<4
a>>4	等价于：a=a>>4

4.12.5 位运算的应用

在 C 语言程序设计中，有时需要对设备进行访问，这时就需要将信息存储为位（bit）。通过位运算，可以提取或修改存储在其中几位中的数据。

假设 a 是一个 16 位二进制数，下面以 a 为例，学习位运算的应用。

【例 4.11】 设 a=0x0000，如何设置 a 的第 4 位？（假定 16 位二进制数的最高位是第 15 位，最低位是第 0 位。）

设置第 4 位的最简单的方法是将 a 的值与常量 0x0010（一个在第 4 位上为 1 的"掩码"）进行位或运算：

a|=0x0010;   /*这时 a 的值为 0000000000010000*/

更通用的办法是，把需要设置的位的位置存储在变量 b 中，可以通过移位运算符来构造掩码：

a|=1<<b;   /*设置第 b 位*/

例如，若 b=3，则 1<<b 后变为 0x0008，这时 a 的值为 0000000000001000。

【例 4.12】 设 a=0x00ff，即 a=0000000011111111，如何使其第 4 位为 0？

这是位清零的应用。要清除 a 的第 4 位，可以使用第 4 位为 0，其余位为 1 的掩码，然后进行位与运算：

a&=~0x0010;

这里 0x0010 的二进制数为 0000000000010000，按位取反后变为 1111111111101111，则与 a 进行位与运算后，a 的值变为 0000000011101111，实现了第 4 位清零操作。

按照类似的操作思路，将要清除的位的位置存储在变量 b 中，可以使用通用语句来清除一个特定的位：

a&=~(1<<b);   /*清零第 b 位*/

【例 4.13】 如何测试整数 i 的第 4 位是否被设置？

要测试整数 i 的第 4 位是否被设置，可以用下面的语句：

if(i & 0x0010)   …

如果要测试第 j 位是否被设置，可以使用下面的语句：

`if(i & 1<<j) …`

【例 4.14】 数据加密的一种简单方法是将每个字符与一个秘钥进行异或（XOR）运算。假设秘钥是一个字符&，试编写程序，从键盘输入原始信息，然后通过秘钥对该信息进行数据加密。

【解题思路】 要实现数据加密，需要对键盘输入的每个字符与秘钥&进行异或运算，然后判断原始字符或加密后的字符是否是控制字符。如果是控制字符，则显示原始字符而不显示加密后的字符，否则，显示加密后的字符。要解密信息，可以采用相同的算法，即只需将加密后的信息再次加密，即可得到原始信息。程序如下：

```c
#include<stdio.h>
#include<ctype.h>
#define KEY '&'
int main()
{
    char orig,enpy;
    while((orig=getchar())!='\n')
    {
        enpy=orig^KEY;
        if(iscntrl(orig)||iscntrl(enpy))
            putchar(orig);
        else
            putchar(enpy);
    }
    return 0;
}
```

程序运行结果如下：

原文为：

Trust not him with your secrets,who,when left alone in your room,turns over your papers.
John Kenidy (0591-1892)

密文为：

rTSUR HIR NOK QORN _IST UCETCRU,QNI,QNCH JC@R GJIHC OH _IST TIIK,RSTHU IPCT _IST VGVCTU.
lINH mCHOB_ (0591-1892)

习题 4

一、单项选择题

1. C 语言中，逻辑"真"等价于（   ）。

A. 大于零的数   B. 大于零的整数   C. 非零的数   D. 非零的整数

2. 若有 int x=10,y=20,z=30;，以下语句执行后，x、y、z 的值是（   ）。

```
if(x>y)
    z=x;x=y;y=z;
```

A. x=10，y=20，z=30   B. x=20，y=30，z=30

C. x=20，y=30，z=10   D. x=20，y=30，z=20

3. 以下程序段的输出结果是（   ）。

```
int a=10,b=50,c=30;
if(a>b)
a=b;
b=c;
c=a;
printf("a=%d b=%d c=%d\n",a,b,c);
```

A. a=10 b=50 c=10   B. a=10 b=30 c=10

C. a=50 b=30 c=10   D. a=50 b=30 c=50

4. 已知 int i=10;，则表达式 20-0<=i 的值是（   ）。

A. 0   B. 1   C. 19   D. 20

5. 设有 int i, j, k;，则表达式(i=1,j=2,k=3,i&&j&&k)的值为（   ）。

A. 1   B. 2   C. 3   D. 0

6. 逻辑运算符两侧运算对象的数据类型（   ）。

A. 只能是 0 或 1   B. 只能是 0 或非 0 正数

C. 只能是整型或字符型数据   D. 可以是任何类型的数据

7. 能正确表示"若 x 的取值在[1,10]和[200,210]范围内则为真,否则为假"的表达式是(   )。

A. (x>=1)&&(x<=10)&&(x>=200)&&(x<=210)

B. (x>=1)||(x<=10)||(x>=200)||(x<=210)

C. (x>=1)&&(x<=10)||(x>=200)&&(x<=210)

D. (x>=1)||(x<=10)&&(x>=200)||(x<=210)

8. 判断 char 型变量 ch 是否为小写字母的正确表达式是（   ）。

A. 'a'<=ch<='z'   B. (ch>='a')&(ch<='z')

C. (ch>='a')&&(ch<='z')   D. ('a'<=ch)and('z'>=ch)

9. C 语言的 switch 语句中，case 后（   ）。

A. 只能为常量

B. 只能为常量或常量表达式

C. 可为常量及表达式或有确定值的变量及表达式

D. 可为任何量或表达式

10. 已知 x=43,ch='a',y=0;，则(x>=y&&ch<'b'&&!y)的值是（   ）。

A. 0   B. 1   C. 语法错误   D. 假

11. 执行下列语句后，a 的值为（   ）。
    int a=5,b=6,w=1,x=2,y=3,z=4;
    (a=w>x)&&(b=y>z);

A. 5   B. 0   C. 2   D. 1

12. 以下程序的输出结果是（   ）。
    main()
    {   int a=5,b=0,c=0;
        if(a=b+c) printf("***\n");
        else printf("$$$\n");
    }

A. 有语法错误不能通过编译   B. 可以通过编译但不能通过链接

C. ***   D. $$$

13. 下列程序运行结果是（   ）。
    main()
    {   int a,b,d=241;
        a=d/100%9;
        b=(-1)&&(-1);
        printf("%d,%d",a,b);
    }

A. 6,1   B. 2,1   C. 6,0   D. 2,0

14. 以下程序的输出结果是（   ）。
    main()
    {   int m=5;

```
        if(m++>5) printf("%d\n",m);
        else printf("%d\n",m--);
    }
```

A. 4 B. 5 C. 6 D. 7

15. 若运行时给变量 x 输入 12，则以下程序的运行结果是（   ）。
```
main()
{   int x,y;
    scanf("%d",&x);
    y=x>12?x+10：x-12;
    printf("%d\n",y);
}
```

A. 0 B. 22 C. 12 D. 10

16. 若 w=1，x=2，y=3，z=4，则表达式 w<x?w:y<z?y:z 的值是（   ）。

A. 4 B. 3 C. 2 D. 1

17. 设有 int a=2,b;，则执行 b=a&&1;语句后，b 的结果是（   ）。

A. 0 B. 1 C. 2 D. 3

18. 设有 int n=2;，则++n+1==4 的值是（   ）。

A. true B. false C. 1 D. 0

19. 当 a=5，b=2 时，则 a==b 的值为（   ）。

A. 2 B. 1 C. 0 D. 5

20. 若执行以下程序时，从键盘输入 9，则输出结果是（   ）。
```
main()
{   int n;
    scanf("%d",&n);
    if(n++<10) printf("%d\n",n);
    else printf("%d\n",n - -);
}
```

A. 11 B. 10 C. 9 D. 8

21. 对如下程序，若用户输入为 A，则输出结果是（   ）。
```
main()
{
    char ch;
    scanf("%c",&ch);
    ch=(ch>='A'&&ch<='Z')?(ch+32):ch;
    printf("%c\n",ch);
}
```

A. A B. 32 C. a D. 空格

22. 已知 int x,a,b;，下列 if 语句中错误的是（   ）。

A. if(a=b) x++; B. if(a<=b) x++; C. if(a-b) x++; D. if(x) x++;

23. 为判断字符变量 c 的值不是数字也不是字母，应采用下述表达式（   ）。

A. c<=48||c>=57&&c<=65||c>=90&&c<=97||c>=122

B. !(c<=48||c>=57&&c<=65||c>=90&&c<=97||c>=122)

C. c>=48&&c<=57||c>=65&&c<=90||c>=97&&c<=122

D. !(c>=48&&c<=57||c>=65&&c<=90||c>=97&&c<=122)

24. 若有 int a=1,b=2,c=3,d=4,m=2,n=2;，则执行(m=a>b)&&(n=c>d)后，n 的值是（   ）。

A. 1 B. 2 C. 3 D. 4

25. 以下程序的输出结果是（   ）。
```
main()
{   int x=2,y=-1,z=2;
```

```
        if(x<y)
        if(y<0) z=0;
        else z+=1;
        printf("%d\n",z)
    }
```
A．3   B．2   C．1   D．0

26．设有 int i;，执行(i=2,++i,++i||++i)后，i 的值为（   ）。

A．2   B．3   C．4   D．5

27．已知 a=1，b=2，c=3，d=4，执行(a=a>c)&&(b=c>d)后，b 的值为（   ）。

A．0   B．1   C．2   D．3

28．若有 int x=3,y=4,z=5;，则下列表达式中值为 0 的是（   ）。

A．'x'&&'y'   B．x<=y   C．x||y+z&&y-z   D．!((x<y)&&!z||9)

29．以下程序的输出结果是（   ）。
```
    main()
    {   int a=2,b=-1,c=2;
        if(a<b)
        if(b<0) c=0;
        else c++
        printf("%d\n",c);
    }
```
A．0   B．1   C．2   D．3

30．设有 int a=1, b=2, c=3, d=4, m=2, n=2;，执行(m=a>b)&&(n=c>d)后，n 的值为（   ）。

A．1   B．2   C．3   D．0

二、填空完成程序

1．程序功能：输入一个小写英文字母，用其后第 5 个位置（按 a~z 的顺序循环）的字母替换它，然后输出。
```
    #include <stdio.h>
    int main()
    {
        char c;
        printf("请输入一个小写字母：");
        c=getchar();
        if(c>='a' && c<'___')
            c=c+___;
        else
            if (c>='v' && c<='z')
                c=c-21;
        putchar();
        return 0;
    }
```

2．程序功能：输入三个整数，按从大到小的顺序输出。
```
    main()
    {
        int  x, y, z, c;
        scanf("%d %d %d", &x, &y, &z);
        if(_____)  { c=x; x=y; y=c;}
        if(_____)  { c=x; x=z; z=c;}
        if(_____)  { c=y; y=z; z=c;}
        printf(" %d   %d   %d", x, y, z);
    }
```

三、阅读程序

1．运行时，从键盘输入 8642，程序的运行结果为_____。

```
main()
{
    long int num;
    int gw, sw, bw, qw, ww, place;
    printf("请输入一个 0～99999 之间的整数：");
    scanf("%ld", &num);
    if(num>9999)   place=5;
    else if(num>999)   place=4;
    else if(num>99)   place=3;
    else if(num>9)   place=2;
    else   place=1;
    printf("place=%d, ", place);
    printf("每位数字为: ");
    ww=num/10000;
    qw=(num-ww*10000)/1000;
    bw=(num-ww*10000-qw*1000)/100;
    sw=(num-ww*10000-qw*1000-bw*100)/10;
    gw=num-ww*10000-qw*1000-bw*100-sw*10;
    switch(place)
    {
        case 5: printf("%d, %d, %d, %d, %d", ww, qw, bw, sw, gw); break;
        case 4: printf("%d, %d, %d, %d", qw, bw, sw, gw); break;
        case 3: printf("%d, %d, %d", bw, sw, gw); break;
        case 2: printf("%d, %d", sw, gw); break;
        case 1: printf("%d", gw); break;
    }
}
```

四、编程题

1．编写程序，对于给定的一个百分制成绩，输出相应的五分制成绩。设：90 分以上为 A，80～89 分为 B，70～79 分为 C，60～69 分为 D，60 分以下为 E。要求必须使用 switch 语句实现。

2．编写简单计算器程序，输入格式为：data1 op data2。其中 data1 和 data2 是参加运算的两个数，op 为运算符，它的取值只能是+、−、*、/。要求必须使用 switch-case 语句实现。

3．已知银行整存整取存款不同期限的年息利率分别为：

0.315%	期限 1 年
0.330%	期限 2 年
0.345%	期限 3 年
0.375%	期限 5 年
0.420%	期限 8 年

要求输入存钱的本金和期限，求到期时能从银行得到的利息与本金的合计。

4．个人所得税计算，应纳税款的计算公式如下：

收入	税率
收入≤1000 元的部分	0%
2000 元≥收入>1000 元的部分	5%
3000 元≥收入>2000 元的部分	10%
6000 元≥收入>3000 元的部分	15%
收入>6000 元的部分	20%

输入某人的收入，计算出应纳税额及实际得到的报酬。要求必须使用 if-else 语句完成。

5．编程实现：输入一个整数，判断它能否被 3、5、7 整除，并输出以下信息之一：

① 能同时被 3、5、7 整除。

② 能被其中两个数（要指出哪两个）整除。

③ 能被其中一个数（要指出哪一个）整除。

④ 不能被 3、5、7 中任一个整除。

6. 从键盘输入三角形的三条边 a、b、c，编写程序判断它们能否构成三角形。若能构成三角形，指出是何种三角形：等腰三角形、等边三角形、直角三角形、等腰直角三角形，还是一般三角形？

实验题

实验题目 1：身高预测。

实验目的：熟悉 if 语句、关系运算符和逻辑运算符，以及不同类型数据的输入/输出方法。

说明：根据有关分析表明，影响小孩成人后的身高的因素包括遗传、饮食习惯与体育锻炼等。小孩成人后的身高与其父母的身高和自身的性别密切相关。

设 faHeight 为父亲的身高，moHeight 为母亲的身高，身高预测公式为：

男性成人时身高=(faHeight + moHeight)*0.54cm

女性成人时身高=(faHeight*0.923 + moHeight)/2cm

此外，其他因素的影响是：如果喜爱体育锻炼，那么可增高 2%；如果有良好的饮食习惯，那么可增高 1.5%。

编程从键盘输入用户的性别（用字符型变量 sex 存储，输入字符 F 表示女性，输入字符 M 表示男性）、父母身高（用浮点型变量存储）、是否喜爱体育锻炼（用字符型变量 sports 存储，输入字符 Y 表示喜爱，输入字符 N 表示不喜爱）、是否有良好的饮食习惯等条件（用字符型变量 diet 存储，输入字符 Y 表示良好，输入字符 N 表示不好），利用给定身高预测公式和其他因素的影响对身高进行预测。

实验题目 2：体重是否超重。

实验目的：熟悉 if、else-if、else 语句、关系运算符和逻辑运算符，以及不同类型数据的输入/输出方法。

说明：体重指数计算器是体重与身高的比值，通过它可以判断你的体重是健康体重，还是超重和肥胖等？编写一个体重指数计算器，只需要输入身高与体重，就可以计算出体重指数。

体重指数（Body Mass Index，BMI）的计算公式为：体重（单位为 kg）除以身高（单位为 m）的平方。

判断结论为：

BMI<19	体重偏低（lower）
BMI 在[19,25]内	健康体重（health）
BMI 在[25,30]内	超重（heavy）
BMI 在[30,40]内	严重超重（super heavy）
BMI>=40	极度超重（extra heavy）

第5章 循 环 结 构

5.1 循环结构与循环语句

程序设计与计算思维有非常密切的关系，计算思维的特点是抽象和自动化。计算思维中的抽象并非指抽象问题的因果关系，而是指抽象问题的计算过程，利用计算机强大的计算能力自动化求解。因此，计算思维是基于计算机的思维，或者说计算思维是以计算机为工具完成问题求解的思维模式。例如，在序列数求和的问题中，数学家总结出了序列数求和的公式：$\dfrac{(a_1 + a_n)n}{2}$，这是典型的逻辑思维，而计算机可以通过循环结构实现序列数的累加得到求和结果，这是典型的计算思维。可见，计算思维通过模拟运算过程利用计算机完成它的计算。一旦能够抽象出问题的计算过程，我们就能利用程序执行这样的过程，获得问题的计算结果。因此，程序设计是实现计算思维的主要手段，或者说程序设计是将计算思维变成现实的手段。

前面章节用计算思维编写的顺序结构和选择结构的程序只涉及一次操作，而在实际的问题中，为了模拟问题的计算过程，往往需要进行多次重复操作，例如序列数求和、阶乘计算、方程的迭代求解等。程序能否允许用户连续进行多次重复操作呢？

循环是重复执行某些操作的一种程序结构。若已知要重复操作或计算的次数，则这种循环称为计数控制的循环（Counter Controlled Loop）。若未知要重复操作或计算的次数，则需要通过一个条件控制后续重复操作是否继续进行，则这种循环称为条件控制的循环（Condition Controlled Loop）。二者都需要用循环结构来实现。

顺序结构、选择结构和循环结构是结构化程序设计的三种基本结构。根据结构化程序设计的思想，任何复杂问题都可以用这三种基本结构编程实现，它们是复杂程序设计的基础。

第1章已经介绍过，循环结构有两种类型：

① 当型循环结构，当条件 p 为真（成立，用 Y 或 T 表示）时，重复执行 A 操作，直到条件 p 为假（不成立，用 N 或 F 表示）时结束循环，如图 5-1 所示。

② 直到型循环结构，先执行 A 操作，再判断条件 p 是否为真（成立），若条件 p 为真（成立），则重复执行 A 操作，直到条件 p 为假（不成立）时结束循环，如图 5-2 所示。

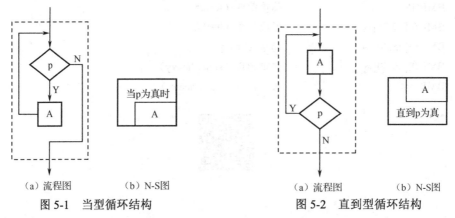

(a) 流程图　　　(b) N-S图　　　　　　　(a) 流程图　　　(b) N-S图

图 5-1　当型循环结构　　　　　　图 5-2　直到型循环结构

C 语言提供了 for、while、do-while 三种循环语句来实现循环结构。这些循环语句在循环条件为真的情况下，重复执行一个称为循环体的语句序列。

1. while 语句

在 C 语言的所有循环语句中，while 语句是最简单、最基本的循环语句，它属于当型循环结构。其一般格式为：

```
while(表达式)
{
    循环体
}
```

其中，表达式是循环条件，是判断循环体是否执行的依据。while 语句的执行过程如下：

① 计算表达式的值；

② 若表达式的值为真，则执行循环体，并返回步骤①；

③ 若表达式的值为假，则退出循环，执行 while 语句后面的语句。

为了确保程序的逻辑正确及易于维护，建议将循环体放在一对花括号中，即使循环体只有一条语句也要如此。因为当循环体多于一条语句时，如果忘记写上花括号，那么程序只将 while 后面的第一条语句当作循环体，其他语句没有当作循环体，从而导致逻辑错误。

注意，当表达式的值为假时，while 循环将终止。同时，若一开始表达式的值就为假，那么循环体可能一次也不执行。若表达式的值始终为真，while 循环将无法终止，这就构成了无限循环（又称死循环），例如：

```
while(1){ … }
```

这时除非循环体中包含跳出循环的控制语句（如 break、goto、return 等），或者调用了导致程序终止的函数，否则无限循环的 while 语句将永远执行下去。

2. do-while 语句

do-while 语句属于直到型循环结构，其一般格式为：

```
do
{
    循环体
}while(表达式);
```

其中，表达式是循环控制表达式，它在循环体执行后才进行测试。do-while 语句的执行过程如下：

① 执行循环体；

② 计算表达式的值；

③ 若表达式的值为真，则返回步骤①；

④ 若表达式的值为假，则退出循环，执行 do-while 语句后面的语句。

因此，do-while 语句是先执行循环，再判断表达式的值为真或假，若为真，则继续执行循环体，否则退出循环。这意味着 do-while 循环的循环体至少将被执行一次。

通常，while 语句可以被 do-while 语句等价替换。但要注意，当第 1 次测试循环条件（表达式的值）为假时，while 语句和 do-while 语句是不等价的。例如：

```
i=10;
while(i<10)
{
    printf("i*i=%d", i*i);
    i++;
}
```

```
i=10;
do
{
    printf("i*i=%d", i*i);
    i++;
}while(i<10);
```

while 语句先判断后执行，当 i 的值不满足循环条件时，循环体一次也不执行，因此什么都没有打印。而在 do-while 语句中，它的执行过程是先执行一次循环体，然后判断变量 i 的值是否满足循环条件。因此，无论 i 的值是否满足循环条件，都要先执行一次循环体后再进行判断，所以得到打印结果 i*i=100。

注意，在 while 语句或 do-while 语句中，都要有执行使循环控制变量变化的语句，不然可能导致死循环。

3．for 语句

for 语句是使用最多的循环语句，它的使用方式灵活多样，属于当型循环结构。其一般格式为：

```
for(表达式 1;表达式 2;表达式 3)
{
    循环体
}
```

其中，表达式 1 的作用是初始化循环控制变量，即为循环控制变量赋初值，表达式 1 只执行一次。表达式 2 是循环条件，其作用是控制循环的终止，只要表达式 2 的值为真（不为 0），那么将继续执行循环。表达式 3 是在每次循环的最后被执行的一个操作，它决定循环控制变量如何变化，表达式 3 一般使用自增或自减表达式。在每次执行循环体之前，都要对表达式 2 进行测试。每次执行完循环体后，都要执行一次表达式 3。**注意**，如何对循环控制变量进行控制，决定了循环执行的次数，如果在循环体内再次改变循环控制变量的值，那么将改变循环正常的执行次数。

for 语句与 while 语句可以相互替代，与 for 语句语义等价的 while 语句的一般格式为：

```
初始化表达式 1;
while(表达式 2)
{
    语句序列
    表达式 3;
}
```

注意，for 语句的三个表达式之间用分号分隔，有且仅有两个分号。一般，表达式 2 不能省略，若省略，则表示循环条件一直为真。如果在 for 语句之前已初始化循环控制变量，则可省略表达式 1；如果已在循环体内改变了循环控制变量，则可省略表达式 3。例如，下面两种 for 语句形式与规范的 for 语句形式在语义上是一致的。

```
初始化表达式 1;
for(;表达式 2;表达式 3)
{
    循环体
}
```

```
初始化表达式 1;
for(;表达式 2;)
{
    循环体
    表达式 3;
}
```

【例 5.1】 编写程序，从键盘输入正整数 n，计算并输出表达式 $1+2+\cdots+n$ 的值。

【解题思路】 本例与例 1.2 解题思路基本一致，不同的是 n 的值未知，需要定义三个变量来完成数据的表示。这种累加求和的方法可以通过自然语言或如图 5-3 所示的流程图来描述。

step1 从键盘输入 n；

step2 初始化累加和变量，sum=0；

step3 初始化循环控制变量，$i=1$；

step4 若循环控制变量不大于 n，则重复执行 step5～step6，否则，转去执行 step7；

step5 进行累加运算，sum=sum+i；

step6 循环控制变量加 1，$i=i+1$，且转 step4；

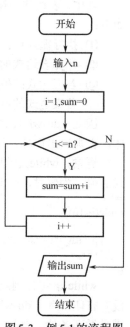

图 5-3 例 5.1 的流程图

step7 打印累加和变量 sum。

本例的程序可以通过三种形式的循环来实现。

形式 1: for 语句编程实现。

```c
#include<stdio.h>
int main()
{
    int sum,i,n;
    printf("Please input n:");
    scanf("%d",&n);
    sum=0;                      /*累加和变量初始化为 0*/
    for(i=1;i<=n;i++)
        sum=sum+i;              /*累加运算*/
    printf("sum=%d",sum);
}
```

形式 2: while 语句编程实现。

```c
#include<stdio.h>
int main()
{
    int sum,i,n;
    printf("Please input n:");
    scanf("%d",&n);
    sum=0;                      /*累加和变量初始化为 0*/
    i=1;
    while(i<=n)
    {
     sum=sum+i;                 /*累加运算*/
     i++;                       /*循环控制变量加 1*/
    }
    printf("sum=%d",sum);
}
```

形式 3: do-while 语句编程实现。

```c
#include<stdio.h>
int main()
{
    int sum,i,n;
    printf("Please input n:");
    scanf("%d",&n);
    sum=0;                      /*累加和变量初始化为 0*/
    i=1;
    do{
     sum=sum+i;                 /*累加运算*/
     i++;                       /*循环控制变量加 1*/
    }while(i<=n);
    printf("sum=%d",sum);
}
```

程序的运行结果如下:

```
Please input n: 5
sum=15
```

上述程序中的表达式 sum=sum+i 为什么能实现整数的累加计算呢? 这是因为在 sum=sum+i 中, 赋值运算符左、右两边的 sum 执行的操作不同, 左侧的 sum 执行的是写操作, 右侧的 sum 执行的是读操作。即先将右侧的 sum 值读出来, 接着与 i 值相加, 得到的和值再写入左侧的 sum 中。每执行一次循环, 左、右两侧的 sum 值均会发生变化。

注意, 在上述程序中, 不要忽略给变量 i 和 sum 赋初值, 否则在有些编译器中, 它们的值是不可预测的, 可能导致结果不正确。

有时候，我们可能喜欢编写有多个初始表达式或多个循环控制变量的 for 语句。使用逗号运算符（comma operator）构成的逗号表达式（comma expression）作为 for 语句的表达式 1 或表达式 3 可以实现这些想法。逗号表达式的一般格式为：

表达式 1,表达式 2,…,表达式 *n*

逗号运算符的优先级在所有运算符中最低，且具有左结合性。因此，逗号表达式的计算过程为：先计算表达式 1 的值，然后计算表达式 2 的值，……，最后计算表达式 *n* 的值，并将表达式 *n* 的值作为整个逗号表达式的值。

通常，使用逗号表达式的目的并非是要得到和使用这个逗号表达式的值，而是要得到各个表达式的值，主要用在 for 语句中同时为多个变量赋初值或改变变量的值。例如，例 5.1 的程序可以采用逗号表达式实现：

```c
#include<stdio.h>
int main()
{
    int sum,i,n;
    printf("Please input n:");
    scanf("%d",&n);
    for(sum=0, i=1, j=n;i<=j;i++, j--)      /*变量 sum、i、j 的初始化，变量 i、j 分别自增 1、自减 1*/
        sum=sum+i+j;                         /*累加运算*/
    printf("sum=%d",sum);
}
```

在这个例子中，for 语句的表达式 1 和表达式 3 都是逗号表达式。当 n 为偶数时，循环累加操作是从等差数列的两端开始同时进行的，每次循环累加 i 和 j 的值，然后 i 的值自增 1，而 j 的值自减 1。这样，整个循环的循环次数将变为原来的一半。当 i>j 时，退出循环。

使用循环结构时，经常出现以下问题。

① 循环体只包含一个分号，即一条空语句。空语句表示什么也不做，只表示语句的存在，常用于编写延时程序。下面是一个延时程序的例子：

```c
for(i=0;i<10000; i++)
{
    ;
}
```

或者

```c
for(i=0;i<10000; i++)
{   }
```

或者

```c
for(i=0;i<10000; i++) ;
```

但是，最后一种形式的空语句可能会混淆 for 语句后边的语句，无法确定其是否为循环体。例如：

```c
for(i=0;i<10000; i++) ;
{
    sum=sum + i;
}
```

不会执行 10000 次的累加运算，只会执行一次累加运算，因为这里使用了空语句，它相当于：

```c
for(i=0;i<10000; i++)
{
    ;
}
sum=sum+i;
```

它表示循环体是一条空语句，什么也不做。只有在循环结束之后，才会执行一次累加运算，因此，分号放在 for 后面的做法容易造成累加错误。

② 分号用在 while 后面，可能产生无限循环。例如：

```
i=10000;
while(i>0) ;
{
    sum=sum+i;
    i--;
}
```

它相当于下面的语句：

```
i=10000;
while(i>0)
{
    ;
}
sum=sum+i;
i--;
```

由于循环体为空语句，循环控制变量 i 的值没有改变，导致 while 中的循环条件永远为真，从而变为无限循环。

③ 在 if 语句圆括号后面放置分号，可能会导致逻辑错误。例如：

```
if(i==0) ;
    printf("Error: Division by zero. \n");
```

此时，无论 i 的值是否为 0，都会执行函数调用。因为分号放置在 if 语句圆括号后面，使得 if 语句变成一条空语句，printf 函数调用不在 if 语句内。

5.2 计数控制的循环

若已知循环次数，则这种循环称为计数控制的循环。for 语句是实现计数控制的循环最简便的形式。

【例 5.2】 编写程序，从键盘输入一个大于 3 的整数，判定它是否为素数。

【解题思路】 该问题的数学模型可描述为：$D=n$，其中，n 为键盘输入的任一大于 3 的整数，问题的解是判断 n 除整数 i 的余数是否为 0（即 n mod $i=0$），i 的取值范围为 $2 \sim \sqrt{n}$。若都不为 0 则 n 是素数，否则 n 不是素数。这是一个数值计算问题，求解不定方程，算法策略可以使用穷举循环。这是一个循环次数已知的问题，首先设计出一个循环，穷举 n 能否被 $2 \sim \sqrt{n}$ 之间的任意一个整数 i 整除，若能则 n 不是素数，结束循环，此时 i 必然小于 $\sqrt{n}$；如果 n 不能被 i 整除，则 n 是素数，结束循环。具体算法描述如下：

step1 输入 n；

step2 循环控制变量终值赋值 $k=\sqrt{n}$；

step3 除数 i 赋初值 $i=2$；

step4 若循环次数不大于 k，则反复执行 step5 和 step6，否则转向执行 step7；

step5 进行整除运算，若 n 能被 i 整除，则终止循环，转向执行 step7；

step6 除数 i 加 1，$i=i+1$，且转向执行 step4；

step7 打印 n 是否为素数的结论。

程序的流程图和 N-S 图分别如图 5-4 和图 5-5 所示。

程序如下：

```
#include<stdio.h>
#include<math.h>
int main()
{
    int n,i,k;
    printf("Please enter a integer number:\n");
```

```
scanf("%d",&n);
k=sqrt(n);
for(i=2;i<=k;i++)
{
        if(n%i==0)
            break;
}
if(i<k+1)
        printf("%d is not a prime number.\n",n);
else
        printf("%d is a prime number.\n",n);
return 0;
}
```

程序的运行结果如下：

Please enter a integer number:
17
17 is a prime number.

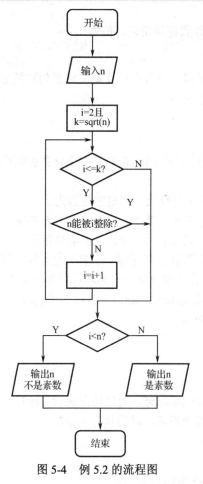

图 5-4　例 5.2 的流程图

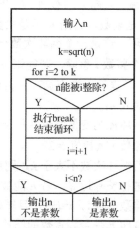

图 5-5　例 5.2 的 N-S 图

【**例 5.3**】　一年 365 天，每周工作 5 个工作日，每个工作日进步 1%；每周 2 个休息日，每个休息日退步 1%。试问：这种工作日的力量结果如何呢？

【**解题思路**】　如果每天都进步 1% 或退步 1%，那么可以用数学公式 1.01^{365} 或 0.99^{365} 来计算，这是一种数学思维的方法。本例的情况虽然复杂一点，但也可以找到相应的计算公式，采用数学思维的方法解决。现在本例不采用数学思维的方法，而是尝试向采用程序解决问题的计算思维转变。由于一年有 365 天，一周有 7 天，5 天是工作日，2 天是休息日，因此，我们让计算机模拟一年 365 天的过程，当处于工作日时，工作的力量向上增加，当处于休息日时，工作的力量向下减少。这样累计循环的结果就是一年 365 天的总结果。因此，我们可以不使用公式，而是将过程抽象并用程序模拟完成过程，即可得到需要的结果。

程序如下：

```
#include<stdio.h>
int main()
{
    int i;
    float dayup=1.0;
    float dayfactor=0.01;
    for(i=0;i<365;i++)
    {
        if(i%7==0||i%7==6) /*如果余数为 0 或 6，则说明是休息日，否则就是工作日*/
        {
            dayup=dayup*(1-dayfactor);
        }
        else
        {
            dayup=dayup*(1+dayfactor);
        }
    }
    printf("向上：%.2f\n",dayup);
    return 0;
}
```

程序的运行结果如下：

```
dayup=4.63
```

程序通过 for 语句和 if～else 语句，最终获得的 dayup 就是满足问题要求的工作日的力量的结果。

5.3　嵌套循环

【例 5.4】　编写程序，求出 100～200 之间的所有素数。

【解题思路】　该问题的数学模型可描述为：$D=\{a_i\}$，其中 a_i 为 100～200 之间的任一整数，问题的解是判断 a_i 对整数 i 的余数是否为 0（即 $a_i \bmod i=0$），若都不为 0，则 a_i 是素数，否则 a_i 不是素数，其中，i 的取值范围为 $2～\sqrt{a_i}$。这是一个数值计算问题，求解不定方程，算法策略可以使用穷举循环。

在例 5.2 的基础上，只需增加一个外循环，分别对 100～200 之间的全部整数一一进行判定即可，即使用嵌套的 for 循环。由于偶数不是素数，因此不必对偶数进行判定，只检查奇数，所以循环控制变量 n 从 101 开始，每次增 2。程序如下：

```
#include<stdio.h>
#include<math.h>
int main()
{
    int n,i,k,m=0;
    for(n=101;n<=200;n+=2)
    {
        k=sqrt(n);
        for(i=2;i<=k;i++)
        {
            if(n%i==0)
                break;
        }
        if(i>=k+1)
```

```
                {
                      printf("%6d",n);
                      m=m+1;
                }
            if(m%10==0)
                  printf("\n");
      }
      printf("\n");
      return 0;
}
```

程序的运行结果如下：

101	103	107	109	113	127	131	137	139	149
151	157	163	167	173	179	181	191	193	197
199									

本例中第 6～21 行的 for 语句中又包含了另一个 for 语句（第 9～13 行）。这种将一条循环语句放在另一条循环语句的循环体中构成的循环，称为嵌套循环。while、do-while 和 for 语句均可以相互嵌套，即在 while 语句、do-while 语句和 for 语句的循环体内，可以完整地包含上述任意一种循环语句。

执行嵌套循环时，先由外层循环进入内层循环，并在内层循环终止后继续执行下一次外层循环，再由外层循环进入内层循环，当外层循环全部终止时，嵌套循环结束。

注意，要在外层循环的循环体内、内层循环之前（第 8 行）对循环控制变量的终值 k 赋初值 sqrt(n)，即在内层循环每次判定整数 n 之前都要对 k 重新赋初值，这样才能保证每当 n 值变化后都根据 k 来判定 n 是否为素数。

在设计嵌套循环时，为保证其逻辑上的正确性，在嵌套循环的各层循环内，应使用一对花括号将循环体括起来，同时在循环体内完整地包含另一条循环语句。

【例 5.5】 编写程序，输出九九乘法表。

程序如下：
```
/*Multiplication Table*/
#include <stdio.h>
int main()
{      int i,j;
      for(i=1;i<10;i++)
      {
            printf("%4d",i);
      }
      printf("\n-----------------------------------\n");
      for(i=1;i<10;i++)
      {
            for(j=1;j<10;j++)
            {
                  printf((j==9)?"%4d\n":"%4d",i*j);
            }
      }
      printf("\n-----------------------------------\n");
      return 0;
}
```

程序运行结果如下：

1	2	3	4	5	6	7	8	9
1	2	3	4	5	6	7	8	9
2	4	6	8	10	12	14	16	18
3	6	9	12	15	18	21	24	27
4	8	12	16	20	24	28	32	36

```
5   10   15   20   25   30   35   40   45
6   12   18   24   30   36   42   48   54
7   14   21   28   35   42   49   56   63
8   16   24   32   40   48   56   64   72
9   18   27   36   45   54   63   72   81
```

输出结果第 1 行表明了外层循环控制变量 i 的变化情况和执行次数，即外层循环执行了 9 次，循环控制变量 i 由 1 变化到 9。而第 1～9 列则表明了在每次执行外层循环时，内层循环控制变量 j 的变化情况和执行次数，即内层循环执行了 9 次，循环控制变量由 1 变化到 9。外层循环每执行 1 次，内层循环将执行 9 次，因此 i*j 被执行了 9 次。因为外层循环被执行了 9 次，所以 i*j 被执行了 81 次。因此，对于双重嵌套的循环，其总的循环次数等于外层循环次数与内层循环次数的乘积。

5.4   条件控制的循环

若循环次数未知，则需要使用一个条件来控制循环，称为条件控制的循环。while 和 do-while 语句适合实现条件控制的循环。

【例 5.6】   编程设计一个简单的抛硬币猜正、反面游戏：由计算机"抛"一个硬币，请用户猜是正面还是反面，只允许猜一次。如果猜对了，则显示"Right!"，否则显示"Wrong!"。

【解题思路】   本例的难点是如何让计算机"抛"一个带有正、反面的硬币。"抛"反映了一种随机性，可用函数 rand() 生成"抛"的数，这个数可能是奇数或偶数，设偶数为正面，奇数为反面。由于只允许用户猜一次，因此采用双分支选择结构即可实现。算法描述如下：

step1 调用随机函数，任意"抛"一个带正、反面的硬币 coin，0 表示正面，1 表示反面；
step2 用户输入猜的数 guess；
step3 若用户猜的数既不等于 0 又不等于 1，则提示"ERROR:Type 0 for heads, 1 for tails."；
step4 若 coin 不等于 guess，则显示"Wrong!"；
step5 否则，coin 等于 guess，则显示"Right!"。
流程图如图 5-6 所示。
程序如下：

```c
#include<stdio.h>
#include<stdlib.h>
#include<time.h>
int main()
{
    int coin,guess;
    srand((unsigned)time(NULL));    /*产生随机数种子*/
    coin=rand()%2;                  /*获得硬币的正、反面*/
    printf("Please guess the reverse side of a coin:");
    scanf("%d",&guess);
    if(guess!=0&&guess!=1)
        printf("ERROR:Type 0 for heads, 1 for tails.");
    if(guess!=coin)
        printf("Wrong!");
    else
        printf("Right!");
    return 0;
}
```

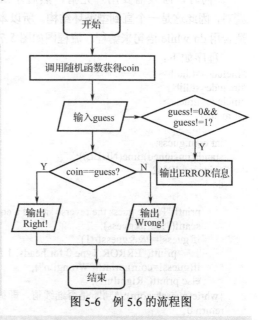

图 5-6 例 5.6 的流程图

程序的三次运行结果如下：

```
Please guess the reverse side of a coin:2
ERROR:Type 0 for heads, 1 for tails.Wrong!
```

Please guess the reverse side of a coin:1
Wrong!
Please guess the reverse side of a coin:0
Right!

由于随机函数 rand()产生的是一个在 0～RAND_MAX 之间的整数，符号常量 RAND_MAX 是在头文件 stdlib.h 中定义的，因此使用此函数时需要包含头文件 stdlib.h。另外，为了每次程序运行都能产生不同的随机数，需要使用不同的随机数种子。采用计算机时间作为随机数种子将能在每次程序运行时得到不同的随机数。计算机时间需要调用 time()函数，此函数在头文件 time.h 中定义。

ANSI C 规定 RAND_MAX 的值不大于双字节整数的最大值 32767，即程序第 8 行调用 rand()生成的是一个在 0～32767 之间的整数，如果要改变计算机生成的随机数的取值范围，那么可以采用下面的方法：① 利用 rand() % (RAND_MAX+1.0)将 rand()生成的随机数变化到[0, 1.0]之间。② 利用求余公式rand() % i将函数 rand()生成的随机数变化到[0, i-1]之间。③ 利用 rand() % i+j 将随机数的取值范围平移到[i, i+j+1]之间。

例如，若要生成 1～1000 之间的随机数，则第 8 行语句修改为：

coin=rand() % 1000 + 1;

【例 5.7】 将例 5.6 的游戏规则修改为：允许用户猜多次，直到猜对为止，同时记录用户猜的次数，以此反映用户猜的水平。

【解题思路】 由于程序不知道用户要猜多少次才能猜对，即循环的次数未知，因此这是一个条件控制的循环，控制循环的条件是"直到猜对为止"。同时，游戏需要用户先猜，然后才知道是否猜对，因此这是一个直到型循环结构。所以本例特别适合用 do-while 语句来编程。流程图如图 5-7 所示。

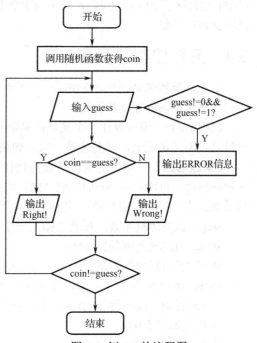

图 5-7 例 5.7 的流程图

程序如下：

```c
#include<stdio.h>
#include<stdlib.h>
#include<time.h>
int main()
{
    int coin,guess;
    srand((unsigned)time(NULL));
    coin=rand()%2;
    do
    {
        printf("Please guess the reverse side of a coin:");
        scanf("%d",&guess);
        if(guess!=0&&guess!=1)
            printf("ERROR:Type 0 for heads, 1 for tails.");
        if(guess!=coin) printf("Wrong!\n");
        else printf("Right!\n");
    }while(guess!=coin);/*判断是否继续猜，即循环条件*/
    return 0;
}
```

程序的两次运行结果如下：

Please guess the reverse side of a coin:2
ERROR:Type 0 for heads, 1 for tails.Wrong!
Please guess the reverse side of a coin:1
Wrong!
Please guess the reverse side of a coin:1
Wrong!
Please guess the reverse side of a coin:0
Right!
Please guess the reverse side of a coin:1
Wrong!
Please guess the reverse side of a coin:0
Right!

【例 5.8】 将例 5.6 的游戏规则修改为：每轮只允许用户最多猜 10 次，即用户猜对或猜 10 次仍未猜对，都要结束游戏。

【解题思路】 本例依然是一个条件控制的循环，但控制循环的条件发生了变化，由"直到猜对为止"变为"最多猜 10 次"。若猜对，则结束循环，否则看猜的次数是否超过 10 次，若未超过 10 次，则继续循环，若超过 10 次，即使未猜对也要结束游戏。因此，本例在例 5.6 程序的基础上，应定义一个计数器变量 counter，用于统计猜的次数。同时，严格控制循环条件即可。流程图如图 5-8 所示。

程序如下：

```c
#include<stdio.h>
#include<stdlib.h>
#include<time.h>
int main()
{
    int coin,guess,counter=0;
    srand((unsigned)time(NULL));
    coin=rand()%2;
    do
    {
        printf("Please guess the reverse side of a coin:");
        scanf("%d",&guess);
        counter++;
        if(guess!=0&&guess!=1)
            printf("ERROR:Type 0 for heads, 1 for tails.");
        if(guess!=coin)
            printf("Wrong!\n");
        else
            printf("Right!\n");
    }while(guess!=coin&&counter<10);
    printf("counter=%d\n",counter);
    return 0;
}
```

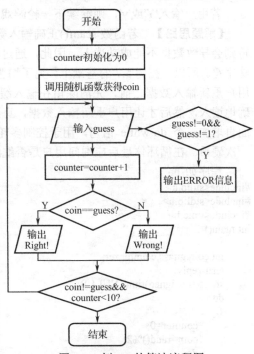

图 5-8　例 5.8 的算法流程图

程序的两次运行结果如下：
Please guess the reverse side of a coin:1
Wrong!
Please guess the reverse side of a coin:1
Wrong!
Please guess the reverse side of a coin:1
Wrong!
Please guess the reverse side of a coin:1
Wrong!
Please guess the reverse side of a coin:1
Wrong!
Please guess the reverse side of a coin:1
Wrong!

```
Please guess the reverse side of a coin:1
Wrong!
Please guess the reverse side of a coin:1
Wrong!
Please guess the reverse side of a coin:1
Wrong!
Please guess the reverse side of a coin:1
Wrong!
counter=10
Please guess the reverse side of a coin:1
Wrong!
Please guess the reverse side of a coin:1
Wrong!
Please guess the reverse side of a coin:0
Right!
counter=3
```

【例 5.9】 将例 5.7 的游戏规则修改为：为增强程序的健壮性，使其具有遇到不正确使用或非法数据输入时避免出错的能力。同时，每轮只允许用户最多猜 10 次，即用户猜对或猜 10 次仍未猜对，都要结束游戏。然后给出如下提示信息，询问用户是否继续下一轮游戏：

Do you want to continue?(Y/N or y/n)?

若用户输入'Y'或'y'，则继续下一轮游戏；否则结束游戏。

【解题思路】 若函数 scanf()正确输入数据，其返回值为已成功读入的数据，若输入非法字符则会导致数据不能成功读入。因此，通过检查 scanf()的返回值，可以确认用户是否输入了非法字符。所以，在例 5.7 的基础上，为了增强程序的健壮性，不仅要打印错误提示信息，还要在用户重新输入数据之前，先清除留在输入缓冲区中的非法字符，才能保证后续输入的数据能正确地读入，然后才让用户重新输入数据，直到输入了正确数据为止。同时，在 do-while 语句外面再增加一个 do-while 语句，用于控制多轮猜硬币。因此在循环体的开始处应让计算机重新抛一次硬币，在循环体最后应询问用户是否继续游戏。

程序如下：

```c
#include<stdio.h>
#include<stdlib.h>
#include<time.h>
int main()
{
    int coin,guess,counter,ret;
    char reply;
    srand((unsigned)time(NULL));
    do
    {
        counter=0;
        coin=rand()%2;
        do
        {
            printf("Please guess the reverse side of a coin:");
            ret=scanf("%d",&guess);
            while(ret!=1)                    /*若输入错误数据，则重新输入*/
            {
                while(getchar()!='\n');      /*清除输入缓冲区中的非法字符*/
                printf("Please guess the reverse side of a coin:");
                ret=scanf("%d",&guess);
            }
            counter++;
            if(guess!=0&&guess!=1)
                printf("ERROR:Type 0 for heads, 1 for tails.");
```

```
            if(guess!=coin)
                printf("Wrong!\n");
            else
                printf("Right!\n");
        }while(guess!=coin&&counter<10);
        printf("counter=%d\n",counter);
        printf("Do you want to continue (Y/N or y/n)?");
        scanf(" %c",&reply);                    /*%c 前有一个空格*/
    }while(reply=='Y'||reply=='y');
    return 0;
}
```

程序的运行结果如下：

```
Please guess the reverse side of a coin:a
Please guess the reverse side of a coin:1
Right!
counter=1
Do you want to continue (Y/N or y/n)?y
Please guess the reverse side of a coin:b
Please guess the reverse side of a coin:0
Wrong!
Please guess the reverse side of a coin:0
Wrong!
Please guess the reverse side of a coin:1
Right!
counter=3
Do you want to continue (Y/N or y/n)?n
```

这个程序有四重循环，最外层的 do-while 语句控制猜的轮数，直到用户不想玩为止。第二层 do-while 语句控制猜一个硬币的过程，直到猜对或猜的次数超过 10 次为止。第三层 while 语句确保用户每次从键盘输入的数都是合法的数字字符。第四层的 while 语句确保清除缓冲区中留存的非法字符。语句 scanf(" %c",&reply);在%c 前加空格的目的是，避免输入数据时存入输入缓冲区中的回车符被 scanf()作为有效数字字符赋给字符型变量 reply。

5.5 流程的控制转移

5.5.1 break 语句

break 语句除可以把程序控制从 switch 语句中转移出来以外，也可以跳出 while、do-while 或 for 语句。当执行循环体遇到 break 语句时，将立即终止循环，流程从循环语句后的第一条语句开始执行。

break 语句在循环语句中的一般格式如下：

```
while(表达式1)                 do                          for( ; 表达式1 ; )
{                             {                           {
    ...                           ...                         ...
    if(表达式2) break;             if(表达式2) break;          if(表达式2) break;
    ...                       }while(表达式1);                 ...
}                             循环语句后的第一条语句            }
循环语句后的第一条语句                                         循环语句后的第一条语句
```

因此，break 语句实际上是一种有条件的跳转语句，跳转的位置为循环语句后的第一条语句。

例如：

```
while(1)
{
    scanf("%f", &x);
    if(x<0.0) break;
```

```
        printf("%f\n",sqrt(x));
}
y=k*x+b;                    /*这里是 break 跳转到的语句*/
```

当 break 语句出现在嵌套循环中时，能把程序控制从最内层封闭的 while、do-while 或 for 语句中转移出来，但只能跳出一层嵌套，不能跳出整个嵌套循环。例如：

```
for( ; ; )
{
    for( ; ; )
    {
        …
        if(表达式) break;
        …
    }
    printf("%d", sum);     /*这里是 break 语句跳转到的语句*/
}
```

程序中的 break 语句可以把程序控制从内层循环 for 语句中转移出来，却不能跳出外层循环。

【例 5.10】 编写程序，从键盘输入 5 个非零整数并显示这 5 个整数的平方。若输入 0，则程序终止。

```
#include<stdio.h>
int main()
{
    int i,n;
    for(i=1;i<=5;i++)
    {
        printf("Please input a integer:");
        scanf("%d",&n);
        if(n==0)break;
        printf("n*n=%d\n",n*n);
    }
    printf("The program is over!\n");
    return 0;
}
```

程序的测试运行结果为：

```
Please input a integer:1
n*n=1
Please input a integer:2
n*n=4
Please input a integer:0
The program is over!
```

从上述运行结果可以看出，break 语句可以终止循环的执行，但它只能转移到循环结束后的第一条语句，即 printf("The program is over!\n")。

5.5.2 continue 语句

continue 语句也可对循环进行控制，但它与 break 语句对流程的控制不同。当在循环体中遇到 continue 语句时，程序将跳过 continue 语句后面的还没有执行的语句，结束本次循环，直接开始下一次循环，但并没有结束整个循环。

continue 语句在循环语句中的一般格式如下：

```
    while(表达式1)              do                          for( ; 表达式1 ; )
    {                          {                           {
        …                          …                           …
        if(表达式2) continue;       if(表达式2) continue;         if(表达式2) continue;
        …                          …                           …
    }                          }while(表达式1);             }
```

break 语句与 continue 语句对流程控制的区别可通过图 5-9 和图 5-10 的对比来说明。

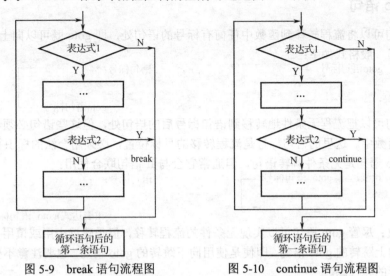

图 5-9　break 语句流程图　　　　图 5-10　continue 语句流程图

continue 语句只能出现在循环语句中，而 break 语句既可以出现在循环语句中，又可出现在 switch 语句中。

【例 5.11】　用 continue 语句代替例 5.10 程序中的 break 语句，重新编写和运行程序，观察程序的运行结果，分析程序的功能有什么变化，并对 continue 语句与 break 语句进行对比。

```
#include<stdio.h>
int main()
{
    int i,n;
    for(i=1;i<=5;i++)
    {
        printf("Please input a integer:");
        scanf("%d",&n);
        if(n==0)continue;
        printf("n*n=%d\n",n*n);
    }
    printf("The program is over!\n");
    return 0;
}
```

程序的运行结果如下：

```
Please input a integer:1
n*n=1
Please input a integer:-2
n*n=4
Please input a integer:3
n*n=9
Please input a integer:0
Please input a integer:5
n*n=25
The program is over!
```

从上述运行结果可以看出，当程序读入的数不等于 0 时，显示该数的平方；而当程序读入的数等于 0 时，程序并未终止，而是提示用户输入下一个数。程序读完 5 个数后终止。

在大多数情况下，for 语句可以用 while 语句代替，但在循环体中存在 continue 语句时，二者的结果可能不同。

5.5.3　goto 语句

goto 语句可以将流程转移到函数中任何有标号的语句处，即 goto 既可以向上跳转，也可以向下跳转。其一般格式如下：

```
goto语句标号;  ──┐                              语句标号: …  ◄────────┐
    …            │                                   …              │
语句标号: …  ◄───┘                              goto语句标号;  ───────┘
```

goto 语句可以把流程无条件地转移到语句标号后的语句处，但这些语句必须与 goto 语句本身在同一个函数中。这里的语句标号是流程转移的目标位置，必须用合法的标识符表示。

尽管 goto 语句是无条件跳转语句，但通常它会与 if 语句联合使用：

```
if(表达式) goto 语句标号;  ──┐                   语句标号: …  ◄────────┐
    …                        │                        …              │
语句标号: …  ◄───────────────┘                   if(表达式)goto 语句标号;  ──┘
```

编程建议：尽管 goto 语句可以实现无条件的流程转移，但是建议少用或慎用 goto 语句，尤其不要使用向上跳转的 goto 语句。即使是使用向下跳转的 goto 语句，也要注意不要让 goto 语句产生不会执行的死代码。

当然，goto 语句偶尔还是很有用的。例如，希望从包含 switch 语句的循环语句中退出时，使用 break 语句得不到期望的效果，break 语句可以跳出 switch 语句，但无法跳出循环，而使用 goto 语句则可以解决这个问题。例如：

```
while(表达式)
{
    …
    switch(…)
    {
        …
        if(…) goto  语句标号;
        …
    }
    …
}
语句标号:…
```

另外，goto 语句对于嵌套循环的退出也是很有用的。

【例 5.12】　用 goto 语句代替例 5.10 程序中的 break 语句，重新编写和运行程序，观察程序的运行结果，分析程序的功能有什么变化。

```c
#include<stdio.h>
int main()
{
    int i,n;
    for(i=1;i<=5;i++)
    {
        printf("Please input a integer:");
        scanf("%d",&n);
        if(n==0) goto Label0;
        printf("n*n=%d\n",n*n);
    }
    Label0: printf("The program is over!\n");
    return 0;
}
```

程序的运行结果如下：

```
Please input a integer:1
n*n=1
Please input a integer:2
n*n=4
Please input a integer:3
n*n=9
Please input a integer:0
The program is over!
```

从上述测试结果可以看出，goto 语句可以终止循环的执行，但它只能转移到语句标号指示的语句处并执行它。

5.6 应用举例

【例 5-13】 用公式 $\dfrac{\pi}{4} \approx 1 - \dfrac{1}{3} + \dfrac{1}{5} - \dfrac{1}{7} + \cdots$ 计算 π 的近似值，直到发现某一项的绝对值小于 10^{-6} 时为止（该项不计入）。

【解题思路】 该问题的数学模型为 $pi = 4 \times \sum\limits_{i=0}^{n}\left[(-1)^i \times \dfrac{1}{2i+1}\right]$，

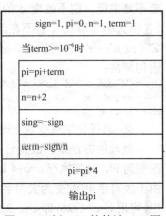

问题的解是 n 个分数累加求和直到被累加项的绝对值小于或等于 10^{-6}。这是一个数值计算问题，可以通过逐个分数求和的方法实现，即通过反复求和完成问题的求解，因此算法策略可以使用迭代循环。从公式中我们发现了一些规律，即每一项的分子都是 1，后一项的分母是前一项的分母加 2，第 1 项的符号为正，从第 2 项起，每一项的符号均与前一项的符号相反，即 $\dfrac{1}{n}$ 的后一项为 $-\dfrac{1}{n+2}$。据此，可以画出算法的 N-S 图如图 5-11 所示。

图 5-11 例 5.13 的算法 N-S 图

程序如下：

```c
#include <math.h>
int main()
{
    int n=1,sign=1;
    double pi=0,term=1;
    while(fabs(term)>=1e-6)
    {
        pi=pi+term;
        n=n+2;
        sign=-sign;
        term=sign/n;
    }
    pi=pi*4;
    printf("pi=%10.8f\n",pi);
    return 0;
}
```

程序的运行结果如下：

```
pi=4.00000000
```

很显然，这个结果是错误的。这是因为，C 语言提供的数据类型都有取值范围，若向变量赋值超过了其数据类的取值范围，就会产生类型溢出，得到错误的结果。本例的错误就是由于类型溢出造成的。问题出在 term=sign/n;上，由于 sign 和 n 都被声明为 int 型，而整数相除的结果为整数，所以损失了除法运算的精度，导致后续得到的 term 一直为 0，而 pi 的累加项也一直为 1，最终得到 pi=4.0。如果将该语句修改为：

```
term=(double)sign/n;
```

即把执行除法运算的对象强转为 double 型，就能得到正确的结果：

```
pi=3.14159065
```

因此，预先估计运算结果的可能取值范围，采用取值范围更大的类型定义变量，对避免类型溢出是十分必要的。

【例 5.14】 编写程序，对电文进行加密，办法是：按照一定规律将原文转换为密码，收报人再按约定的规律将其译回原文。

例如，按以下规律对原文进行加密：将字母 A 变为 E，……，W 变为 A，……，Z 变为 D，即变为其后的第 4 个字母，小写字母也遵从同样的规律。

【解题思路】 电文加/解密涉及的关键问题有两个：

① 哪些字符不需要改变，哪些字符需要改变，如果需要改变，应改为哪个字符？

处理的方法是：输入一个字符，赋值给字符变量 c，先判定它是否为字母（包括大小写形式）。若不是字母，则不改变 c 的值；若是字母，则还要检查它是否在'W'～'Z'（或'w'～'z'）的范围内（包括大小写形式）。若不在此范围内，则使变量 c 的值改变为其后第 4 个字母的值。如果在'W'～'Z'（或'w'～'z'）的范围内，则应将它相应地转换为'A'～'D'（或'a'～'d'）。这个问题可以通过 if-else 语句解决：

```
if(c>='W' && c<='Z' || c>='w' && c<='z')
    c=c+4-26;
else   c=c+4;
```

② 怎样使字符变量 c 改变为所指定的字母的值？

处理的方法是：改变它的 ASCII 值。例如，字符变量 c 的原值是大写字母'A'，想使 c 的值改变为'E'，只需执行 c=c+4 即可，因为'A'的 ASCII 值为 65，而'E'的 ASCII 值为 69，二者相差 4。由于大写字母'W'变为大写字母'A'，已经超过一轮 26 个字母的循环，所以，从 ASCII 值可以看出，可用 c=c+4-26，即 c=c-22 得到。因此，c 的值在'W'～'Z'（或'w'～'z'）范围内时，将执行 c=c+4-26 的运算。

电文的输入可以通过条件控制的循环来实现。程序如下：

```
#include<stdio.h>
int main()
{
    char c;
    while((c=getchar())!='\n')
    {
        if((c>='a' && c<='z') || (c>='A'&&c<='Z'))
        {
            if(c>='W' && c<='Z' || c>='w'&&c<='z')
                c=c-22;
            else
                c=c+4;
        }
        printf("%c",c);
    }
    return 0;
}
```

程序的运行结果如下：

```
C Programming.
G Tvskveqqmrk.
```

【例 5.15】 编写程序实现组合数学领域中的问题。任意取 1～9 中 4 个互不相同的数，要求它们之和为 12。用穷举法输出所有满足上述条件的 4 个数。

【**解题思路**】　该问题的数学模型可描述为：$D=\{a_1,a_2,a_3,a_4\}$，其中，a_i 为任一整数，其值为 1～9，问题的解是 $a_1+a_2+a_3+a_4=12$，满足 $a_1 \neq a_2 \neq a_3 \neq a_4$。这是一个数值计算问题，求解不定方程。算法策略可以使用穷举循环。算法设计首先实现对第一个数的选择，可以用循环 for(i=1;i<=9;i++) 实现；同理，对于第二个数、第三个数、第四个数可用同样的方法实现。由于 4 个数互不相同，故第二个数的选择会受到第一个数的限制，最后一个数的选择会受到第三个数的限制，即后面的选择都是在前面选择的基础上进行的，所以可采用循环的嵌套来解决问题。

设 i、j、k 和 m 分别表示要寻找的 4 个整数，列举出它们所有的排列，从中找出符合条件的 i、j、k 和 m，即 $i+j+k+m=12$，且 i、j、k 和 m 互不相同。它们的排列可用 4 层循环来表示，只要满足上述条件，就能找出所有的排列和组合，并输出结果。由于这种方法搜索了所有可能的排列，所以它一定能找出全部解，因而称为穷举法。由于穷举法需要对所有可能的情况都进行搜索，所以计算的工作量巨大，没有高速计算机，穷举法只能是理论上可行而实际上不可行的计算方法。

程序如下：

```c
#include<stdio.h>
int main()
{
    int i,j,k,m,n=0;
    for(i=1;i<10;i++)                              /*i 循环，列举 4 个 1～9 之间的数的所有排列*/
        for(j=1;j<10;j++)                          /*j 循环*/
            for(k=1;k<10;k++)                      /*k 循环*/
                for(m=1;m<10;m++)                  /*m 循环*/
                {
                    if(i==j||i==k||i==m||j==k||j==m||k==m)continue;
                    if(i+j+k+m!=12)continue;       /*不满足条件，舍弃*/
                    n++;                           /*满足条件，计数*/
                    printf("{%d,%d,%d,%d}",i,j,k,m);
                    if(n%6==0)printf("\n");        /*每行输出 6 个排列*/
                }
    return 0;
}
```

程序的运行结果如下：

```
{1,2,3,6}{1,2,4,5}{1,2,5,4}{1,2,6,3}{1,3,2,6}{1,3,6,2}
{1,4,2,5}{1,4,5,2}{1,5,2,4}{1,5,4,2}{1,6,2,3}{1,6,3,2}
{2,1,3,6}{2,1,4,5}{2,1,5,4}{2,1,6,3}{2,3,1,6}{2,3,6,1}
{2,4,1,5}{2,4,5,1}{2,5,1,4}{2,5,4,1}{2,6,1,3}{2,6,3,1}
{3,1,2,6}{3,1,6,2}{3,2,1,6}{3,2,6,1}{3,6,1,2}{3,6,2,1}
{4,1,2,5}{4,1,5,2}{4,2,1,5}{4,2,5,1}{4,5,1,2}{4,5,2,1}
{5,1,2,4}{5,1,4,2}{5,2,1,4}{5,2,4,1}{5,4,1,2}{5,4,2,1}
{6,1,2,3}{6,1,3,2}{6,2,1,3}{6,2,3,1}{6,3,1,2}{6,3,2,1}
```

这个程序 4 层循环共需循环 $9^4=6561$ 次，每层循环需判断 8 次，共进行 $8 \times 9^4=52488$ 次判断。为了减少工作量，通过分析，可以从以下三个方面进行改进。

① 互不相同的 4 个整数均应小于或等于 6。

如果其中有一个整数为 7，则其他 3 个整数的和应为 12-7=5，这种组合是不可能的，因为互不相同的最小的三个数是 1、2、3，它们之和为 6，大于 5。这样 4 个整数均应不大于 6，所有循环控制变量的范围缩小为 1～6。

② 把所有判断均放在 m 循环中是不合理的，应放在与之相关的循环中。例如，对于 i==j 的判断，只与 i 和 j 有关，放在 j 循环中只需判断 $9^2=81$ 次，而放在 m 循环中需判断 $9^4=6561$ 次。因此，关于 i==j 的判断应放在 j 循环中；关于 i==k 和 j==k 的判断应放在 k 循环中；关于 i==m、 j==m 和 k==m 的判断应放在 m 循环中。

③ 因为 i、j、k 和 m 的和为 12，所以有 m=12–i–j–k，这样可以减少一层循环。不过，在这里要注意 m 的范围，m>0 且 m<7。

根据上述思路改进后的程序如下：

```c
#include<stdio.h>
int main()
{
    int i,j,k,m,n=0;
    for(i=1;i<7;i++)                          /*i 循环，列举 4 个 1～6 之间的数的所有排列*/
        for(j=1;j<7;j++)                      /*j 循环*/
        {
            if(i==j)continue;                 /*不满足条件，舍弃*/
            for(k=1;k<7;k++)                  /*k 循环*/
            {
                if(i==k||j==k)continue;       /*不满足条件，舍弃*/
                m=12-i-j-k;
                if(i==m||j==m||k==m||m<1||m>6)continue;   /*不满足条件，舍弃*/
                n++;                          /*满足条件，计数*/
                printf("{%d,%d,%d,%d}",i,j,k,m);
                if(n%6==0)printf("\n");       /*每行输出 6 个排列*/
            }
        }
    return 0;
}
```

改进后的程序共需循环 6^3=216 次，判断 $6^2+2\times6^3+6\times6^3$=1764 次。可见，工作量得到了极大减少，这主要得益于算法的优化。算法的优化体现的是人的智慧而不是机器的智慧，对于编写高性能的程序具有十分重要的意义。

【例 5.16】 编写程序，用迭代法求 $x=\sqrt{a}$。求平方根的迭代公式为 $x_{n+1}=\dfrac{1}{2}\left(x_n+\dfrac{a}{x_n}\right)$。

【解题思路】 该问题的数学模型可描述为 $x_{n+1}=\dfrac{1}{2}\left(x_n+\dfrac{a}{x_n}\right)$，其中，$x_n$ 为任一实数。问题的解是通过一个初值求解新值，当新值与初值小于或等于给定误差时结束。这是一个数值计算问题，算法策略可以使用迭代循环。算法设计首先确定一个合适的迭代公式，选取一个初始近似值以及解的误差，然后用循环语句实现迭代过程，终止循环的条件是前后两次得到的近似值之差的绝对值小于或等于预先给定的误差，并认为最后一次迭代得到的近似值为问题的解。

算法的迭代步骤如下：① 先确定 a 的平方根的初值 x_0。例如，可以假设 x_0=0.5a，然后代入迭代公式计算，得到的 x_1 是 a 的平方根的首次近似值。它可能与 a 的平方根有很大误差，需要修正。② 把 x_1 作为 x_0，再代入迭代公式计算，得到新的 x_1，这一次的 x_1 比前一次的 x_1 更接近 a 的平方根。③ 当 $|x_1–x_0|\geqslant$eps（程序中 eps=1e-6）时，表示近似值的精度不够，需要转步骤②；当 $|x_1–x_0|<$eps 时，表示 x_1 即为所求的 a 的平方根。

程序如下：

```c
#include<stdio.h>
#include<math.h>
#define EPS 1e-6
int main()
{
    double x0,x1,a;
    do
    {
```

```
        printf("Please input a number(>0):");
        scanf("%lf",&a);
    }while(a<0);
    x0=a/2;
    x1=0.5*(x0+a/x0);
    while(fabs(x1-x0)>=EPS)
    {
        x0=x1;
        x1=0.5*(x0+a/x0);
    }
    printf("sqrt(%f)=%f\n",a,x1);
    return 0;
}
```

程序的运行结果如下：

```
Please input a number(>0):2
sqrt(2.000000)=1.414214
```

习题 5

一、单项选择题

1. 语句 while(!e);中的条件!e 等价于 （　　）。

A. e==0 　　　　　　　B. e!=0 　　　　　　　C. e!=1 　　　　　　　D. ~e

2. 以下不正确的描述是（　　）。

A. break 语句不能用于循环语句和 switch 语句外的其他语句

B. 在 switch 语句中使用 break 语句或 continue 语句的作用相同

C. 在循环语句中使用 continue 语句是为了结束本次循环

D. 在循环语句中使用 break 语句是为了使流程跳出循环体

3. 有以下程序执行后的输出结果是（　　）。

```
main()
{
    int i,s=0;
    for(i=1;i<10;i+=2) s+=i+1;
        printf("%d\n",s);
}
```

A. 自然数 1～9 的累加和 　　　　　　　B. 自然数 1～10 的累加和

C. 自然数 1～9 中的奇数之和 　　　　　D. 自然数 1～10 中的偶数之和

4. 有以下程序，若要使程序的输出值为 2，则应该从键盘给 n 输入的值是（　　）。

```
main()
{
    int s=0,a=1,n;
    scanf("%d",&n);
    do
    {
        s+=1; a=a-2; }
        while(a!=n);
        printf("%d\n",s);
    }
}
```

A. −1 　　　　　　　　B. −3 　　　　　　　　C. −5 　　　　　　　　D. 0

二、填空完成程序

1. 程序功能：在 200 以内的整数中，求可以被 17 整除的最大数。

```c
#include <stdio.h>
___
{
    int i;
    for(___;___;i--)
    {
        if(___) break;
    }
    printf("%d\n",___);
}
```

2. 程序功能：输入一个正整数，统计各位数字中 0 的个数，并求各位数字中的最大者。

```c
#include <stdio.h>
int main()
{
    int n,count,max,t;
    count=max=0;
    scanf("%d",&n);
    do
    {
        t=___;
        if(t==0)   ++count;
        else if(max<t)   ___;
        n/=10;
    } while(n);
    printf("count=%d,max=%d",count,max);
    return 0;
}
```

3. 程序功能：输入一个正整数，判断其是否为素数，若为素数则输出 1，否则输出 0。

```c
int main()
{
    int i,x,y=1;
    scanf("%d",&x);
    for(i=2;i<=x/2;i++)
    {
        if(___)
        {
            y=0;
            ___;
        }
        printf("%d\n",y);
    }
    return 0;
}
```

4. 程序功能：输入一个整数，输出其位数。

```c
#include <stdio.h>
int main()
{
    int n,k=0;
    printf("请输入一个整数：");
    scanf("%d",___);
    while(___)
    {
        k++;
        n=___;
    }
    printf("位数是：%d\n",k);
    return 0;
}
```

5. 程序功能：找出 100～999 之间所有的水仙花数。所谓水仙花数，是指这个三位数各位数字的立方和等于自身。

```c
#include <stdio.h>
#include<math.h>
int main()
{
    int i,a,b,c;
    for(i=100;i<=999;i++)
    {
        a=i/100;   //百位
        b=___;     //十位
        c=i%10;    //个位
        if (i==___)
        printf("%d 是水仙花数!\n",i);
    }
    return 0;
}
```

6. 程序功能：已知一个数列，它的前两项分别是 0 和 1，从第 3 项开始的每项都是其前两项之和，打印此数列，直到某项的值超过 200 为止。

```c
int main()
{
    int i,f1=0,f2=1;
    for(___;;i++)
    {
        printf("%5d",f1);
        if(f1>___) break;
        printf("%5d",f2);
        if(f2>200) break;
        if(i%2==0) printf("\n");
        f1+=f2;
        f2+=f1;
    }
    printf("\n");
    return 0;
}
```

三、编程题

1. 市郊长途电话收费标准如下：通话时间在三分钟以下收费一角，三分钟以上则每超过一分钟加一角。在 7:00～21:00 之间通话，按收费标准全价收费；在其他时间通话，按收费标准的一半收费。请计算某人在 x 时间通话 y 分钟，应缴多少电话费（通话时间利用整数输入实现）？

2. 整元换零钱问题。把 1 元兑换成 1 分、2 分、5 分的硬币，共有多少种不同的换法？

3. 爱因斯坦数学题。爱因斯坦曾出过这样一道数学题：有一条长阶梯，若每步跨 2 阶，则最后剩下 1 阶，若每步跨 3 阶，则最后剩下 2 阶，若每步跨 5 阶，则最后剩下 4 阶，若每步跨 6 阶，则最后剩下 5 阶，只有每步跨 7 阶，最后才正好 1 阶不剩。请问，这条阶梯共有多少阶？

4. 马克思手稿中有一道趣味数学题：有 30 个人，其中有男人、女人和小孩，在一家饭馆里吃饭共花了 50 先令，每个男人花 3 先令，每个女人花 2 先令，每个小孩花 1 先令，问男人、女人和小孩各有几人？

5. 两个乒乓球队进行比赛，各出三人。甲队为 A、B、C 三人，乙队为 X、Y、Z 三人。已抽签决定比赛名单，有人向队员打听比赛的名单，A 说他不和 X 比，C 说他不和 X、Z 比，编程找出三对选手的对手名单。

实验题

实验题目 1：龟兔赛跑。

实验目的：熟悉熟悉 if、else-if 语句，循环语句、关系运算符和逻辑运算符，以及不同类型数据的输入输出方法。

说明：话说这个世界上有各种各样的兔子和乌龟，但是研究发现，所有的兔子和乌龟都有一个共同的特点——喜欢赛跑。于是世界上各个角落都在不断发生着乌龟和兔子的比赛。小华对此很感兴趣，于是决定研究不同兔子和乌龟的比赛。他发现，兔子虽然跑得比乌龟快，但它们有众所周知的毛病——骄傲且懒惰，于是在与乌龟的比赛中，任一秒结束后，一旦兔子发现自己领先 t 米或以上，它们就会停下来休息 s 秒。对于不同的兔子，t 和 s 的数值是不同的。但是所有的乌龟却是一致——它们不到终点绝对不会停止。

然而有些比赛相当漫长，全程观看会耗费大量时间，而小华发现，只要在每场比赛开始后记录下兔子和乌龟的数据：兔子的速度 v_1（表示每秒兔子能跑 v_1 米），乌龟的速度 v_2，以及兔子对应的 t 和 s 值，以及赛道的长度 l，就能预测出比赛的结果。如果你是小华，请编写一个程序，对于一场比赛的输入数据 v_1、v_2、t、s、l，其中 $v_1, v_2 \leqslant 100$，$t \leqslant 300$，$s \leqslant 10$，$l \leqslant 10000$ 且为 v_1, v_2 的公倍数，预测该场比赛的结果。

输入只有一行，包含用空格隔开的 5 个正整数，按 v_1 v_2 t s l 顺序输入。

输出包含两行。第 1 行输出比赛结果：一个大写字母，T（乌龟获胜）或 R（兔子获胜）或 D（两者同时到达终点）。第 2 行输出一个正整数，表示获胜者（或者双方同时）到达终点所用的时间（秒数）。

样例输入：

    10 5 5 2 20

样例输出：

    D
    4

实验题目 2：国王的许诺。

实验目的：熟悉循环语句，累加/累乘算法，通项的构成规律。

说明：相传国际象棋是古印度舍罕王的宰相达依尔发明的。舍罕王十分喜欢象棋，决定让宰相自己选择何种赏赐。这位聪明的宰相指着 8×8 共 64 格的象棋盘，说："陛下，请您赏赐给我一些麦子吧，就在棋盘上的第 1 格放 1 粒，第 2 格放 2 粒，第 3 格放 4 粒，以后每一格的粒数都比前一格增加一倍，依次放完一个棋盘上的 64 格，我就感激不尽了"。舍罕王让人扛来一袋麦子，他要兑现他的许诺。请问：国王能兑现他的许诺吗？分别采用两种累加方法（直接计算累加的通项，利用前项计算后项）编程计算舍罕王共需要多少粒麦子赏赐给他的宰相？这些麦子合多少立方米（已知 1 立方米麦子约 $1.42×10^8$ 粒）？

实验题目 3：小学生计算机辅助教学系统。

任务 1：程序首先随机产生两个 1～10 之间的正整数，在屏幕上打印出问题，例如"6+7=？"，然后让学生输入答案，程序检查学生输入的答案是否正确。若正确，则打印"Right!"，然后问下一个问题；否则打印"Wrong!Please try again."，然后提示学生重做，直到答对为止。

任务 2：在任务 1 的基础上，当学生回答错误时，最多给三次重做的机会，三次仍未答对，则显示"Wrong! You have tried three times! Test over!"程序结束。

任务 3：在任务 1 的基础上，连续做 10 道加法题，不给机会重做，若学生回答正确，则显示"Right!"，否则显示"Wrong!"。10 道题全部做完后，按每题 10 分统计并输出总分，同时为了记录学生能力提高的过程，再输出学生的回答正确率（即正确题数除以总题数的百分比）。

任务 4：在任务 3 的基础上，通过计算机随机产生 10 道四则运算题，两个操作数为 1～10 之间的随机数，运算类型为随机产生的加、减、乘、整除中的任意一种，不给机会重做，如果学生回答正确，则显示"Right!"，否则显示"Wrong!"。10 道题全部做完后，按每题 10 分统计总得分，然后打印出总分和学生的回答正确率。

任务 5：在任务 4 的基础上，为使学生通过反复练习熟练掌握所学内容，在学生完成 10 道运算题后，若回答正确率低于 75%，则重新做 10 道题，直到回答正确率高于 75%时才退出程序。

任务 6：开发 CAI 系统所要解决的另一个问题是学生疲劳的问题。消除学生疲劳的一种办法是，通过改变人机对话界面来吸引学生的注意力。在任务 5 的基础上，使用随机数产生函数产生一个 1～4 之间的随机数，配合使用 switch 语句和 printf()，为学生输入的每一个正确或者错误的答案输出不同的评价。

对于正确答案，可从以下 4 种提示信息中选择一种显示：
　　Very good!
　　Excellent!
　　Nice work!
　　Keep up the good work!
对于错误答案，可从以下 4 种提示信息中选择一种显示：
　　No. Please try again.
　　Wrong. Try once more.
　　Don't give up!
　　Not correct. Keep trying.

第6章 函 数

6.1 模块化程序设计

我们在前面各章例题中遇到的问题都是很简单的问题，编写数十行的程序就可以解决。但在实际应用中，遇到的问题一般都很复杂，这些问题需要大型程序来解决，可能要编写数十万、数百万甚至数千万行的代码。为了降低开发大规模软件系统的复杂度，程序员必须将复杂的大问题分解为若干更简单的小问题，再将这些小问题分解为更小的问题，……，直至被分解的问题是显而易见的可以直接解决的简单问题。这种把较大的复杂任务分解为若干较小、较简单的小任务，并提炼出公共任务直接解决的方法，称为分而治之法，简称分治法。这是人们解决复杂问题的一种常用方法。

模块化程序设计就体现了"分而治之"的思想。在结构化程序设计中，程序员通过功能分解的方法实现模块化程序设计。功能分解是一个自顶向下、逐步求精的过程，即一步步把程序的综合功能分解为更小的功能，从上而下、逐步求精、各个击破，直至完成最终的程序。模块化程序设计不仅使程序更易阅读和理解，而且更容易测试和维护。

函数体现了模块化程序设计的思想。把一个较大的复杂任务分解成若干个较小的任务后，这些小任务可以用函数来表示，而有些函数甚至可能是现成的。程序员可以在现成函数的基础上构造程序，而不需要从头做起。一个设计良好的函数可以把具体的操作细节对不必知道它们的用户隐藏起来，从而使整个程序结构清楚，减少因程序修改所带来的麻烦。此外，这些函数还可以为其他程序所重用。

函数是 C 语言中模块化程序设计的最小单位，用来实现各种不同的功能。模块化程序设计如同制造机器，函数相当于机器的"零部件"，先将这些"零部件"单独设计、调试和测试好，接着进行组装，最后进行综合测试。这些"零部件"既可以是自己设计的，也可以是别人设计好的，还可以是现成的标准产品。

图6-1 是一个典型的 C 程序结构示意图。一个 C 程序由一个或若干个源文件组成，一个源文件由一个或多个函数组成。通过设计安全恰当的函数，把函数内部的信息（如数据、具体运算过程）隐藏起来，使不需要这些信息的其他模块无法访问。用户不必关注函数的内部是如何实现的，只需要知道它能做什么及如何使用即可。这样可使整个程序的结构更加紧凑，逻辑更加清晰，实现信息隐藏的思想。因此，进行模块化程序设计的时候，程序员应坚持信息隐藏的原则。

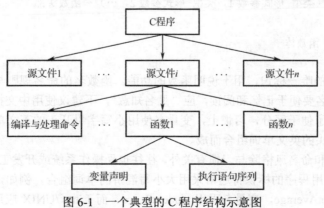

图6-1 一个典型的 C 程序结构示意图

总之，使用函数进行模块化程序设计具有以下优点：

① 使程序简短而清晰；

② 提高程序的可读性和可重用性；

③ 提高程序的开发效率；

④ 有利于程序维护。

6.2 函数定义

6.2.1 函数的分类

函数是构成程序的基本模块。程序的执行从 main()的入口地址开始，到 main()的出口结束，在函数体中顺序、循环、递归、迭代地调用各个函数。每个函数功能明确，完成特定的职责。对这些函数来说，main()相当于一个总管。尽管 main()有点特殊，但从用户的角度来看，函数可以分为两类：标准库函数和自定义函数。

1．标准库函数

格式化输入/输出函数 scanf()和 printf()是常用的标准库函数。符合 ANSI C 标准的 C 编译器都要提供这些标准库函数。使用标准库函数，必须在程序的开头包含该函数所在的头文件，例如，当使用 math.h 内定义的 sqrt()、fabs()、sin()等函数时，只要在程序开头用#include 把<math.h>包含到程序中即可。附录 E 提供了 ANSI C 的标准库函数。

此外，第三方函数库也可供用户使用，它们不在 ANSI C 范围内，是由其他软件开发商自行开发的 C 函数库，它能扩充 C 语言在图形、数据库等方面的功能，用于完善 ANSI C 未提供的功能。

2．自定义函数

程序员自行编写的，能完成需要的功能的函数，称为自定义函数。在开发团队内部，自定义函数可供团队成员共享。本章将重点介绍自定义函数。

6.2.2 函数的定义

C 语言规定，程序中使用的所有函数都必须先定义后使用。函数定义包括指定函数的以下内容：

① 函数名；

② 函数的类型，即函数的返回值类型；

③ 函数参数的类型和名称；

④ 函数的功能，即函数需要完成的操作。

函数定义的一般格式如下：

返回值类型　函数名（类型　形式参数 1，类型　形式参数 2，…）←函数头部
```
{
    声明语句序列
    执行语句序列        函数体
}
```

函数名是函数的唯一标识，用于说明函数的功能。函数名的命名规则与变量等标识符的命名规则相同。函数名要便于记忆和阅读，应"见名知意"，不建议使用中文拼音，最好使用英文单词及其组合。为了便于区分，习惯上，变量名使用小写字母开头的英文单词组合而成，函数名使用大写字母开头的英文单词组合而成。

标识符的命名和命名风格除与习惯有关外，往往也受操作系统或开发工具命名风格的影响。其中，Windows 应用程序的标识符通常采用大小写混拼的单词组合，例如，计算若干数据平均值的函数名采用 GetAverage，变量名采用 studentScore。而 Linux/UNIX 应用程序的标识符通常

采用"小写单词加下画线"的组合。例如，上述函数名采用 get_average，变量名采用 student_score。

本书采用 Windows 风格。函数名使用"动词"或"动词+名词"的形式，如函数名 Sort、FindResults 等。而变量名使用"名词"或"形容词+名词"的形式，如变量名 name、aliasname 等。

函数体是由一对花括号括起来的部分，包括花括号。花括号是函数体的定界符，表示函数体的开始与结束。函数体内部定义的变量只能在本函数内访问，因此称为内部变量。函数头部的形式参数（简称形参）也是内部变量，也只能在本函数内访问。

参数表是函数的入口。用程序中的运算来进行比喻，对于一个函数来说，如果函数名是说明运算的规则，那么参数表中的形参相当于运算的操作数，而函数的返回值相当于运算结果。

函数可以有参数或返回值，也可以没有参数或返回值。若函数没有返回值，则函数返回值的类型定义为 void。若函数没有参数，则函数头参数表的内容用 void 代替，它告知 C 编译器该函数不接收来自调用函数的任何数据。

【例 6.1】 编写一个函数计算整数 x 的 n 次幂 x^n。

```
/*函数功能：用迭代法计算 x 的 n 次幂。
  函数参数：整型变量 x 表示底数，整型变量 n 表示幂指数。
  函数返回值：返回 x 的 n 次幂的值。
*/
long Power(int x, int n)              /*函数定义*/
{
    int i;
    long result=1;
    for(i=0;i<n;i++)
    {
        result=result*x;             /*计算 x 的 n 次幂*/
    }
    return result;                   /*将 result 的值作为函数的返回值返回*/
}
```

本例程序定义了一个名为 Power 的函数。该函数的功能是计算 x 的 n 次幂。第 1 行函数头部的参数表有两个形参 x 和 n，它们都为 int 型，函数的返回值为 long 型。返回值为 long 型是为了预防 x 的 n 次幂的值可能会超出 int 型的表示范围。return 语句将 result 的值作为函数的返回值返回，其中，关键字 return 后面的变量或表达式的值是函数要返回的值，它的类型必须与函数头部中声明的函数返回值类型一致。

注意，为了培养良好的编程习惯，应该在函数定义的前面附上一段注释来描述函数的功能、形参及其返回值。函数的注释必须给用户足够的信息，让其了解如何使用该函数。本书为了节省篇幅，后面的程序对函数注释进行了简化，只标明了函数的功能。

6.3 函数调用

例 6.1 编写的函数并不是一个可执行的程序。它必须被 main()直接或间接调用才能发挥作用。函数是如何被 main()调用的呢？

main()调用 Power()时，必须提供若干实际参数（简称实参）给被调用函数。通常，把调用其他函数的函数称为主调函数，被调用的函数称为被调函数。主调函数把实参的值复制给被调函数的形参的过程，称为参数传递。

【例 6.2】 编写 main()，它调用 Power()来计算 x^n 的值。其中，x，n 的值由用户从键盘输入。

```
#include<stdio.h>
int main()
{
    int p,q;
    long ret;
```

```
    printf("Please input two integers:");
    scanf("%d%d",&p,&q);
    ret=Power(p,q);
    printf("ret=%ld",ret);
    return 0;
}
```

程序的运行结果如下：

```
Please input two integers:2 5
ret=32
```

本例中，main()将计算 x 的 n 次幂的任务交给函数 Power()，而 main()只负责调用 Power()，将实参 p 和 q 的值传给 Power()，并将 Power()返回的计算结果 ret 显示出来。至于 Power()接收数据后，在 Power()内部是如何计算的，main()不需要关心，它只需要了解 Power()的功能和接口，知道如何调用 Power()即可。这样做不仅使 main()的结构更加紧凑，层次更加分明，而且实现了信息隐藏。

下面分析一下 Power()的调用过程：当 main()执行到第 8 行时，执行 Power()的调用，把实参 p 和 q 的值复制给形参 x 和 n，然后程序流程转入 Power()内部运行。C 系统首先为函数内的每个变量（包括形参）分配内存，接着开始执行函数内的第一条语句。先将 result 初始化为 1，然后通过 for 循环计算 x 的 n 次幂。当函数执行到 return 语句时，退出函数的运行，将 result 的结果作为返回值返回给调用它的 main()。在 main()中，将 Power()的返回值赋给变量 ret，然后从调用 Power()的地方继续往下执行直至程序结束。

有返回值的函数必须使用 return 语句来说明将要返回的值。return 语句用来指示被调用函数将返回给主调函数什么值。return 语句无论在函数的什么地方，只要执行到它，就立即返回主调函数。其一般格式如下：

```
return 表达式;
```

其中，表达式通常是常量或变量，也可能是复杂的表达式，例如：

```
return i > j ? i : j;
```

如果 return 语句中表达式的类型与函数的返回值类型不一致，系统将会把表达式的类型隐式转换成返回类型。

如果函数没有返回值类型，即返回值类型为 void，函数可以没有 return 语句，此时程序将一直执行到函数的最后一条语句后再返回。如果要使流程在函数中间返回，那么必须使用无表达式的 return 语句，表示无须返回任何值，即 return 语句写成：

```
return;
```

良好的程序设计风格要求即使函数没有返回值也应使用 return 语句作为最后一条语句，表示结束函数的执行，但不返回任何值。

main()有点特殊，它是由 C 系统调用的，使得 C 程序从 main()开始执行，在调用其他函数后返回 main()，在 main()中结束程序的运行。

main()既然是函数，那么它必须有返回值。如果定义 main()时没有指明其返回值类型，也没有使用 void，则系统默认其返回值类型为 int 型。

实际编程中，main()通常会写成如下形式：

```
void main()              int main(void)              int main()
{                        {                           {
    …         或             …           或               …
return;                  return 0;                   return 0;
}                        }                           }
```

当 main()没有返回值时采用第一种形式，当 main()有返回值但没有参数时可采用第 2 种或第 3 种形式，第 2 种形式更规范，但第 3 种形式更简便。

在 main()中使用 return 语句将终止程序的运行。使用 exit()也可以终止 main()的运行，传递 0 给 exit()表示程序正常终止，传递 1 给 exit()表示程序非正常终止。这个函数属于<stdlib.h>，因此要使用 exit()终止程序的运行，应该包含<stdlib.h>。

6.4 函数原型声明

在例 6.2 中，Power()定义在主调函数 main()之前，所以程序可以正常执行。如果把 Power() 的定义写在 main()的后面，C 编译器可能会出现错误或警告。例如：

```
#include<stdio.h>
int main()
{
        int x,n;
        long result;
        printf("Please input two integers:");
        scanf("%d%d",&x,&n);
        result=Power(x,n);
        printf("result=%ld",result);
        return 0;
}
long Power(int x, int n)
{
        int i;
        long result=1;
        for(i=0;i<n;i++)
        {
                result=result*x;
        }
        return result;
}
```

在 Dev-C++下编译程序，出现如下错误信息：

```
[Error] 'Power' was not declared in this scope
```

但如果在 main()的前面加上一条函数原型声明语句，程序又可以正常编译运行。程序如下：

```
#include<stdio.h>
long Power(int x, int n);                /*函数原型声明*/
int main()
{
        int x,n;
        long result;
        printf("Please input two integers:");
        scanf("%d%d",&x,&n);
        result=Power(x,n);
        printf("result=%ld",result);
        return 0;
}
long Power(int x, int n)              /*函数定义*/
{
        int i;
        long result=1;
        for(i=0;i<n;i++)
        {
                result=result*x;
        }
        return result;
}
```

因此，为了避免定义前调用问题的发生，一种方法是每个被调函数都在主调函数之前定义，但这种方法实施起来比较困难，而且即使实施了，程序的可阅读性也较差。另一种方法是在调用函数之前声明每个函数，即使用函数原型声明：

```
long Power(int x, int n);                /*函数原型声明*/
```

函数原型声明的语法格式与函数定义的头部是一致的，但函数原型声明的末尾多了一个分号。函数原型声明的参数表中的形参名可以省略，但每个形参的类型不能省略，例如：

```
long Power(int, int);                    /*函数原型声明*/
```

如果被调函数的定义出现在主调函数之前，可以省略函数原型声明，这不会影响程序的正常编译和运行。如果被调函数的定义出现在主调函数之后，则函数原型声明是必不可少的。可见，上述函数原型声明的作用是告诉编译器，被调函数 Power() 将从主调函数 main() 中接收两个 int 型参数，编译器检查主调函数调用语句中实参的类型和数量与函数原型声明中的是否一致。如果一致，编译器将正常编译程序，程序可正常运行，否则，编译器将报错或提示警告。

因此，使用 C 语言编程时，在函数不需要参数和返回值时，最好用 void 标明，否则编译器会默认返回值为 int 型。此外，编写函数原型声明时写上形参和形参类型有助于编译器对函数的参数类型进行匹配性检查。

【例 6.3】 修改例 5.3。假设问题中有两个人 A 君和 B 君：

A 君为无休模式：一年 365 天，每天进步 1%，不休息。

B 君为工作日模式：一年 365 天，每周 5 个工作日 2 个休息日，每休息日下降 1%。

试问：一年 365 天，B 君每个工作日要进步多少才能达到 A 君的水平？

【解题思路】 A 君 365 天的进步的力量为 $1.01^{365}=37.78$。B 君要工作 5 天休息 2 天，那么每天努力 1% 是不够的，需要在此基础上更加努力，要多努力才能达到 A 君的水平呢？我们不知道，可以假设为变量 df。从计算思维来看，每个工作日在进步 1% 的基础上多进步一点点，比如 0.001，反复迭代，并与 A 君进行比较，直到达到 A 君的水平。由于计算机的运算速度很快，因此上述过程可以通过循环来快速实现。不过，由于循环次数未知，因此要采用条件判断的循环。

从程序设计的角度来看，我们需要编写一段程序，它能够根据不同的进步值来计算工作日模式的累积效果。为了让不同的进步值都能计算工作日的力量而重用这段程序，我们需要编写一个函数 Dayup() 完成上述功能，然后在主函数中调用该函数。

程序如下：

```c
#include<stdio.h>
float Dayup(float df);                /*函数原型声明*/
int main()
{
    float dayfactor=0.01;
    while(Dayup(dayfactor)<37.78)
    {
        dayfactor+=0.001;
    }
    printf("dayfactor=%f\n",dayfactor);
    return 0;
}
float Dayup(float df)
{
    int i;
    float dayup=1.0;
    for(i=0;i<365;i++)
    {
        if(i%7==0||i%7==6)
            dayup=dayup*(1-0.01);
        else
            dayup=dayup*(1+df);
    }
```

```
    return dayup;
}
```

程序运行结果如下：

```
dayfactor=0.019
```

这表明按 B 君的工作日模式，每天要进步 1.9%，才能达到 A 君的水平。

英文中有一个单词 GRIT，英文意思是 perseverance and passion for long-term goals，中文翻译为坚毅，即对长期目标的持续激情及持久耐力。GRIT 被认为是比智商、情商更重要的品质，是获得成功最重要的因素之一，通过本例的学习，我们要牢记天天向上的力量。

举一反三：工作日模式中，如果休息日不下降呢？如果每个工作日进步 1%，休息日下降 5‰呢？如果工作 3 天休息 2 天呢？

问题的变化和扩展：如果三天打鱼，两天晒网呢？如果多一些进步（进步比下降多一些）呢？如果多一些懈怠（下降比进步多一些）呢？

6.5 函数封装与防御性编程

当用户使用标准库函数和第三方函数库时，需要通过使用手册或联机帮助了解其用法。用户不仅关心其功能，更关心它的对外接口（即参数和返回值）的含义。至于函数内部定义了哪些变量，使用了哪种算法，算法是如何实现的等细节全部被封装了起来，用户不关心也看不到。这就是函数封装。

函数的封装使得函数对外界的影响仅限于返回值和数组、指针类型的入口参数。而外界对函数的影响仅限于几个入口参数，因此，函数封装有利于函数的单独测试、排错，也有利于程序的联合开发。

通常，函数接口设计好以后，不要轻易改动，而函数的内部实现细节则可以修改（如改为更快速或更有效的算法等）。只要函数的功能和接口未变，就不会影响用户对函数的调用，因而无须修改调用程序。

下面通过一个例题分析入口参数究竟对函数产生怎样的影响，函数的返回值又是怎样影响外界的。

【例 6.4】 试编写一个函数，从键盘输入整数 n，计算 $n!$，并编写测试程序。

【解题思路】 该问题的数学模型可描述为：$D=n!$，其中，n 为任一非负整数，问题的解是，经过递推关系 $i!=(i-1)!×i$ 确定 $i!$。这是一个数值计算问题，算法策略可以选择递推法。已知 $0!=1$，首先计算 $1!=0!×1$，然后计算 $2!=1!×2$，……，最后计算 $n!=(n-1)!×n$。数据结构可采用循环控制变量分别作为阶乘的阶乘数。如果 $(i-1)!$ 已经算出，其值用 result 来表示，那么只要用 result 乘以 i 即可得到 $i!$，这可以通过累乘运算实现。具体算法描述如下：

step1 输入 n；

step2 初始化累乘变量；

step3 累乘次数计数器 i 赋初值，$i=1$；

step4 若循环次数未超过 n，则反复执行 step5 和 step6，否则转向执行 step7；

step5 进行累乘运算，result=result×i；

step6 累乘次数计数器加 1，$i=i+1$，且转向执行 step4；

step7 打印累乘结果，即 result。

算法流程图如图 6-2 所示。

算法实现可以封装在函数 Fac() 中，该函数有一个 int 型值作为参数，相

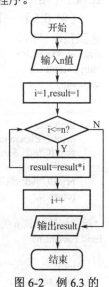

图 6-2 例 6.3 的
算法流程图

当于阶乘运算的操作数，得到一个 long 型的计算结果作为函数的返回值。具体函数定义如下：

```c
/*用迭代法计算 n 的阶乘*/
long Fac(int n)
{
    int i;
    long result=1;
    for(i=2;i<=n;i++)
    {
        result=result*i;        /*通过累乘运算实现阶乘计算*/
    }
    return result;
}
```

测试程序如下：

```c
#include<stdio.h>
long Fac(int n);
int main()
{
    int m;
    long ret;
    printf("Please input m:");
    scanf("%d",&m);
    ret=Fac(m);                 /*调用阶乘计算函数*/
    printf("%d!=%ld",m,ret);    /*输出语句*/
    return 0;
}
```

程序的运行结果如下：

```
Please input m:  5
5!=120
Please input m:  -5
-5!=1
```

第 1 次的运行结果是正确的，第 2 次的运行结果显然是不对的。显然 Fac()无法决定是否接收非法数值。程序员应该让函数具有遇到不正确使用或非法数据输入时保护自己避免出错的能力。在函数的入口处增加对入口参数的合法性检查，是一种增强程序健壮性的有效方法。这种在程序中增加专门处理某些异常情况代码的技术，称为防御性编程。

【例 6.5】　下面的程序在例 6.3 基础上增加了对函数入口参数合法性的检查，分析是否能达到预期目的？

```c
#include<stdio.h>
long Fac(int n);                /*函数原型声明*/
int main()
{
    int m;
    long ret;
    printf("Please input m:    ");
    scanf("%d",&m);
    ret=Fac(m);
    printf("%d!=%ld",m,ret);    /*输出语句*/
    return 0;
}
/*用迭代法计算 n 的阶乘*/
long Fac(int n)
{
    int i;
    long result=1;
    if(n<0)                     /*对入口参数进行合法性检查*/
    {
```

```
            printf("Input data error!\n");
        }
        else
        {
            for(i=2;i<=n;i++)
            {
                result=result*i;
            }
            return result;
        }
}
```

在 Dev-C++下的运行结果为：

```
Please input m:   -5
Input data error!
-5!=1
```

这个结果也不对。虽然 Fac()增加了对函数入口参数合法性的检查，但仍返回一个错误结果，没有真正起到防范错误的作用。如果其他代码调用 Fac()错误的返回值，将产生连锁反应，导致一连串错误的发生。

仔细研究发现，有的编译器会把 printf()的返回值作为 Fac()的返回值返回给 main()，这个返回值在不同的编译器中是不同的，有的返回 1，有的返回 0，有的返回 printf()输出的字符数。在 Dev-C++下，返回 1，所以函数调用结束时，会将 1 返回给主函数，于是在主函数中打印出：

```
-5!=1
```

因此，应该将 return result;修改为：

```
return -1;
```

重新运行程序，仍然得到如下错误的结果：

```
Please input m:   -5
-5!=-11
```

这是什么原因呢？原来是因为 main()没有对 Fac()返回的表示异常情况发生的特殊值进行处理。修改 main()中的输出语句如下：

```
#include<stdio.h>
long Fac(int n);
int main()
{
    int m;
    long ret;
    printf("Please input m:   ");
    scanf("%d",&m);
    ret=Fac(m);
    if(ret==-1)                    /*对函数 Fac()的返回值进行处理*/
        printf("Input data error!\n");
    else
        printf("%d!=%ld",m,ret);
    return 0;
}
/*用迭代法计算 n 的阶乘*/
long Fac(int n)
{
    int i;
    long result=1;
    if(n<0)
    {
        return -1;
    }
    else
    {
```

```
        for(i=2;i<=n;i++)
        {
                result=result*i;
        }
        return result;
    }
}
```

程序的运行结果如下：

```
Please input m:    -5
Input data error!
Please input m:    5
5!=120
```

函数调用时，实参与形参的类型必须匹配，实参必须与形参的数量相等。实参与形参匹配的原则与变量赋值的原则一致。当实参与形参的类型不匹配时，一些编译器会保持沉默，另一些编译器则能发现这些错误，并发出警告。

例如，将一个 double 型实参传递给形参时，在 Visual C++ 6.0 环境下编译器会输出如下的警告信息：

`'argument' : conversion from 'double' to 'int', possible loss of data`

虽然警告不如错误那样严重，但是它毕竟是编译器提示的可能存在潜在的错误。因此，要重视编译器给出的所有警告信息，并尽可能通过修改代码将它们排除掉。

【例 6.6】 下面的程序在例 6.5 的基础上，增加了对函数入口参数合法性的检查，并增加了对函数返回值的检验。修改后的程序能达到预期目的吗？

```
#include<stdio.h>
unsigned long Fac(unsigned int n);
int main()
{
    int m;
    long ret;
    printf("Please input m:    ");
    scanf("%d",&m);
    ret=Fac(m);
    if(ret==-1)
            printf("Input data error!\n");
    else
            printf("%d!=%ld",m,ret);
    return 0;
}
/*用迭代法计算无符号整型变量 n 的阶乘*/
unsigned long Fac(unsigned int n)
{
    unsigned int i;
    unsigned long result=1;
    if(n<0)
    {
        return -1;
    }
    else
    {
        for(i=2;i<=n;i++)
        {
                result=result*i;
        }
        return result;
    }
}
```

程序的运行结果如下：

Please input m: -1

当输入-1 时，程序没有任何反应，没有显示"Input data error!"，一直处于等待中，为什么会出现这样的结果呢？

分析发现，这个程序存在几个非常隐蔽的错误。首先，在 Fac()中，由于形参 n 定义为无符号整数，而无符号整数永远不可能是负值，因此 if 语句的条件表达式 n<0 永远为假，这样，其分支语句永远不会执行，于是 Fac()不会返回-1。这样就导致 main()中的 if 语句条件表达式 ret==-1 为假，其分支语句不会执行，也就不会显示"Input data error!"信息。

其次，当 main()调用 Fac()时，将-1 传递给形参，实际是把-1 二进制数中的符号位（最高位）1 看成数据位，从而将有符号整数-1 转换成了无符号 4 字节整数。这个程序在有些编译器中不会发出任何警告，但有些编译器可能会发出警告。

最后，main()中接收返回值的变量 ret 的类型与 Fac()返回值的类型不一致。当函数返回值超过接收变量的表示范围时，可能会造成数据丢失。

针对上述错误，程序可进一步完善为：

```c
#include<stdio.h>
unsigned long Fac(unsigned int n);
int main()
{
    int m;
    unsigned long ret;
    do
    {
        printf("Please input m(m>0):   ");
        scanf("%d",&m);
    }while(m<0);
    ret=Fac(m);
    if(ret==-1)
        printf("Input data error!\n");
    else
        printf("%d!=%lu",m,ret);
    return 0;
}
/*用迭代法计算无符号整型变量 n 的阶乘*/
unsigned long Fac(unsigned int n)
{
    unsigned int i;
    unsigned long result=1;
    for(i=2;i<=n;i++)
    {
        result=result*i;
    }
    return result;
}
```

程序的运行结果如下：

Please input m(m>0):   -1
Please input m(m>0):   5
5!=120

【例 6.7】 编写程序，实现组合数的计算。

【解题思路】 组合数的计算公式为 $C_m^k = \dfrac{m!}{k!(m-k)!}$，其中，涉及三个数的阶乘计算，因此可以通过向函数传递三个不同的实参来复用前面已经编写好的阶乘计算函数 Fac()。程序如下：

```
#include<stdio.h>
unsigned long Fac(unsigned int n);
int main()
{
    int m,k;
    unsigned long ret;
    do
    {
        printf("Please input m,k(m>=k>0): ");
        scanf("%d%d",&m,&k);
    }while(m<k||m<=0||k<0);
    ret=Fac(m)/(Fac(k)*Fac(m-k));
    printf("ret=%lu\n",ret);
    return 0;
}
/*用迭代法计算无符号整型变量 n 的阶乘*/
unsigned long Fac(unsigned int n)
{
    unsigned int i;
    unsigned long result=1;
    for(i=2;i<=n;i++)
    {
        result=result*i;
    }
    return result;
}
```
程序的运行结果如下：
```
Please input m,k(m>=k>0): 6 5
ret=6
Please input m,k(m>=k>0): 5 6
Please input m,k(m>=k>0): 5 5
ret=1
Please input m,k(m>=k>0): -5 -6
Please input m,k(m>=k>0): 3 2
ret=3
```

6.6　函数设计的基本原则

在程序设计时，如果碰到某个功能需要重复实现，应考虑将其实现为函数。这样的设计可以使程序结构更清晰，有利于代码重用。同时，函数设计要遵循"信息隐藏"的原则，把与函数有关的代码和数据对程序的其他部分隐藏起来。因此，设计函数时，一般需要遵循以下基本原则。

①　函数的规模要小，尽量控制在 50 行以内，因为这样规模的函数更容易维护，出错的概率更小。

②　函数的功能要单一，不要设计多功能的函数。

③　每个函数只有一个入口和一个出口。因此，尽量不要使用全局变量向函数传递信息。

④　在函数的接口中清楚地定义函数的行为：包括入口参数、出口参数、返回状态、异常处理等，让调用者清楚函数所能进行的操作以及操作是否成功，应尽量多地考虑可能出错的情况。定义好函数接口以后，轻易不要改动。

⑤　在函数的入口处，对参数的有效性进行检查。

⑥　执行某些敏感性操作（如除法、开方、取对数、赋值、函数参数传递等）之前，应检查操作数及其类型的合法性，以避免发生除零、数据溢出、类型转换、类型不匹配等错误。

⑦　不能主观地认为调用一个函数总会成功，要考虑如果调用失败，应该如何处理。

⑧ 对于与屏幕显示无关的函数，需要通过返回值来报告错误，因此调用函数时要检查函数的返回值，以判断函数调用是否成功。对于与屏幕显示有关的函数，函数要负责相应的错误处理，错误处理代码一般放在函数末尾。对于某些错误，还要设计专门错误处理函数。

⑨ 由于并非所有的编译器都能捕获实参与形参的类型不匹配的错误，所以程序设计人员在调用函数时应确保实参与形参的类型相匹配。在程序开头进行函数原型声明，并将函数参数的类型书写完整（没有参数时用 void），有助于编译器进行类型匹配检查。

⑩ 当函数需要返回值时，应确保函数中的所有控制分支都有返回值。当函数没有返回值时，应用 void 声明。

6.7 函数的嵌套调用

C 语言规定，函数的定义是互相独立，一个函数内不能定义另一个函数，即函数不能嵌套定义，但可以嵌套调用，即在一个被调用函数中调用另一个函数。其调用过程如图 6-3 所示。

其执行过程是：

① 执行 main()的开头部分；

② 遇到函数调用语句，调用 f1()，流程转向 f1()；

③ 执行 f1()的开头部分；

④ 再次遇到函数调用语句，调用 f2()，流程转向 f2()；

⑤ 执行 f2()，如果没有其他嵌套的函数，则执行 f2()的全部操作；

⑥ 返回 f1()中调用 f2()的位置；

⑦ 继续执行 f1()中尚未执行的部分，直到 f1()执行结束；

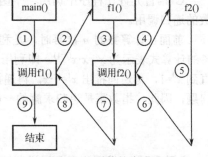

图 6-3 函数的嵌套调用

⑧ 返回 main()中调用 f1()的位置；

⑨ 继续执行 main()中尚未执行的部分直至结束。

【例 6.8】 编写程序，从键盘输入 4 个整数，找出其中的最小数。

【解题思路】 从两个数中找出最小数是很容易的。当超过两个数进行比较时，可以将第 1 次的比较结果与第 3 个数进行比较，再将第 2 次的比较结果与第 4 个数比较，依次类推。这种比较操作重复进行了多次，因此采用函数可以达到代码重用的目的。设计两个函数 min1()和 min2()，其中，min2()实现两个数的比较，min1()多次调用 min2()实现多个数的比较。采用函数嵌套调用完成整个计算过程。程序如下：

```
#include<stdio.h>
int min1(int a,int b,int c,int d);
int min2(int a,int b);
int main()
{
    int a,b,c,d,min;
    printf("Please input 4 integer numbers:");
    scanf("%d%d%d%d",&a,&b,&c,&d);
    min=min1(a,b,c,d);
    printf("min=%d",min);
    return 0;
}
int min1(int a,int b,int c,int d)
{
    int min;
    min=min2(a,b);
    min=min2(min,c);
```

```
        min=min2(min,d);
        return min;
}
int min2(int a,int b)
{
        return a<b?a:b;
}
```

程序的运行结果如下：

```
Please input 4 integer numbers:4 2 6 9
min=2
```

上述程序可做进一步改进，在 min1()中三次调用 min2()的语句可用一条语句替换，以使程序更加精简：

```
return min2(min2(min2(a,b),c),d);
```

6.8　函数的递归调用和递归函数

C 语言允许在程序中调用一个函数的过程中又直接或间接调用函数自身，这种调用称为函数的递归调用。

前面在计算数的 n 次幂时，是利用指数幂的定义 $x^n=x \cdot x \cdot \ldots \cdot x \cdot 1$ 来计算的。实际上，可以将 x^n 的计算式表示为 $x^n=x \cdot x^{(n-1)}$，即利用 $x^{(n-1)}$ 来计算 x^n，同理，利用 $x^{(n-2)}$ 来计算 $x^{(n-1)}$，其余类推，直到 $x^0=1$，再逆向推出 $x^1=1 \cdot x$，再递推出 x^2, x^3, $\cdots$, x^n。这说明指数幂是可以根据自身来定义的问题，因此，指数幂是递归求解的一个典型实例。这个递归问题可用如下的递归公式表示：

$$x^n = \begin{cases} 1 & n=0 \\ x \cdot x^{(n-1)} & n \geq 1 \end{cases}$$

【例 6.9】　编写程序，用递归法计算整数 x 的 n 次幂 x^n。

```
#include<stdio.h>
long Power(int x, int n);          /*函数原型声明*/
int main()
{
        int x,n;
        long result;
        printf("Please input two integers:");
        scanf("%d%d",&x,&n);
        result=Power(x,n);          /*调用递归函数 Power()计算 x 的 n 次幂*/
        printf("result=%ld",result);
        return 0;
}
long Power(int x, int n)          /*函数定义*/
{
        if(n==0)
            return 1;
        else
            return x*Power(x,n-1);
}
```

程序的运行结果如下：

```
Please input two integers:2 5
result=32
Please input two integers:-2 5
result=-32
Please input two integers:2 0
result=1
```

由此可见，递归是一种根据问题自身定义或求解问题的编程技术，它将原问题分解为与原问题类似的规模更小的子问题来解决问题，即将一个复杂问题逐步分解并最终简化为一个显而易见的小问题，这个小问题的解决，意味着整个复杂问题的解决。因此，递归问题首先要关注的是如何确定这个显而易见的小问题。在本例中，x^0 是计算 x^n 的显而易见的小问题。当函数递归调用到 $n=0$ 时，递归调用结束，直接从函数返回 1 给上一级调用函数。可见，一个递归调用函数必须包含如下两个部分：

① 一般情况：找出原问题按照一定规律推出的与原问题类似但规模更小的子问题，从而建立原问题与子问题的递推关系。

② 已知情况：用来结束递归调用过程的条件。

本例中的已知情况是 $x^0=1$，一般情况是将 x^n 表示成 x 乘以 $x^{(n-1)}$，在程序中，在调用 Power() 计算 x^n 的过程中又调用了 Power() 来计算 $x^{(n-1)}$。这种在函数内直接或间接自己调用的函数调用，就是函数的递归调用，这种函数称为递归函数。

下面以 2^3 的计算过程为例说明函数的递归调用的过程，如图 6-4 所示。

① 为了计算 2^3，需要先调用 Power() 计算 2^2。

② 为了计算 2^2，需要先调用 Power() 计算 2^1。

③ 为了计算 2^1，需要先调用 Power() 计算 2^0。

④ 计算 2^0 时，它是已知情况，递归终止，直接返回 1 作为 2^0 的计算结果。

⑤ 返回③，利用 $2^0=1$，计算 $2^1=2\times2^0=2\times1=2$，返回 2 作为 2^1 的计算结果。

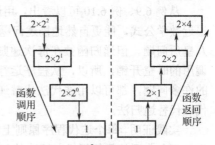

图 6-4 2^3 的递归调用过程

⑥ 返回②，利用 $2^1=2$，计算 $2^2=2\times2^1=2\times2=4$，返回 4 作为 2^2 的计算结果。

⑦ 返回①，利用 $2^2=4$，计算 $2^3=2\times2^2=2\times4=8$，返回 8 作为 2^3 的计算结果。

递归将复杂的问题逐渐分解为较简单的问题，一直到分解为最简单的问题为止。从解决问题的过程来看，递归是一种比迭代更强的循环结构，二者有许多异同之处。递归使用选择结构，通过重复调用函数实现循环结构；而迭代显式使用循环结构。递归与迭代都需要终止测试，递归在遇到已知条件时终止递归；迭代在循环条件为假时终止循环。递归不断产生原问题的简化形式，直到简化为递归的已知情况；迭代则不断修改循环条件，直到它使循环条件为假时为止。如果递归永远无法回推到已知情况，则将变成无穷递归；如果循环条件永远为真，则迭代变成死循环。

可见，任何递归都必须至少有一个已知条件，并且一般情况必须最终能转化为已知情况，否则程序将无限递归下去，导致程序出错。

【例 6.10】 有 5 个学生，问第 5 个学生的年龄，他说比第 4 个学生大 2 岁。问第 4 个学生，他说比第 3 个学生大 2 岁。问第 3 个学生，他说比第 2 个学生大 2 岁。问第 2 个学生，他说比第一个学生大 2 岁。最后问第一个学生，他说是 10 岁。请问第 5 个学生多少岁？

【解题思路】 要计算第 5 个学生的年龄，必须先知道第 4 个学生的年龄，而要计算第 4 个学生的年龄，必须先知道第 3 个学生的年龄，第 3 个学生的年龄取决于第 2 个学生，第 2 个学生的年龄取决于第一个学生的年龄，而且每个学生都比其前一个学生大 2 岁，已知第一个学生的年龄为 10 岁。显然，这是一个递归问题，其递归规律如下：

$$\text{Age}(n)=\begin{cases}10 & n=1 \\ \text{Age}(n-1)+2 & n>1\end{cases}$$

因此，可以通过设计递归函数编程求解。程序如下：

```
#include<stdio.h>
int Age(int n);
int main()
{
```

```
        printf("No.5 student, age=%d\n",Age(5));
        return 0;
}
int Age(int n)
{
        int a;
        if(n==1)
                a=10;
        else
                a=Age(n-1)+2;
        return a;
}
```

程序运行结果如下：

No.5 student, age=18

从例 6.9、例 6.10 可以看出，用递归编写的程序在结构上更直观、更清晰，可读性更好，更逼近数学公式，能更自然地描述问题的逻辑，特别适合数值计算领域，如 Hanoi 塔、骑士游历、八皇后问题。但递归函数在每次递归调用时都要进行参数传递、现场保护等操作，增加了函数调用的时空开销，所以，从程序运行效率来看，递归程序的时空效率偏低。对于数值计算领域的许多问题，都可以用迭代法代替递归法实现。因此，为了提高程序的运行效率，应尽量用迭代法代替递归法。

实践证明，每个迭代程序原则上都可以转换成等价的递归程序，但反之则不然。例如，Hanoi 塔是一个典型的只能用递归解决的问题。

6.9 变量的作用域和存储类型

6.9.1 变量的作用域

C 语言的变量或者在花括号括起来的函数体内，或者在花括号括起来的复合语句内，这些花括号括起来的区域，称为语句块。语句块是变量的作用域。每个变量仅在定义它的语句块内有效，并拥有自己的存储空间。

按照作用域不同，变量分为局部变量和全局变量。在除整个程序外的其他语句块内定义的变量，称为局部变量。局部变量的作用域是其所在的语句块。全局变量的作用域是整个程序，全局变量在程序的所有位置都有效。

全局变量从程序一开始运行就拥有存储空间，只在程序运行结束才释放内存。所谓释放内存是指将内存中的值恢复为随机数。由于全局变量的作用域是整个程序，在程序运行期间一直占据内存，因此在程序运行期间的任何时候、任何地方均可访问全局变量。

【例 6.11】 编写程序，从键盘输入任意两个整数，将它们按由小到大的顺序显示出来。

```
#include<stdio.h>
void Swap(int a,int b);
int main()
{
        int x,y;
        printf("Please input two integer numbers:");
        scanf("%d%d",&x,&y);
        Swap(x,y);
        return 0;
}
void Swap(int a,int b)
{
        if(a>b)
        {
```

```
        int temp;
        temp=a;
        a=b;
        b=temp;
    }
    printf("%d\t%d\n",a,b);
}
```

程序的运行结果如下：

```
Please input two integer numbers:2    5
2        5
Please input two integer numbers:5    2
2        5
```

从上述程序可见，x、y、a、b、temp 都是局部变量。main()中定义的变量 x 和 y 只在主函数中有效，不能在整个程序或程序文件中有效，例如在 Swap()中无法访问 x 和 y。同理，在 Swap()中定义的形参 a 和 b 只在该函数内有效，即在调用该函数时开始起作用，函数调用结束，a 和 b 就无法访问了。在 Swap()的 if 语句中存在一条复合语句，在这个语句块内定义的变量 temp 的作用域只限于该复合语句，跳出复合语句，temp 将失效，即使在 Swap()内，也无法再访问。

【例 6.12】 根据下列递归公式，用递归方法编程计算 Fibonacci 数列，同时打印计算 Fibonacci 数列每一项所需的递归调用次数。

$$\text{Fib}(n) = \begin{cases} 0 & n = 0 \\ 1 & n = 1 \\ \text{Fib}(n-1) + \text{Fib}(n-2) & n > 1 \end{cases}$$

```
#include<stdio.h>
long Fib(int n);
int counter;      /*全局变量 counter 用于统计递归函数调用的次数，自动初始化为 0*/
int main()
{
    int x,i,n;
    printf("Please input a integer number:");
    scanf("%d",&n);
    for(i=1;i<=n;i++)
    {
        counter=0;
        x=Fib(i);
        printf("Fib(%d)=%d,\tcounter=%d\n",i,x,counter);
    }
    return 0;
}
/*函数功能：用递归法计算 Fibonacci 数列中的第 n 项的值*/
long Fib(int n)
{
    counter++;
    if(n==0)
        return 0;
    else if(n==1)
        return 1;
    else
        return Fib(n-1)+Fib(n-2);
}
```

程序的运行结果如下：

```
Please input a integer number:10
Fib(1)=1,        counter=1
Fib(2)=1,        counter=3
Fib(3)=2,        counter=5
```

```
Fib(4)=3,            counter=9
Fib(5)=5,            counter=15
Fib(6)=8,            counter=25
Fib(7)=13,           counter=41
Fib(8)=21,           counter=67
Fib(9)=34,           counter=109
Fib(10)=55,          counter=177
```

本程序的第 3 行定义了全局变量 counter，用于统计递归函数调用的次数，这里没有对 counter 进行初始化，因为全局变量在没指定初值时会自动初始化为 0。由于每次计算下一项 Fibonacci 数列时应重新统计 counter 的值，所以在 for 语句中初始化 counter 的值为 0。每次调用 Fib()，counter 都将加 1。

本例使用全局变量 counter，轻松地获得了在函数外部不易获得的递归函数调用次数这个内部信息。如果使用局部变量来统计递归函数调用次数，不仅将增加 Fib() 入口参数的复杂度，而且计算过程非常麻烦。

这个程序的设计让我们看到，如果一个变量具有以下特征：类型固定，并在大多数地方只是读取它的值，只在几个有限的地方会修改它的值，而且程序的多个模块和函数经常要使用它，那么这个变量比较适合定义为全局变量。

不过任何事物都有两面性，虽然全局变量使函数之间的数据交换变得更容易，也更有效，但由于全局变量可被任何函数所访问，其值可被任何函数所修改，所以很难确定到底是哪个函数修改了它的值，这对程序的调试和维护带来了困难。

像使用太多的 goto 语句一样，使用太多的全局变量可能导致程序逻辑混乱，很难保证哪个全局变量的值不会被意外改写，也很难推断究竟在哪个地方修改了全局变量的值。由于任何一个函数对全局变量的修改都会影响到全局，同样，依赖全局变量的函数也会受此影响。

可见，全局变量破坏了函数的封装性，因此建议尽量不要使用全局变量，迫不得已时要加以严格限制，尽量不要在多个地方随意修改它的值，切不可为贪图一时方便而造成无穷后患。

6.9.2　变量的存储类型

变量除具有作用域外，还有生存期，即变量占据存储空间的时间。变量的生存期取决于它的存储类型。数据类型和存储类型是变量的两个属性，因此变量定义的一般格式为：

存储类型　数据类型　变量名;

变量的存储类型是指 C 编译器为变量分配内存的方式，它决定了变量的生存期，即决定变量何时分配内存，何时释放内存。

C 语言提供了 4 种存储类型：自动变量、静态变量、寄存器变量和外部变量。

1．自动变量

自动变量声明的一般格式为：

auto　数据类型　变量名;

例如：

auto int count;

由于自动变量经常使用，所以 C 语言把它规定为默认的存储类型，即 auto 可以省略。反之，如果变量声明时没有指定存储类型，变量的存储类型就默认为 auto。

前面各章函数、复合语句等语句块中声明的局部变量的存储类型都是自动（auto）的。自动变量在执行流程进入语句块时自动分配内存，退出语句块时自动释放内存。它只能被语句块中的语句访问，退出语句块后无法访问。因此，自动变量又称为动态局部变量。

例如，函数内部声明的变量（包括形参）就是自动变量，每当执行流程进入函数时，都要为它们重新分配内存，函数调用结束时，释放为它们分配的内存，这些自动变量的值也随着内存的释放而丢失，因此，自动变量只能在定义它的函数内使用。

所以，在不同的并列语句块内可以声明同名变量，由于这些同名变量分别占据不同的存储空间，且分属不同的作用域，故它们不会相互干扰。

【例 6.13】 编写程序，从键盘输入任意两个整数，将它们按由小到大的顺序显示出来。

```c
#include<stdio.h>
void Swap(int a,int b);
int main()
{
    int a,b;
    printf("Please input two integer numbers:");
    scanf("%d%d",&a,&b);
    Swap(a,b);
    printf("%d\t%d\n",a,b);
    return 0;
}
void Swap(int a,int b)
{
    if(a>b)
    {
        int temp;
        temp=a;
        a=b;
        b=temp;
    }
}
```

程序的运行结果如下：

```
Please input two integer numbers:3    5
3       5
Please input two integer numbers:5    3
5       3
```

第 1 次运行获得了正确结果，而第 2 次运行的结果不对。这是什么原因呢？本例中 main()和 Swap()是两个并列的语句块，都定义了变量 a 和 b，但 main()中的 a 和 b 与 Swap()中的 a 和 b 分别占据不同的存储空间，它们的作用域也不同，不会相互干扰。尽管 Swap()实现了数据互换，保证 a 中存储的值小，b 中存储的值大，但没有造成 main()中 a 和 b 值的改变。因为 main()调用 Swap()时，参数传递是值传递。这说明了函数调用的单向参数传递只能将实参的值传递给形参，不能将形参的值反向传递给实参，即改变形参的值不会影响实参的值，其根本原因就是二者分别占据不同的存储空间。

并列语句块之间可以通过一些特殊途径传递数据，如全局变量、函数返回值和函数参数。由于全局变量破坏了函数的封装性，所以不建议采用。函数返回值只能返回一个值给主调函数，所以 Swap()内互换的 a 和 b 两个值无法返回给 main()的 a 和 b。而且本例中函数 Swap()的返回值类型为 void，没有返回值给 main()。因此只剩下函数参数这唯一的传递途径了。

可是，为什么用简单变量作为函数形参不能实现函数之间的数据双向传输呢？下面用图 6-5 说明函数调用过程中参数的传递过程。

① 如图 6-5（a）所示，在 main()调用 Swap()后，把实参单向传递给形参，即把实参 a 的值复制给形参 a，把实参 b 的值复制给形参 b，然后流程转去执行 Swap()。

② 如图 6-5（b）所示，在 Swap()内，临时变量 temp 在形参 a 的值大于 b 的值时，将形参 a 和 b 的值进行互换，以保证形参 a 存储更小值，形参 b 存储更大值。此时形参 a 与 b 的值进行了互换，当 Swap()执行完毕，流程返回 main()。

③ Swap()调用结束后，由于其形参 a 和 b 是局部变量，分配给它们的存储空间被释放，存储空间中的值将变为随机数，此时离开了 Swap()的作用域，因而无法再访问它们了。

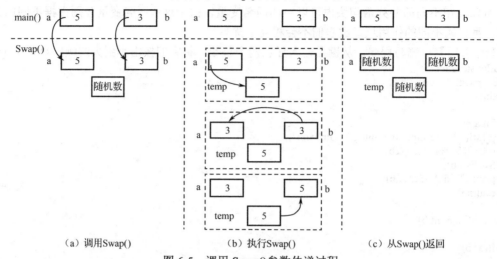

（a）调用Swap()　　　　　（b）执行Swap()　　　　　（c）从Swap()返回

图 6-5　调用 Swap()参数传递过程

由于在 main()中无法访问 Swap()的形参 a 和 b，而形参 a 和 b 的值无法反向传递给实参 a 和 b，故 main()的实参 a 和 b 的值没有发生变化，仍然保持原值。显然，Swap()做了无用功。

可见，简单变量作为函数的形参无法将 Swap()中两数交换的结果返回给调用它的 main()，那么要使用什么变量作为函数形参才能达到目的呢？这就要依赖后面章节将要学习的数组或指针变量了。

在本例中，main()将实参 a 和 b 的值复制给 Swap()的形参 a 和 b，即传递的是值的副本这就是所谓的按值传递实参，简称值传递。由于传递的是副本，所以实参 a 和 b 的值不能在被调函数内被修改，因而在 main()内它们的值并没有发生修改。

如果不希望形参值在函数内发生改变，那么可以将关键字 const 放在形参前面，将形参声明为常量即可。例如：

```
void Swap(const int a, const int b);
```

此时如果程序试图修改 a 和 b 的值，那么在 Dev-C++下编译时将出现如下错误提示信息：

```
assignment of read-only parameter '*'
```

表示这是给只读参数赋值，因为 a 和 b 是常量，不能用赋值语句修改它们的值，否则将出现编译错误。可见，用 const 将形参声明为常量，可以有效防止形参值在被调函数内被修改。

2．静态变量

有时希望函数调用结束后，被调函数内局部变量的值不消失而继续保持原值，即其占据的存储空间不释放，在下一次调用该函数时继续保留上次函数调用结束时变量的值，这就要通过静态变量来实现。静态变量声明的一般格式为：

```
static　数据类型　变量名;
```

【例6.14】　分析静态变量的存储机制。

```
#include<stdio.h>
int f(int a);
int main()
{
    int a=2,i;
    for(i=0;i<3;i++)
    {
        printf("%d\t",F(a));
```

```
    }
    printf("\n");
    return 0;
}
int F(int a)
{
    auto int b=0;
    static int c=3;
    b++;
    c++;
    return a+b+c;
}
```

程序的运行结果如下：

7   8   9

main()第 1 次调用 f()时，实参 a 的值为 2，它传值给形参 a。F()中 b 的初值为 0，c 的初值为 3，所以第 1 次调用结束时，a=2，b=1，c=3，a+b+c=7。由于 c 是静态变量，在函数调用结束后，c 的存储空间并没有释放，其值仍然为 4。在第 2 次调用 F()时，b 的初值为 0，c 的初值为 4。第 2 次调用结束时，a=2，b=1，c=5，a+b+c=8。在 F()第 2 次调用结束后，c 的存储空间并没有释放，其值仍然为 5。在第 3 次调用 F()时，b 的初值为 0，c 的初值为 5。第 3 次调用结束时，a=2，b=1，c=6，a+b+c=9。

从本例的运行结果可以发现，静态变量是与程序"共存亡"的，自动变量是与语句块"共存亡"的。

那么静态局部变量与静态全局变量又有何异同呢？首先从存储空间的分配来看，它们都是在静态存储区分配内存的，都只分配一次存储空间并且仅初始化一次，都能自动初始化为 0，其生存期是从程序运行分配存储空间时开始，到程序退出时结束，即它们是与程序"共存亡"的。然而，它们的作用域可能是不同的，这取决于静态变量是在哪里定义的。在函数内部定义的静态变量，称为静态局部变量，这种变量只能在函数内被访问。而在所有函数外定义的静态变量，称为静态全局变量，它可以在文件内的任何地方被访问，但不能像非静态全局变量那样可以在程序的其他文件里被访问。

静态局部变量与自动变量有何异同呢？由于二者都是在函数内部定义的，因此它们的作用域都是局部的，即它们只能在函数内被访问。但与自动变量不同的是，静态局部变量在函数调用结束后仍能保持其值到下一次函数调用时。因为自动变量是在动态存储区分配内存的，其拥有的内存在函数调用结束后立即被释放，在每次调用函数时再重新分配并进行初始化，因此自动变量的值不能保持到下一次调用该函数时。静态局部变量在第一次调用函数时初始化一次，其占有的内存在函数调用结束后不会被释放，因此其值可以保持到下一次函数调用时。若未初始化，自动变量的值是不确定的，而静态局部变量的值被编译器初始化为 0。

可见，定义了静态局部变量的函数具有"记忆"功能，这种"记忆"功能使得函数对于相同的输入参数输出不同的结果。因此，除非必要，一般不建议使用静态局部变量。

3. 寄存器变量

寄存器是 CPU 内的一种容量有限但速度极快的存储器。对于一些频繁使用的变量，CPU 要频繁访问内存，耗时很大，无法保持内存访问与指令执行的同步。为了提高 CPU 的执行效率，允许将频繁访问的局部变量的值放在 CPU 的寄存器中，需要时直接从寄存器中取出参加运算，不必访问内存，这种变量称为寄存器变量。寄存器变量的一般格式为：

register   数据类型   变量名;

随着计算机技术的飞速发展，现代编译器能自动优化程序，把频繁使用的变量优化为寄存器变量，因而不需要用户指定变量为 register。

可见，上述三种局部变量的存储位置是不同的，自动变量存储在动态存储区中，静态变量存储在静态存储区中，寄存器变量存储在 CPU 的寄存器中。

4．外部变量

定义在所有函数之外没有指定存储类型的变量，称为外部变量，外部变量也称为全局变量，外部变量也是语句块和函数传递数据的一种方式，它的作用域是从它的定义点开始到文件的结尾。若在定义点之前或在其他文件中需要访问它，就需要在使用之前用关键字 extern 进行声明。其一格形式是：

```
extern   数据类型   变量名;
```

外部变量的值存储在静态存储区中，其生存期是整个程序运行期间。若外部变量在程序中没有被初始化，则编译器将其自动初始化为 0。

外部变量常用于编写多文件程序，用关键字 extern 告诉编译器"在本文件或其他文件中寻找它"。

在 f1.c 文件中程序如下：

```
#include<stdio.h>
int a=1,b=2,c=3;      /*外部变量*/
int F(void);
int main(void)
{
    printf("%3d\n",F());
    printf("%3d%3d%3d\n",a,b,c);
    return 0;
}
```

在 f2.c 文件中程序如下：

```
int F(void)
{
    extern int a;
    int b,c;
    a=b=c=4;
    return (a+b+c);
}
```

可分别对这两个文件进行编译，第 2 个文件中的 extern 告诉编译器变量 a 被定义在别处，可能在本文件中，也可能在另一个文件中。当编写大程序时，这种分别编译文件的能力是很重要的。

程序的运行结果如下：

```
 12
  4  2  3
```

在 F()内，a 是外部变量，b 和 c 是局部变量，它们的值都为 4，a+b+c=12，所以 main()调用 F()显示 12。但在 main()内部，a、b 和 c 是外部变量，a 由于在 F()中被修改，所以 a 的值为 4，即外部变量 a 在 F()内被"屏蔽"，而 b 和 c 尽管与 F()中的 b 和 c 同名，但它们属于不同的存储空间，F()中的 b 和 c 的值都为 4，但 main()中的 a 和 b 的值却分别为 2 和 3。

6.10 模块化程序设计实例

下面通过实例展示采用"自顶向下、逐步求精"的模块化程序设计过程。

【例 6.15】 在第 5 章中，从例 5.6 到例 5.9，我们采用自底向上的方法编写了一个"抛硬币猜正、反面"的游戏程序，程序的所有功能都在主函数中完成，现在采用"自顶向下、逐步求精"的模块化程序设计方法重新编写这个程序。

按照例 5.6 题目要求，进行模块分解。先将任务分解为"计算机随机抛一个硬币"和"用户猜"两个子任务，如图 6-6 所示。将这两个子任务用两个函数实现，函数接口设计如下：

```
int TossCoin(void);
/*函数功能：计算机随机抛一个硬币
    函数参数：无
    函数返回值：返回计算机抛硬币后的正、反面
*/
void GuessCoin(const int coin);
/*函数功能：用户猜
    函数参数：计算机随机生成一个硬币的正、反面
    函数返回值：无
*/
```

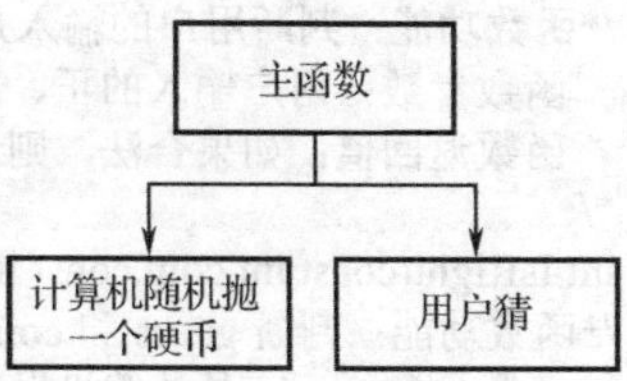

图 6-6　模块分解

在对程序进行整体流程设计时，只关心函数的功能（做什么），不关心它们的实现（怎么做）。
因此在编写具体函数之前，可以先编写测试程序的基本框架如下：

```
#include<stdio.h>
#include<stdlib.h>
#include<time.h>
int main()
{
    int coin;
    char reply;
    srand((unsigned)time(NULL));
    do
    {
        coin=TossCoin();                /*抛硬币*/
        GuessCoin();                    /*猜正、反面*/
        printf("Do you want to continue (Y/N or y/n)?");
        scanf(" %c",&reply);            /*%c 前有一个空格*/
    }while(reply=='Y'||reply=='y');
    return 0;
}
```

在"自顶向下"完成程序的基本框架后，再"逐步求精"对各个子模块进行进一步细化。
首先对 GuessCoin()进行细化、求精，算法描述如下：

```
void GuessCoin(const int coin)
{
    记录用户猜的次数的计数器初始化为 0
    do
    {
        读入用户的输入
        判断用户的输入是否在合法的数字范围内，并进行错误处理
        计数器增 1
        判断用户猜对与否，并输出相应的提示信息
    } while(未猜对且猜的次数未超过 MAX_TIMES 次)
    若用户猜对了
        输出"Congratulations! you're so cool!"
    否则
        输出"Mission failed after MAX_TIMES attempts."
}
```

从"用户猜"的抽象算法可以看出，这个算法可以进一步
被分解为"判断用户输入是否合法"和"判断用户猜对与否"
两个子任务，如图 6-7 所示。

将"判断用户输入是否合法"和"判断用户猜对与否"两
个子任务用函数实现。

函数接口分别设计如下：

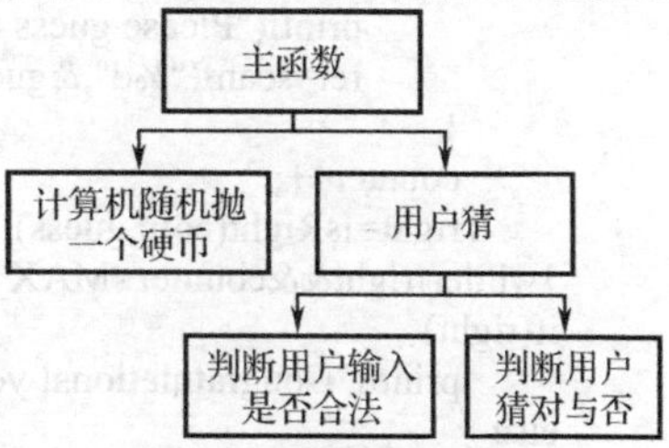

图 6-7　模块分解过程

```
int IsValidCoin(const int coin);
/*函数功能：判断用户的输入是否在合法的数字范围（0～1）内
  函数参数：用户输入的正、反面
  函数返回值：如果合法，则返回1；否则，返回0
*/
int IsRight(const int coin,const int guess);
/*函数功能：判断guess和coin是否相等。相等，提示"猜对了"；不等，提示"猜错了"
  函数参数：coin是计算机抛的结果，guess是用户猜的结果
  函数返回值：如果猜对，则返回1；否则，返回0
*/
```

由此进一步得到GuessCoin()的细化流程如下：

```
void GuessCoin(const int coin)
{
    记录用户猜的次数的计数器初始化为0;
    do
    {
        读入用户的输入;
        while(用户输入有错误或IsValidCoin()的返回值为0)        /*若输入错误数据，则重新输入*/
        {
            printf("Input error!\n");
            while(getchar()!='\n');                          /*清除输入缓冲区中的非法字符*/
            读入用户的输入
        }
        counter++;
        调用IsRight()判断用户猜测是否正确，并输出相应的提示信息;
    } while(IsRight()的返回值为0&&counter<= MAX_TIMES);
    if(IsRight()的返回值为1)
        printf("Congratulations! you're so cool!\n");
    else
        printf("Mission failed after MAX_TIMES attempts.\n");
}
```

判断用户输入是否有错采用第5章介绍的方法，即判断scanf()的返回值是否等于应该输入的数据项数。增加这一判断主要是为了增强程序的健壮性。按照上述流程，进一步细化GuessCoin()的代码如下：

```
void GuessCoin(const int coin)
{
    int guess,counter,ret,right;
    srand((unsigned)time(NULL));
    do
    {
        printf("Please guess the reverse side of a coin:");
        ret=scanf("%d",&guess);
        while(ret!=1||IsValidCoin(guess))   /*若输入错误数据，则重新输入*/
        {
            printf("Input error!\n");
            while(getchar()!='\n'); /*清除输入缓冲区中的非法字符*/
            printf("Please guess the reverse side of a coin:");
            ret=scanf("%d",&guess);
        }
        counter++;
        right=IsRight(coin,guess);
    }while(!right&&counter<MAX_TIMES);
    if(right)
        printf("Congratulations! you're so cool!\n");
    else
```

```
        printf("Mission failed after MAX_TIMES attempts.\n");
}
```

接下来，继续对 TossCoin()进行细化，代码如下：

```
int TossCoin(void)
{
    int coin;
    srand((unsigned)time(NULL));
    coin=rand()%2;
    assert(coin==1||coin==0);
    return coin;
}
```

该函数的第 5 行调用 rand()生成随机数。第 6 行使用断言测试程序的正确性，即调用 assert()测试程序第 5 行生成的随机数是否为 0 或 1。

assert()是一个在<assert.h>中定义的宏，为了便于理解，可以把它看成一个函数。使用 assert()时，需要在程序的头部包含头文件<assert.h>。当 assert 后圆括号内表达式的值为真时，程序继续执行，否则，程序退出。

使用条件语句可以验证程序中的某种假设，或防止某些参数获得非法值，但可能造成程序编译后的目标代码体积增大，同时可能降低最终发布的程序的执行效率。断言不仅便于在调试程序时发现错误（在程序出错时不仅告诉我们程序有错，还能告诉我们错误的位置），而且不会影响程序的执行效率。因为断言仅在 debug（调试）版本中才会产生检查代码，在 release（正式发布）版本中没有这些代码。需要注意的是，断言仅用于调试程序，不能作为程序的功能。

通常，在以下几种情况下才会考虑使用断言：

① 检查程序中各种假设的正确性。例如，一个计算结果是否在合理的范围内。

② 证实或测试某种不可能发生的状况确实不会发生。例如，一些理论上永远不会执行的分支（如 switch 语句的 default 后）确实不会执行。

IsValidCoin()的代码如下：

```
int IsValidCoin(const int guess)
{
    if(guess==1||guess==0)
        return 1;
    else
        return 0;
}
```

该函数的第 3 行判断用户的输入是否合法，即是否为 0 或 1。

IsRight()的代码如下：

```
int IsRight(const int coin,const int guess)
{
    if(guess!=coin)
        printf("Wrong!\n");
    else
        printf("Right!\n");
}
```

最后，在程序开头还需要补充一些文件包含、宏定义及函数原型声明：

```
#include<assert.h>
#define MAX_TIMES 10
void GuessCoin(const int coin);
int IsValidCoin(const int guess);
int IsRight(const int coin,const int guess);
int TossCoin(void);
```

程序的运行结果如下：

Please guess the reverse side of a coin:1
Wrong!
Please guess the reverse side of a coin:0
Right!
Please guess the reverse side of a coin:1
Wrong!
Please guess the reverse side of a coin:1
Wrong!
Please guess the reverse side of a coin:0
Right!
Please guess the reverse side of a coin:0
Right!
Please guess the reverse side of a coin:0
Right!
Please guess the reverse side of a coin:1
Wrong!
Please guess the reverse side of a coin:1
Wrong!
Please guess the reverse side of a coin:1
Wrong!

FINAL REPORT:
Number of games that you won: 4
Number of games that you lose: 6
Total number of games: 10

Do you want to continue (Y/N or y/n)?

习题 6

一、单项选择题

1. 在函数 excc((v1+v2),(v3+v4+v5),v6);调用语句中，实参的个数为（   ）。

A. 3   B. 4   C. 5   D. 6

2. 在 C 语言程序中（   ）。

A. 函数的定义可以嵌套，但函数的调用不可以嵌套

B. 函数的定义不可以嵌套，但函数的调用可以嵌套

C. 函数的定义和函数的调用不可以嵌套

D. 函数的定义和函数的调用均可以嵌套

3. 全局变量的作用域限于（   ）。

A. 整个程序包括的所有文件   B. 从定义该变量的语句所在的函数

C. 本程序文件   D. 从定义该变量的位置开始到本程序结束

4. 在 C 语言中，以下正确的说法是（   ）。

A. 实参和与其对应的形参各占用独立的存储单元

B. 实参和与其对应的形参共占用一个存储单元

C. 只有当实参和与其对应的形参同名时才共占用一个存储单元

D. 形参是虚拟的，不占用存储单元

5. 以下叙述不正确的是（   ）。

A. 在不同的函数中可以使用相同名字的变量

B. 函数中的形式参数是局部变量

C. 在一个函数内定义的变量只在本函数范围内有效

D. 在一个函数内的复合语句中定义的变量在本函数范围内有效

6. 在递归函数调用时（　　　）。

A．函数用其值经过修改的参数调用自身　　　B．会提高程序的执行效率

C．会克服对 for 循环调用函数的次数的限制　D．提高应用程序的性能

7. 以下所列的各函数首部中，正确的是（　　　）。

A．void play(var :integer,var b:integer)　　B．void play(int a,b)

C．void play(int a,int b)　　　　　　　　　D．sub play(a as integer,b as integer)

二、填空完成程序

1. 程序功能：调用 fun()计算 m=1+2+3+4+…+99+100，并输出结果。

```c
#include <stdio.h>
int fun(int n)
{
    int sum=0,i;
    for(i=___;i<=n;___)
    {
        sum=___;
    }
    return sum;
}

int main()
{
    printf("sum=%d\n", fun(___));
    return 0;
}
```

2. 程序功能：数列的第 1、2 项均为 1，此后各项均为该项前 2 项之和，计算并输出数列第 30 项的值。

```c
#include <stdio.h>
long f(int n)
{
    if(n==1||___)
        return 1;
    else
        return ___+f(n-2);
}

int main()
{
    printf("%ld\n",f(30));
    return 0;
}
```

3. 程序功能：计算并输出 500 以内最大的 10 个能被 13 或 17 整除的自然数之和。

```c
#include <conio.h>
#include <stdio.h>
int fun(___)
{
    int m=0, mc=0, j, n;
    while(k>=2 && ___)
    {
        if (k%13 == 0 || ___)
        {
            m=m+k;
            mc++;
        }
        k--;
    }
    ___;
}
int main ( )
{
    clrscr( );                //清除屏幕
    printf("%d\n", fun (___));
    return 0;
}
```

4. 程序功能：通过函数的递归调用计算阶乘。

```c
long power(int n)
{
    long f;
    if(n>1)
        f=___;
    else
        f=1;
    return(f);
}
int main()
{
    int n;
    long y;
    printf("Input a integer number:\n");
    scanf("%d",___);
    y=power(n);
    printf("%d!=%ld\n",n,___);
    getch();
}
```

5. 程序功能：利用全局变量计算长方体的体积及三个面的面积。

```c
int s1,s2,s3;
int vs(int a,int b,int c)
{
    int v;
    v=___;
```

```
        s1=a*b;
        s2=___;
        s3=a*c;
        return  v;
}
int main()
{
        int v,l,w,___;
        clrscr();
        printf("\nInput length,width and height:    ");
        scanf("%d%d%d",___,&w,&h);
        v=___;
        printf("v=%d      s1=%d      s2=%d      s3=%d\n",v,s1,s2,s3);
        getch();
        return 0;
}
```

三、阅读程序，并写出运行结果

1.

```
#include <stdio.h>
long fun(int x,int n);
int main()
{
        int x=3,n=3;
        long p;
        p=fun(x,n);
        printf("p=%ld\n",p);
        return 0;
}
long fun(int x,int n)
{
        int i;
        long p=1;
        for(i=0;i<n;i++)
            p*=x;
        return p;
}
```

2.

```
/*输入 Abc1d23eF45g<回车>*/
#include <stdio.h>
int isDigit(char ch);
int main()
{
        char ch;
        while((ch=getchar())!='\n')
        {
            if(isDigit(ch))
                putchar(ch);
        }
        printf("\n");
        return 0;
}
int isDigit(char ch)
{
        if(ch>='0' && ch<='9')
            return 1;
        else
            return 0;
}
```

3.

```
#include <stdio.h>
int fun1(int x);
void fun2(int x);
int main()
{
        int x=1;
        x=fun1(x);
        printf("%d\n",x);
        return 0;
}
int fun1(int x)
{
        x++;
        fun2(x);
        return x;
}
void fun2(int x)
{
        x++;
}
```

4.

```
#include<stdio.h>
void fun(int x);
int main()
{
        fun(7);
        printf("\n");
        return 0;
}
void fun(int x)
{
        if(x/2>1)
            fun(x/2);
        printf("%5d",x);
}
```

四、编程题

1. 从键盘输入长方体的长和宽和高，计算长方体的表面积和体积，并在 main 函数中输出。要求表面积计算和体积计算分别用函数实现。

2. 用函数，编程计算 1!+2!+3!+…+10! 的值。

3. 编写一个函数 div，定义该函数的返回值类型为 int 型，其功能是判断一个整数是否能同时被 5 和 7 整除，如果能，那么函数返回值为 1；如果不能，那么函数返回值为 0。在 main 函数中完成数据输入，函数调用和数据输出。

4. 已知阿克曼函数，对于 m>=0 和 n>=0 有如下定义：

ack(0,n)=n+1

ack(m,0)=ack(m-1,1)

ack(m,n)=ack(m-1,ack(m,n-1))

请编程输入 m 和 n 的值，求出 ack(m,n) 的值。

5. 验证卡布列克运算。任意一个 4 位数，只要它们各数位上的数字不全相同，就有以下规律：

① 将组成这个 4 位数的 4 个数字由大到小排列，形成由这 4 个数字构成的最大的 4 位数；

② 将组成这个 4 位数的 4 个数字由小到大排列，形成由这 4 个数字构成的最小的 4 位数（如果这 4 个数字中含有 0，则得到的数不足 4 位）；

③ 求这两个数的差，得到一个新的 4 位数。

重复以上过程，最后得到的结果总是 6174。

6.（选做）A、B、C、D、E 这 5 个人合伙夜间捕鱼，凌晨时都已经疲惫不堪，于是各自在河边的树丛中找地方睡着了。第二天日上三竿的时候，A 第一个醒来，他将鱼平分为 5 份，把多余的一条扔回河里，然后拿着自己的一份回家去了。B 第二个醒来，但不知 A 已经拿走了一份鱼，于是他仍将剩余的鱼平分为 5 份，扔掉多余的一条，然后只拿走了自己的一份。接着 C、D、E 依次醒来，也都按同样的办法分鱼。问这 5 人至少合伙捕到多少条鱼？每个人醒来后所看到的鱼是多少条？请编程模拟这个分鱼问题。

实验题

实验项目 1：小学生计算机辅助教学系统。

实验目的：熟悉函数设计、switch 多分支选择控制方法和模块化程序设计方法。

说明：开发一个小学生计算机辅助教学系统。使用随机数产生函数产生 1～10 之间的随机数作为操作数，随机产生一道四则运算题，配合使用 switch 语句和 print()，来为学生输入的正确或者错误的答案输出不同的评价。若 10 道题做完之后正确率低于 75%，则重新做 10 道题，直到回答正确率高于 75% 时才退出程序。要求用模块化程序设计方法来编程。

实验项目 2：回文数的形成。

实验目的：熟悉函数设计、选择及循环控制方法和模块化程序设计方法。

说明：任取一个十进制正整数，将其倒过来后与原来的正整数相加，会得到一个新的正整数。重复以上步骤，则最终可得到一个回文数。请编程进行验证。

第7章 数 组

数组是由若干数据值组成的数据结构，其中每个数据项具有相同类型。这里的数据项称为数组元素，数组元素可以通过数组名和下标进行访问，数组元素在内存中连续存储。本章将首先介绍一维数组和二维数组的定义、初始化和引用，接着介绍怎样把数组作为参数传递给函数。

7.1 一维数组

一维数组是最简单的数组类型，一维数组的一般定义格式为：

数据类型　　数组名[常量表达式];

例如，存储 10 个学生的成绩，可以用一个一维数组来表示：

int a[10];

图 7-1　一维数组的存储结构

它定义了一个整型数组，数组名为 a，此数组有 10 个整型元素。方括号中的常量表达式表示数组元素的个数，即数组的长度。其在内存中的存储结构如图 7-1 所示。

注意，C 语言中数组的下标都是从 0 开始的。如图 7-1 所示数组的 10 个元素的下标为 0～9，而不是 1～10，其中，第 1 个元素下标为 0，第 10 个元素的下标为 9。要访问数组中的元素，需要通过数组名加下标的形式。例如，在数组 a 中，第 1 个元素是 a[0]，其在内存中地址为&a[0]，其值为 72，第 2 元素是 a[1]，其地址为&a[1]，其值为 56，……，第 10 个元素为 a[9]，其地址为&a[9]，其值为 78。

【例 7.1】 编写程序，从键盘输入 10 个学生的某门课成绩，然后输出他们的平均分。

程序如下：

```c
#include<stdio.h>
int main()
{
    int a[10];
    int i,sum=0;
    printf("Input the scores of 10 students:\n");
    for(i=0;i<10;i++)
    {
        scanf("%d",&a[i]);
        sum=sum+a[i];
    }
    printf("average=%.2f\n",sum/10.0);
    return 0;
}
```

程序的运行结果如下：

```
Input the scores of 10 students:
72 56 89 74 86 100 40 63 95 78
average=75.30
```

程序中 for 语句的功能是读 10 个学生的成绩到数组 a 中，并累加到变量 sum 中。变量 i 既是循环控制变量，又作为数组的下标，因此，i 的初值为 0，读入的第 1 个学生的成绩存储在 a[0] 中，并累加到变量 sum 中。在第 2 轮循环中，i 的值变为 1，读入第 2 个学生的成绩到 a[1] 中，并累加到变量 sum 中，继续循环，直到读入第 10 个学生成绩到 a[9] 中，并累加到变量 sum 中，循环结束。

如果人数发生变化，例如，变为 50 人学生，就要改变数组的大小为 50。当然程序中所有使用数组的代码都要做修改，工作量巨大，甚至可能出现遗漏。这时可以使用宏常量或 const 常量作为数组的大小，当需要修改数组大小时，只要修改宏定义（或 const 常量的定义）即可，无须修改使用该数组的代码，不仅节省工作量，而且避免出现遗漏。例如，本例中可在第 1 行与第 2 行之间插入下面的宏定义：

```
#define N 50
```

并将第 4 行数组定义修改为：

```
int   a[N];
```

注意，尽管引用数组元素时下标可以是整型变量，例如，引用数组 a 的第 i 个元素用 a[i]，但定义数组时不能使用变量定义数组的大小。例如，下面的数组定义是非法的：

```
int   a[n];
```

即使在此之前变量 n 已被赋值，也绝不允许这样定义。数组一旦定义，就不能改变其大小。虽然 C99 标准允许用变量定义数组的大小，但 C89 标准规定只能用整型常量定义数组的大小。本书遵守 C89 标准。

由于数组定义后未初始化之前，各个数组元素的值是随机数，因此使用数组之前必须先对数组进行初始化。一维数组初始化时，可将各个初值放在"="后面一对花括号内，初值之间用逗号分隔。例如：

```
int   a[10]={56,23,78,98,89,86,67,100,72,63};
```

惯用法：也可以采用 for 循环进行数组初始化，例如：

```
for(i=0;i<10;i++)
    scanf("%d",&a[i]);
```

或者：

```
for(i=0;i<10;i++)
    a[i]=i;
```

数组初始化时可以省略数组长度，例如：

```
int   a[]={1,2,3,4,5,6};
```

C 系统会自动按照初始化列表中提供的初值个数对数组进行初始化并确定数组的大小。此外，数组也可以进行部分初始化，例如：

```
int   a[10]={1,1,1,1,1};
```

此时，a[0]～a[4]的初值均为 1，而 a[5]～a[9]的初值均为 0。所以对数组进行部分初始化时，未初始化部分元素的初值均为 0，不过此时数组的长度不能省略。

数组声明为静态数组或外部数组（在所有函数之外定义）时，可以不进行数组的初始化，编译器自动将这类数组初始化为 0。例如，下面两行语句等价：

```
static   int   a[10];
static   int   a[10]={0,0,0,0,0,0,0,0,0,0};
```

【例 7.2】   编写程序，用数组存储并输出 Fibonacci 数列的前 20 项。

```
#include<stdio.h>
int main()
{
    int i;
    int f[20]={1,1};
    for(i=2;i<20;i++)
    {
        f[i]=f[i-1]+f[i-2];
    }
    for(i=0;i<20;i++)
    {
        if(i%5==0)
            printf("\n");
```

```
        printf("%12d",f[i]);
    }
    return 0;
}
```

程序的运行结果如下：

1	1	2	3	5
8	13	21	34	55
89	144	233	377	610
987	1597	2584	4181	6765

编译器不检查数组下标是否越界，一旦下标越界，将访问数组以外的空间，那里的数据是未知的，会造成不可挽回的严重后果。本例中为防止访问数组以外的空间，也为了输出有意义的结果，用 for 语句来计算 f[i]的值，确保下标在 0~19 之内。

因此，使用数组编写程序时，要格外小心，程序员要确保数组元素的正确引用，以免因下标越界而造成对其他存储单元中数据的破坏。

【例 7.3】 分析下面程序的输出结果是否正确。

```
#include<stdio.h>
int main()
{
    int a=1,c=2,b[5]={0},i;
    printf("%p,  %p,  %p\n",b,&c,&a);
    for(i=0;i<=8;i++)
    {
        b[i]=i;
        printf("%d  ",b[i]);
    }
    printf("\nc=%d,  a=%d,  i=%d\n",c,a,i);
    return 0;
}
```

在 Dev-C++下程序运行结果如下：

```
000000000062FE30,  000000000062FE44,  000000000062FE48
0  1  2  3  4  5  6  7  8
c=5,  a=6,  i=9
```

从运行结果来看，变量 a 和 c 的值因数组元素 b[5]、b[6]和 b[7]下标越界而被悄悄破坏了，如图 7-2 所示。

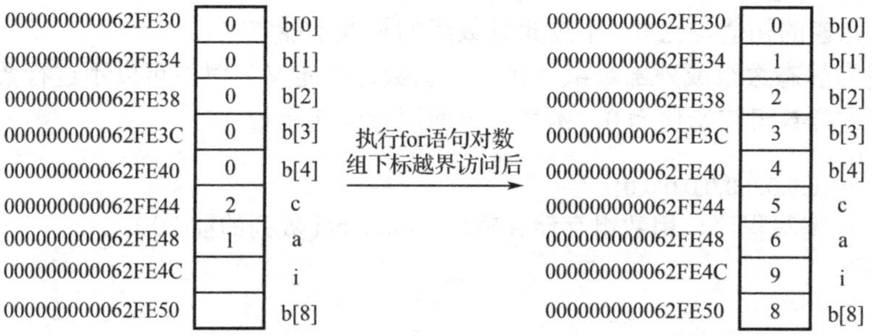

000000000062FE30	0	b[0]		000000000062FE30	0	b[0]
000000000062FE34	0	b[1]		000000000062FE34	1	b[1]
000000000062FE38	0	b[2]	执行for语句对数	000000000062FE38	2	b[2]
000000000062FE3C	0	b[3]	组下标越界访问后	000000000062FE3C	3	b[3]
000000000062FE40	0	b[4]	⟶	000000000062FE40	4	b[4]
000000000062FE44	2	c		000000000062FE44	5	c
000000000062FE48	1	a		000000000062FE48	6	a
000000000062FE4C		i		000000000062FE4C	9	i
000000000062FE50		b[8]		000000000062FE50	8	b[8]

图 7-2　数组下标越界访问后内存中数据的变化情况

不同的编译器为变量分配的内存地址有所不同，所以在不同的 C 系统下，程序的输出结果可能会有所不同。

7.2　二维数组

数组可以有任意维数。要定义一个二维数组，只要在一维数组的基础上增加一维下标即可。二维数组的一般定义格式如下：

数据类型　数组名[常量表达式 1][常量表达式 2];

例如：

```
int  a[3][4];
```

这条语句声明一个具有 3 行 4 列共 12 个整型元素的二维数组，第一维下标指明数组的行数，它的取值为 0～2，第二维下标指明数组的列数，它的取值为 0～3，因此，数组 a 的第一个元素是 a[0][0]，最后一个元素是 a[2][3]。C 语言中，二维数组的排列顺序是按行存放的，即在内存中先顺序存放第 1 行的元素，接着存放第 2 行的元素，其余类推。因此，上述二维数组 a 的逻辑存储结构如图 7-3 所示。

	第0列	第1列	第2列	第3列
第0行	a[0][0]	a[0][1]	a[0][2]	a[0][3]
第1行	a[1][0]	a[1][1]	a[1][2]	a[1][3]
第2行	a[2][0]	a[2][1]	a[2][2]	a[2][3]

图 7-3　二维数组 a 的逻辑存储结构

数组占据存储空间的大小由数组的长度和所存储数组元素的类型决定。一维数组在内存中占用的字节数为：数组长度*sizeof(基类型)，二维数组占用的字节数为：行数*列数*sizeof(基类型)。

数组 a 有 12 个 int 型元素，在 Dev-C++和 Visual C++ 6.0 环境下占用 48 字节，但在 Turbo C 2.0 环境下占用 24 字节。因此，用 sizeof 运算符来计算一个变量或类型在内存中所占用的字节数才是最可靠准确的方法，也有利于提高程序的可移植性。

多维数组用多个下标来确定各元素在数组中的顺序，例如三维数组：

```
float   point[2][3][4];
```

C 语言中，数组名代表数组的首地址，因此，在使用数组的时候，不能只用数组名对数组进行整体引用，而必须用数组名结合下标逐个元素进行引用。例如，可以用 a[i][j]表示二维数组 a 的第 i 行第 j 列元素。如果要逐个引用数组的所有元素，往往要与嵌套的循环结合，外层循环控制行下标变量 i 从 0 到 2 变化，内层循环控制列下标变量 j 从 0 到 3 变化。例如，从键盘初始化二维数组 a 常用代码如下：

```
for(i=0;i<3;i++)
{
    for(j=0;j<4;j++)
    {
        scanf("%d", &a[i][j]);
    }
}
```

显示二维数组 a 中的元素常用代码如下：

```
for(i=0;i<3;i++)
{
    for(j=0;j<4;j++)
    {
        printf("%d", a[i][j]);
    }
}
```

二维数组还可以按元素初始化，例如：

```
int  a[3][4]={1,2,3,4,5,6,7,8,9,10,11,12};
```

或者按行初始化，例如：

```
int  a[3][4]={{ 1,2,3,4},{5,6,7,8} ,{ 9,10,11,12} };
```

当数组初始化列表提供全部元素的初值时，第一维长度的声明可以忽略，此时，系统将按初始化列表中提供的初值个数来定义数组的大小。例如：

```
int  a[ ][4]={1,2,3,4,5,6,7,8,9,10,11,12};
```

在按行初始化时，即使初始化列表提供的初值个数小于数组元素的个数，第一维长度的声明也可以忽略，此时系统自动给后面的元素赋初值 0。例如，下面两条数组定义及初始化语句是等价的：

```
int   a[][4]={{ 1,2,3},{5} ,{ 9,10} };
int   a[3][4]={{ 1,2,3,0},{5,0,0,0} ,{ 9,10,0,0} };
```

注意，尽管数组第一维长度的声明可以省略，但第二维长度的声明绝对不能省略，否则，无法确定二维数组的结构。因为二维数组是按行存放的，因此必须知道每行的长度。

【例 7.4】 编写程序，从键盘输入整数到一个 4 行 5 列的二维数组中，显示所有数组元素，并计算所有数组元素之和。

程序如下：

```
#include<stdio.h>
#define M   4     /*用宏常量定义数组行/列的长度*/
#define N   5
int main()
{
    int a[M][N],i,j,sum=0;
    for(i=0;i<M;i++)
    {
        for(j=0;j<N;j++)
        {
            scanf("%d",&a[i][j]);              /*从键盘初始化二维数组*/
        }
    }
    for(i=0;i<M;i++)
    {
        for(j=0;j<N;j++)
        {
            printf("a[%d][%j]=%d",i,j,a[i][j]);    /*显示二维数组中的元素*/
        }
        printf("\n");
    }
    for(i=0;i<M;i++)
    {
        for(j=0;j<N;j++)
        {
            sum=sum+a[i][j];                   /*二维数组元素求和*/
        }
    }
    printf("sum=%d",sum);
    return 0;
}
```

程序的运行结果如下：

```
1 2 3 4 5 6 7 8 9 10 11 12 13 14 15 16 17 18 19 20
a[0][0]=1        a[0][1]=2        a[0][2]=3        a[0][3]=4        a[0][4]=5
a[1][0]=6        a[1][1]=7        a[1][2]=8        a[1][3]=9        a[1][4]=10
a[2][0]=11       a[2][1]=12       a[2][2]=13       a[2][3]=14       a[2][4]=15
a[3][0]=16       a[3][1]=17       a[3][2]=18       a[3][3]=19       a[3][4]=20
sum=210
```

上述例子说明，数组元素的引用是通过数组名和数组下标来实现的，要引用数组中的所有元素，往往要结合循环或嵌套循环来实现。

7.3 一维数组作为函数参数

数组是相同类型的变量的集合，数组元素相当于变量，因此可以像变量一样作为函数的参数。下面通过例题看看数组在函数中如何传递信息。

【例 7.5】 编写程序，从键盘输入某班全部学生某门课的成绩，并计算其平均分。

【解题思路】 本例的计算方法简单，关键是如何表示全部学生某门课的成绩，显然，用多个变量是不合适的，应该使用一个一维数组来表示。按照模块化程序设计的思想，可将本问题分解为两个任务，即输入成绩和计算平均分，这两个任务可以通过设计两个函数来完成，并在主调函数 main()中被调用。程序如下：

```c
#include<stdio.h>
#define N 40
float GetAverage(int a[],int n);        /*计算 n 个学生某门课成绩的平均分*/
void ReadScore(int a[],int n);          /*输入 n 个学生某门课的成绩*/
int main()
{
    int score[N],n;
    float aver;
    printf("Input the number of students:\n");
    scanf("%d",&n);
    ReadScore(score,n);
    aver=GetAverage(score,n);
    printf("average=%.2f",aver);
    return 0;
}
/*函数功能：输入 n 个学生某门课的成绩*/
void ReadScore(int a[],int n)
{
    int i;
    printf("Input scores:");
    for(i=0;i<n;i++)
    {
        scanf("%d",&a[i]);
    }
}
/*计算 n 个学生某门课成绩的平均分*/
float GetAverage(int a[],int n)
{
    int i,sum=0;
    for(i=0;i<n;i++)
    {
        sum=sum+a[i];
    }
    return (1.0*sum)/n;
}
```

程序的运行结果如下：

```
Input the number of students:
5
Input scores:85 68 79 95 99
average=85.20
```

这个程序目前看起来运行正确，但如果不小心将 n 值 0 传入函数 GetAverage()，则程序将发生除 0 错误。为了增强程序的健壮性，避免非法输入或除 0 错误，应对函数的入口参数进行合法性检查：

```c
if(n<=0) return   -1;
else return   (1.0*sum)/n;
```

或者使用问号表达式作为返回值：

```c
return   n>0? (1.0*sum)/n : -1;
```

程序中为了将 score 数组传递给 ReadScore ()和 GetAverage()，调用函数时使用了数组名作为函数的实参。**注意，**只有数组名，没有方括号和下标。

由于数组名代表数组第一个元素的地址，因此用数组名作为实参实际上就是将数组的首地址传递给被调函数。选择地址传递的主要是从性能方面考虑的，因为值传递要将全部数组元素的副本传递给被调函数，而传递一个地址自然效率要高得多。

将数组的首地址传递给被调函数后，这时实参数组和形参数组因具有相同的首地址而实际上占据同一个存储空间，如图 7-4 所示。

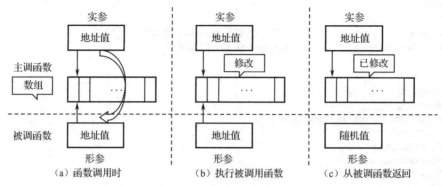

图 7-4　数组的地址传递

形参数组根据这个首地址可以精确地计算出实参数组每个元素的存储地址，从而在被调函数中通过间接寻址方式读取或修改这个数组中的元素。因此，当被调函数修改形参数组中的元素时，实际上相当于修改实参数组中的元素。

数组作为函数的形参时，数组的长度可以不出现在数组名后面的方括号内，而用另一个整型形参来指定数组的长度。即使在数组后面的方括号内写上正整数，编译器也不会生成具有相应个数的元素的数组，也不进行越界检查，编译器只检查它是否大于 0，然后将其忽略。如果数组后面的方括号内出现负整数，则将产生编译错误。因此，数组名后面的方括号内的数字并不能真正表示接收数组的大小。向函数传递一维数组时，最好同时用另一个形参来传递数组的长度，如本例中 ReadScore() 和 GetAverage() 的形参所示。

【例 7.6】　编写程序，从键盘输入某班全部学生某门课的成绩，当输入成绩为负值时，表示输入结束，试计算并输出其最高分、最低分和平均分，并输出实际输入的学生人数。

【解题思路】　与例 7.5 类似，本例涉及数据表达和任务分解问题。第一个问题可用一维数组表示。第二个问题按照结构化程序设计思想，可将任务分解为 4 个子任务，即输入成绩、计算最高分、计算最低分、计算平均分，这些任务可通过设计 4 个函数来完成，主函数 main() 调用这 4 个函数完成问题的求解。程序如下：

```
#include<stdio.h>
#define N 40
float GetAverage(int a[],int n);        /*函数功能：计算 n 个学生某门课成绩的平均分*/
int ReadScore(int a[]);                 /*函数功能：输入 n 个学生某门课的成绩*/
int GetMax(int a[],int n);              /*函数功能：计算 n 个学生某门课成绩的最高分*/
int GetMin(int a[],int n);              /*函数功能：计算 n 个学生某门课成绩的最低分*/
int main()
{
    int score[N],n,max,min;
    float aver;
    n=ReadScore(score);
    printf("Total students are:%d\n",n);
    aver=GetAverage(score,n);
    max=GetMax(score,n);
    min=GetMin(score,n);
    printf("average=%.2f\n",aver);
    printf("max=%2d\n",max);
    printf("min=%2d\n",min);
```

```
        return 0;
}
/*函数功能：输入 n 个学生某门课的成绩*/
int ReadScore(int a[])
{
        int i=-1;                        /*i 初始化为-1，在循环体内增 1 后可保证数组下标从 0 开始*/
        printf("Input scores:\n");
        do
        {
                i++;
                scanf("%d",&a[i]);
        }while(a[i]>=0);
        return i;
}
/*计算 n 个学生某门课成绩的平均分*/
float GetAverage(int a[],int n)
{
        int i,sum=0;
        for(i=0;i<n;i++)
        {
                sum=sum+a[i];
        }
        return n>0? (1.0*sum)/n : -1;
}
/*函数功能：计算 n 个学生某门课成绩的最高分*/
int GetMax(int a[],int n)
{
        int max,i;
        max=a[0];
        for(i=1;i<n;i++)
        {
                if(a[i]>max)
                        max=a[i];
        }
        return max;
}
/*函数功能：计算 n 个学生某门课成绩的最低分*/
int GetMin(int a[],int n)
{
        int min,i;
        min=a[0];
        for(i=1;i<n;i++)
        {
                if(a[i]<min)
                        min=a[i];
        }
        return min;
}
```

程序的运行结果如下：

```
Input scores:
60 45 90 100 98 67 85 79 -2
Total students are:8
average=78.00
max=100
min=45
```

小结：用数组名作为函数参数时，需要注意以下三点。

① 声明一维数组时，在方括号内可以给出数组长度，也可以不给出数组长度，习惯上用另

一个形参表示数组的长度。

②　用数组名作为函数参数时，形参数组和实参数组既可同名，也可不同名。因为它们的名字代表数组的首地址，所以由实参向形参单向传递后，它们都指向同一个存储空间。而用简单变量作为函数实参时，由实参向形参传递的是变量的值，而不是变量的地址，因此无论它们是否同名，它们都占据不同的存储空间。

③　在被调用函数中改变形参数组元素时，实参数组元素也会随之改变。这种改变并不是因为形参反向传递给实参，而是因为形参和实参拥有同一个内存地址，共享同一个存储空间。

7.4　排序与查找

数组可表示大量同类型的数据，这些数据通常需要进行处理，如排序、查找等。排序和查找是重要的应用，实际生活中的许多问题都需要对数据进行排序和查找。经过计算机科学家几十年的研究，提出了许多成熟的排序算法，如冒泡排序、选择排序、折半排序、快速排序算法等。

【例 7.7】　从键盘输入某班全部学生某门课的成绩，当输入成绩为负值时，表示输入结束，试用函数编程将成绩按从低到高顺序进行排序后输出。

【解题思路】　本例采用冒泡排序法编程实现成绩排序。冒泡排序法借鉴了比较和数据交换的思想，虽然它的性能较低，但它易于理解和编程实现。冒泡排序（升序）的过程如图 7-5 所示。首先进行第 1 轮比较，参与比较的数有 n 个，若第 1 个数大于第 2 个数，那么这两个数对调位置；接着比较第 2 个数与第 3 个数，若第 2 个数大于第 3 个数，那么这两个数对调位置；其余类推，最大的数放在了最后一个数的位置。然后进行第 2 轮比较，参与比较的数变为 n-1 个，若第 1 个数大于第 2 个数，那么这两个数对调位置；接着比较第 2 个数与第 3 个数，若第 2 个数大于第 3 个数，那么这两个数对调位置；其余类推，次大的数放在了倒数第 2 个数的位置。然后进入第 3 轮，……，直到进入 n-1 轮，参与比较的数变为 2 个，更大的数放在第 2 个数的位置，剩下的最后一个数是最小数，放在数组的最前面。

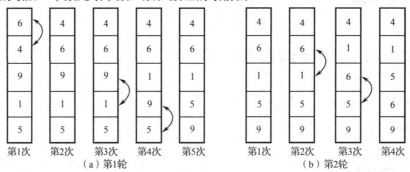

图 7-5　冒泡排序（升序）的过程

n 个数总共需要进行 n-1 轮比较，由于每一轮比较都新排出一个数，因此下一轮待比较的数比上一轮减少一个。冒泡排序的算法描述如下：

```
for(i=0;i<n-1;i++)
{
    for(j=0;j<n-1-i;j++)
    {
        若 a[j]>a[j+1]
        {
            则交换 a[j]与 a[j+1]的值；
        }
    }
}
```

程序如下：

```c
#include<stdio.h>
#define N 40
int ReadScore(int a[]);          /*输入 n 个学生某门课的成绩*/
void SortScore (int a[],int n);   /*冒泡排序法将数组 a 中的元素按从低到高顺序排序*/
void PrintScore(int a[],int n);   /*函数功能：打印排序后的成绩*/
int main()
{
    int score[N],n;
    n=ReadScore(score);          /*数组名作为参数，属于地址传递*/
    printf("Total students are:%d\n",n);
    SortScore(score,n);
    printf("Sorted Scores:");
    PrintScore(score,n);
    return 0;
}
/*函数功能：输入 n 个学生某门课的成绩*/
int ReadScore(int a[])
{
    int i=-1; /*i 初始化为-1，在循环体内增 1 后可保证数组下标从 0 开始*/
    printf("Input scores:\n");
    do
    {
        i++;
        scanf("%d",&a[i]);
    }while(a[i]>=0);
    return i;
}
/*函数功能：打印排序后的成绩*/
void PrintScore(int a[],int n)
{
    int i;
    for(i=0;i<n;i++)
    {
        printf("%4d",a[i]);
    }
    printf("\n");
}
/*函数功能：冒泡排序法将数组 a 中的元素按从低到高顺序排序*/
void SortScore(int a[],int n)
{
    int i,j,temp;
    for(i=0;i<n-1;i++)
    {
        for(j=0;j<n-1-i;j++)
        {
            if(a[j]>a[j+1])
            {
                temp=a[j];
                a[j]=a[j+1];
                a[j+1]=temp;
            }
        }
    }
}
```

程序的运行结果如下：

```
Input scores:
23 87 45 98 100 12 -1
```

Total students are:6
Sorted Scores:　12　23　45　87　98 100

实际上，冒泡排序法也可以这样实现：首先进行第 1 轮比较，参与比较的数有 n 个，第 1 个数分别与后面所有的数进行比较，若后面的数小，则交换后面这个数与第 1 个数的位置；这轮比较结束后，就求出了一个最小的数排在了第 1 个数的位置。然后进行第 2 轮比较，参与比较的数变为 n-1 个，在这 n-1 个数中再按上述方法求出一个最小的数放在第 2 个数的位置。然后进入第 3 轮，……，直到进入 n-1 轮，参与比较的数变为 2 个，求出一个最小的数放在第 n-1 个数的位置，剩下的最后一个数就是最大数，放在数组的最后面。

此时，冒泡排序的算法描述如下：

```
for(i=0;i<n-1;i++)
{
        for(j=i+1;j<n;j++)
        {
                若 a[j]<a[i]
                {
                        交换 a[j]和 a[i]的值；
                }
        }
}
```

程序如下：

```
void SortScore (int a[],int n)
{
        int i,j,temp;
        for(i=0;i<n-1;i++)              /*外层循环决定排序的轮数*/
        {
                for(j=i+1;j<n;j++)      /*内层循环决定每轮排序中比较的次数*/
                {
                        if(a[j]<a[i])
                        {
                                temp=a[j];
                                a[j]=a[i];
                                a[i]=temp;
                        }
                }
        }
}
```

在排序函数 SortScore()中定义了一个临时变量 temp 用来存储需要交换的两个数值中的一个，使用三条赋值语句实现数组元素 a[i]与 a[j]的数值交换。

在冒泡排序法的第 i(i=1,2,…,n-2)轮比较中，前面的 i 个数已经排好顺序，而第 i+1 个数和后面余下的所有数还要进行一次比较，每当后面的数小于前面的数时，就要交换位置。这样每一轮比较最多要进行 n-i 次数据交换操作，使得算法的交换次数较多，影响算法的排序效率。

实际上，通过在余下的数中找出最小数，然后再与第 i+1 个数交换位置，这样在每轮比较中最多只需进行一次两数交换操作，整个算法最多进行 n-1 次两数交换操作。这种改进的算法称为选择排序。选择排序的排序过程如图 7-6 所示。

选择排序的工作原理是：选择排序需要进行 n-1 轮排序,每一轮排序需要进行 n-i-1 次比较,因此，选择排序需要用嵌套的循环来完成，外层循环表示排序的轮数，内层循环实现每一轮排序需要进行的数组元素之间的比较。第 1 轮排序中，首先假设数组的第 1 个元素的值为所有数组元素值中的最小值，用变量 k 表示第 1 个数组元素的下标 k=i（此时 i=0），接着比较数组元素 a[k]与 a[j]（此时 j=i+1=1）的大小，若 a[k]>a[j]，说明下标 k 指示的数组元素不是当前值最小的元素，j 所指示的元素才是当前值最小的元素，因此要修改 k 的值，使 k=j；然后继续比较数组元素 a[k]与后续 a[j]的大小，若 a[k]>a[j]，说明当前下标 k 指示的数组元素不是当前值最小的元素，j 所指示的元素才是当前值最小的元素，因此要再次修改 k 的值，使 k=j，否则不修改 k 的值；其余类推，直到第 1 轮排序结束，找到了数组中值最小的元素的下标，最后将 a[k]与 a[i]的值对调。第 2 轮排序中，令第 2 个数组元素为值最小的元素，即 k=i（此时 i=1），接着比较数组元素 a[k]与 a[j]的大小，若 a[k]>a[j]，说明下标 k 指示的数组元素不是当前值最小的元素，j 所指示的元素才是当前值最小的元素，因此要修改 k 的值，使 k=j，否则不修改 k 的值；然后继续比较数组元素 a[k]与后续 a[j]的大小，若 a[k]>a[j]，说明下标 k 指示的数组元素不是当前值最小的元素，j 所指示的元素才是当前值最小的元素，因此要再次修改 k 的值，使 k=j，否则不修改 k 的值；其余类推，直到第 2 轮排序结束，找到了数组剩余搜索元素中值最小的元素的下标，最后将 a[k]与 a[i]的值对调。直到第 n-1 轮排序，此时只剩余两个元素，若 a[k]>a[j]，则将 a[k]与 a[j]的值对调，否则，a[k]与 a[j]的值不对调，排序结束。

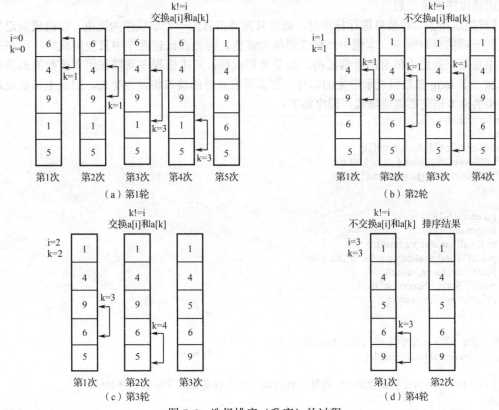

图 7-6　选择排序（升序）的过程

程序如下：

```
void SortScore (int a[],int n)
{
    int i,j,k,temp;
    for(i=0;i<n-1;i++)
    {
        k=i;
        for(j=i+1;j<n;j++)
        {
            if(a[j]>a[k])
            {
                k=j;
```

```
            }
        }
        if(k!=i)
        {
            temp=a[k];
            a[k]=a[i];
            a[i]=temp;
        }
    }
}
```

上述排序算法思想不同，算法实现也不同，但只要 SortScore()的接口（形参的顺序、个数及其基类型声明，返回值类型）和函数的功能不变，main()就无须做任何改变，程序的运行结果是相同的，这就是模块化和信息隐藏在程序设计中的优势。

【例 7.8】 在例 7.7 程序的基础上，要求输入学生成绩的同时输入学号，并且将学生的学号随成绩排序结果一起显示。

【解题思路】 对信息进行排序时，通常只需要信息的一个子项作为键值，由键值决定信息的区别子项的排列顺序。本例中，将成绩作为键值，因此在比较操作中只使用成绩，而在交换操作中需要交换整个信息的数据结构，如学号和成绩。而本例程序需要在所有函数的形参列表中增加一个 long 型数组表示学生的学号，那么所有函数的接口将发生变化，因此主函数及功能函数中的许多语句都将要修改。程序如下：

```c
#include<stdio.h>
#define N 40
int ReadScore(int a[],long num[]);
void SortScore(int a[],long num[],int n);
void PrintScore(int a[],long num[],int n);
int main()
{
    int score[N],n;
    long num[N];
    n=ReadScore(score,num);
    printf("Total students are:%d\n",n);
    SortScore(score,num,n);
    printf("Sorted Scores:\n");
    PrintScore(score,num,n);
    return 0;
}
/*函数功能：输入 n 个学生某门课的成绩和学号*/
int ReadScore(int a[],long num[])
{
    int i=-1;           /*i 初始化为-1，在循环体内增 1 后可保证数组下标从 0 开始*/
    do
    {
        i++;
        printf("Input student's ID & score:\n");
        scanf("%ld%d",&num[i],&a[i]);
    }while(num[i]>0&&a[i]>=0);
    return i;
}
/*函数功能：选择排序法对 n 个学生某门课的成绩排序*/
void SortScore(int a[],long num[],int n)
{
    int i,j,k,temp1;
    long temp2;
    for(i=0;i<n-1;i++)
    {
```

```
        k=i;
        for(j=i+1;j<n;j++)
        {
            if(a[j]<a[k])
            {
                k=j;
            }
        }
        if(k!=i)
        {
            temp1=a[k];a[k]=a[i];a[i]=temp1;                    /*交换成绩*/
            temp2=num[k];num[k]=num[i];num[i]=temp2;            /*交换学号*/
        }
    }
}
/*函数功能：打印学生学号及成绩*/
void PrintScore(int a[],long num[],int n)
{
    int i;
    for(i=0;i<n;i++)
    {
        printf("%10ld%4d\n",num[i],a[i]);
    }
    printf("\n");
}
```

程序的运行结果如下：

```
Input student's ID & score:
120310101 75
Input student's ID & score:
120310102 86
Input student's ID & score:
120310103 93
Input student's ID & score:
120310104 64
Input student's ID & score:
120310105 100
Input student's ID & score:
-1 -1
Total students are:5
Sorted Scores:
120310104   64
120310101   75
120310102   86
120310103   93
120310105  100
```

在数据库使用中，我们不仅经常对数据进行排序，而且经常输入键值来查找相应的记录。在数组中搜索一个特定元素的过程，称为查找。本节介绍两种查找算法：线性查找和折半查找。

【例 7.9】 从键盘输入某班学生某门课的成绩，当输入成绩为负值时，表示输入结束，试用函数编程从键盘输入任意一个学号，查找该学号学生的成绩。

【解题思路】 用线性查找法查找数组元素，通过查找键值与数组元素的值进行比较以实现查找。其查找的过程为：使用循环顺序遍历数组，将查找键值依次与每个数组元素的值进行比较，若相等，则停止循环，输出其位置；若与所有元素的值都比较后仍未找到，则结束循环，输出"未找到"的提示信息。

程序如下：

```c
#include<stdio.h>
#define N 40
int ReadScore(int a[],long num[]);
int LinearSearch(long num[],long x,int n);
int main()
{
    int score[N],n,pos;
    long num[N],x;
    n=ReadScore(score,num);
    printf("Total students are:%d\n",n);
    printf("Input the searching ID:");
    scanf("%ld",&x);
    pos=LinearSearch(num,x,n);
    if(pos!=-1)
    {
        printf("score=%4d\n",score[pos]);
    }
    else
    {
        printf("Not found!\n");
    }
    return 0;
}
/*函数功能：输入 n 个学生某门课的成绩和学号*/
int ReadScore(int a[],long num[])
{
    int i=-1;                    /*i 初始化为-1，在循环体内增 1 后可保证数组下标从 0 开始*/
    do
    {
        i++;
        printf("Input student's ID & score:\n");
        scanf("%ld%d",&num[i],&a[i]);
    }while(num[i]>0&&a[i]>=0);
    return i;
}

/*函数功能：用线性查找法查找值为 x 的数组元素*/
int LinearSearch(long num[],long x,int n)
{
    int i;
    for(i=0;i<n;i++)
    {
        if(num[i]==x)
        {
            return i;    /*若找到，则返回 x 在数组中的下标*/
        }
    }
    return -1;            /*若循环结束仍未找到，则返回-1*/
}
```

程序的运行结果如下：

```
Input student's ID & score:
1232019101 65
Input student's ID & score:
1232019102 76
Input student's ID & score:
1232019103 88
Input student's ID & score:
```

【例 7.10】　在例 7.9 的基础上，用折半查找法实现学生成绩查找，假设按学号从低到高的顺序输入学生成绩。

【解题思路】　线性查找法不需要数组元素有序，因此要查找的元素既可能在数组的首位，也可能在数组的末位。然而，日常事务的很多场合是在有序条件下进行检索操作的，这时可以采用折半查找法。在数据有序的情况下，使用折半查找法将大大提升查找的效率。

折半查找法的查找过程是：首先选取位于数组中间位置的元素，将其值与查找键值进行比较，若它们的值相等，则返回数组中间元素的下标。否则，将查找区间缩小为原来的一半，继续查找。在数组元素按升序排列的情况下，若查找键值小于数组中间元素的值，则继续在左半区间查找，否则继续在右半区间查找。然后在左半区间或右半区间选取中间元素的值，将其与查找键值进行比较，若它们的值相等，则返回中间元素的下标。否则，将查找区间再次缩小为原来的一半，继续查找。每次比较后，都将目标数组中一半的元素排除在查找范围之外。不断重复这样的查找过程，直到查找键值等于某个区间中间元素的值（找到），或者该区间只包含一个不等于查找键值的元素时为止（没有找到）。折半查找法（升序）的查找过程如图 7-7 所示。

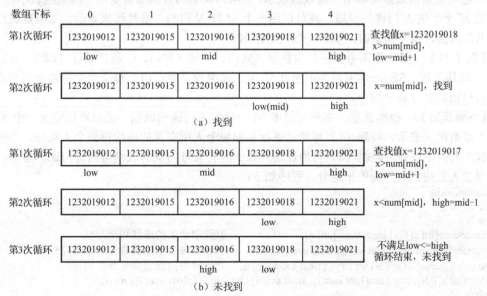

图 7-7　折半查找法（升序）的查找过程

程序如下：

```
/*函数功能：用折半查找法查找值为 x 的数组元素，n 个学生某门课的成绩已排序*/
int BinarySearch(long num[],long x,int n)
{
    int low=0,high=n-1,mid;
    while(low<high)
    {
        mid=(low+high)/2;
        if(num[mid]<x)
        {
            low=mid+1;   /*若 x>num[mid]，则修改区间的左端点*/
        }
        else if(num[mid]>x)
        {
            high=mid-1; /*若 x<num[mid]，则修改区间的右端点*/
        }
        else
        {
            return mid;
        }
    }
    return -1; /*若循环结束仍未找到，则返回-1*/
}
```

这个程序看起来似乎很完美，但有一个罕见的情况没有考虑。当数组长度很大很大时，low+high 之和超出了 limits.h 中定义的有符号整数的范围，因此执行语句(low+high)/2 时就会发生数据溢出，导致 mid 的值为负数。如何计算 mid 才能防止发生数据溢出呢？下面修改计算中间值的方法，用减法代替加法计算 mid 的值可以有效防止数据溢出：

mid=low+(high-low)/2;

注意，如果数组元素没有有序排列，一种方法是采用线性查找法，另一种方法是先对数组进行排序，然后采用折半查找法进行查找。

7.5 二维数组作为函数参数

一组同类型的数据可以用一维数组表示，多组同类型的数据则需要用二维数组表示。例如，一个班 M 个学生 N 门课的成绩，就可以用一个 M 行 N 列的二维数组来表示。二维数组可以作为函数的形参，调用函数时，实参一般为数组名。

【例 7.11】 某班期末考试科目为数学（MT）、英语（EN）、C 程序设计（CP）、数据结构（DS）、软件工程（SE），学生最多不超过 50 个。试编程计算：（1）每个学生的总分和平均分；（2）每门课的总分和平均分。

【解题思路】 根据题意，本例有最多 50 个学生 5 门课的成绩，因此可以定义一个 50 行 5 列的二维数组来表示。问题（1）可通过逐行累加每个人所有课的成绩得到个人总分，总分除以 5 得到个人的平均分。问题（2）可通过逐列累加所有人每门课的成绩得到每门课的总分，总分除以学生人数得到每门课的平均分。程序如下：

```
#include<stdio.h>
#define M 50
#define N 5
void ReadScore(int a[][N],long num[],int n);                 /*读取学生的成绩和学号*/
void AverforStud(int a[][N],int sum[],float aver[],int n);      /*计算每个学生的总分和平均分*/
void AverforCourse(int a[][N],int sum[],float aver[],int n);   /*计算每门课的总分和平均分*/
void Print(int a[][N],long num[],int sum1[],float aver1[],int sum2[],float aver2[],int n);
int main()
```

```
{
    int a[M][N],sum1[M],sum2[N],n;
    long num[M];
    float aver1[M],aver2[N];
    printf("Input total students:");
    scanf("%d",&n);
    ReadScore(a,num,n);
    AverforStud(a,sum1,aver1,n);
    AverforCourse(a,sum2,aver2,n);
    Print(a,num,sum1,aver1,sum2,aver2,n);
    return 0;
}
/*函数功能：输入 n 个学生的学号及 5 门课的成绩*/
void ReadScore(int a[][N],long num[],int n)
{
    int i,j;
    printf("Input student's ID & score as: MT    EN    CP    DS    SE:\n");
    for(i=0;i<n;i++)
    {
        scanf("%ld",&num[i]);
        for(j=0;j<N;j++)
        {
            scanf("%d",&a[i][j]);
        }
    }
}
/*函数功能：计算每个学生的总分和平均分*/
void AverforStud(int a[][N],int sum[],float aver[],int n)
{
    int i,j;
    for(i=0;i<n;i++)
    {
        sum[i]=0;
        for(j=0;j<N;j++)
        {
            sum[i]=sum[i]+a[i][j];
        }
        aver[i]=(float)sum[i]/N;
    }
}
/*函数功能：计算每门课的总分和平均分*/
void AverforCourse(int a[][N],int sum[],float aver[],int n)
{
    int i,j;
    for(j=0;j<N;j++)
    {
        sum[j]=0;
        for(i=0;i<n;i++)
        {
            sum[j]=sum[j]+a[i][j];
        }
        aver[j]=(float)sum[j]/n;
    }
}
/*函数功能：打印每个学生的学号、各门课的成绩、总分和平均分，及每门课的总分和平均分*/
void Print(int a[][N],long num[],int sum1[],float aver1[],int sum2[],float aver2[],int n)
{
    int i,j;
    printf("ID & score\t: MT\t    EN\t    CP\t    DS\t    SE\t SUM\t AVER:\n");
```

```
    for(i=0;i<n;i++)
    {
        printf("%10ld\t",num[i]);
        for(j=0;j<N;j++)
        {
            printf("%4d\t",a[i][j]);
        }
        printf("%4d\t%5.1f\n",sum1[i],aver1[i]);
    }
    printf("SumofCourse\t");
    for(j=0;j<N;j++)
    {
        printf("%4d\t",sum2[j]);
    }
    printf("\nAverofCourse\t");
    for(j=0;j<N;j++)
    {
        printf("%4.1f\t",aver2[j]);
    }
    printf("\n");
}
```

程序的运行结果如下：

```
Input total students:4
Input student's ID & score as: MT   EN   CP   DS   SE:
1232019101   99   88   77   66   55
1232019102   87   86   90   95   100
1232019103   78   67   75   69   83
1232019104   84   93   86   90   92
ID & score      : MT      EN       CP       DS       SE      SUM      AVER:
1232019101        99      88       77       66       55      385      77.0
1232019102        87      86       90       95      100      458      91.6
1232019103        78      67       75       69       83      372      74.4
1232019104        84      93       86       90       92      445      89.0
SumofCourse      348     334      328      320      330
AverofCourse     87.0    83.5     82.0     80.0     82.5
```

调用函数时，首先读入 n 个学生 5 门课的成绩到二维数组中，然后用数组名作为实参，采用地址传递的方法调用各个函数。

程序中 AverforStud()与 AverforCourse()的实现逻辑有所不同。前者对二维数组的每行计算总分和平均分，后者是对二维数组的每列计算总分和平均分，因此，两者的循环控制方法是不同的。前者的外层循环控制行变化，内层循环对每行中所有列元素求和，并计算平均分；而后者的外层循环控制列变化，内层循环对每列中所有元素求和，并计算平均分。

注意，二维数组作为形参时，可以省略数组第一维的长度声明，但不能省略第二维的长度声明。因为二维数组元素在内存中是按行顺序连续存储的，因此必须知道每一行的元素个数（即列的长度），这样它才能知道如何对元素寻址，从而准确地找到需要访问的数组元素，否则，编译器无法确定元素的位置。

习题 7

一、单项选择题

1. 以下合法的数组定义是（   ）。

A．int a()={'A', 'B', 'C'};　　　　　　　　　　B．int a[5]={0,1,2,3,4,5};

C．char a={'A', 'B', 'C'};　　　　　　　　　　D．int a[ ]={0,1,2,3,4,5};

2. 已知 int a[ ][3]={1, 2, 3, 4, 5, 6, 7};，则数组 a 的第一维的大小是（   ）。

A. 2　　　　　　　B. 3　　　　　　　　　　C. 4　　　　　　D. 无确定值

3. 若有定义 char s[ ]="good"; char t[ ]={'g','o','o','d'};，则下列叙述正确的是（　　　）。

A. 数组 s 比 t 长　　　　　　　　　　　　　B. 数组 s 比 t 短

C. 数组 s 与 t 长度相同　　　　　　　　　　D. s 和 t 完全相同

4. 当数组作为参数传递给函数时，会向该数组传递（　　　）。

A. 数组的内容　　　B. 数组第一个元素的值　　C. 数组首地址　　D. 以上三项皆错

5. 下面语句的输出结果是（　　　）。
```
int i,x[3][3]={1,2,3,4,5,6,7,8,9};
for(i=0;i<3;i++) printf("%d ",x[i][2-i]);
```
A. 1 5 9　　　　　　　B. 1 4 7　　　　　　　　C. 3 5 7　　　　　　D. 3 6 9

6. 以下数组定义中不正确的是（　　　）。

A. int x[][3]={0};　　　　　　　　　　　　B. int x[2][3]={{1,2},{3,4},{5,6}};

C. int x[][3]={{1,2,3},{4,5,6}};　　　　　　D. int x[2][3]={1,2,3,4,5,6};

二、填空完成程序

1. 程序功能：输出数组 s 中最大元素的下标。
```
#include <stdio.h>
int main()
{
    int k,p;
    int s[]={1,-9,7,2,-10,3};
    for(p=0,k=p;p<___;p++)
    {
        if(s[p]>s[k])
        {
            ___;
        }
    }
    printf("%d\n",k);
    return 0;
}
```

2. 程序功能：在数组 a 中查找与 x 值相同的元素所在位置。数据从 a[1]开始存放。
```
#include <stdio.h>
int main()
{
    int a[11],i,x;
    printf("请输入 10 个整数:");
    for(i=1;i<=10;i++)
        scanf("%d",___);
    printf("输入要找的数 x:");
    scanf("%d",___);
    a[0]=x;
    i=10;
    while(x!=___)
    {
        ___;
    }
    if(___)
        printf("与 x 值相同的元素位置
                是:%d\n",i);
    else
        printf("找不到与 x 值相同的元
                素!\n");
    return 0;
}
```

3. 程序功能：输入 50 个数，以每行 10 个数据的形式输出数组 a。
```
int main()
{
    int a[50], i;
    printf("输入 50 个整数:");
    for(i=0;i<50;i++)
    {
        scanf("%d",___);
    }
    for(i=0;i<50;i++)
    {
        if(___)___;
        printf("%3d",a[i]);
    }
}
```

4. 程序功能：将数组中的数据按逆序存放。

```c
#include <stdio.h>
#define SIZE 12
int main()
{
    int a[SIZE],i,j,t;
    for(i=0;i<SIZE;i++)
        scanf("%d",____);
    i=0;j=____;
    while(i<j)
    {
        t=a[i];
        ____;
        ____;
        i++;
        ____;
    }
    for(i=0;i<SIZE;i++)
        printf("%3d",a[i]);
    printf("\n");
    return 0;
}
```

5. 程序功能：将字符串 s 中所有的字符'c' 删除。

```c
#include <stdio.h>
void main()
{
    char s[80];
    int i,j;
    puts("请输入字符串:");
    gets(s);
    for(i=j=0;s[i]!='\0';i++)
        if(s[i]!='____')
        {
            s[j]=____;
            ____;
        }
    s[j]='\0';
    puts(s);
}
```

三、阅读程序，并写出运行结果

1.
```c
#include <stdio.h>
void fun(int a[]);
int main()
{
    int i,a[5]={1,2,3};
    fun(a);
    for(i=0;i<5;i++)
        printf("%5d",a[i]);
    printf("\n");
    return 0;
}
void fun(int a[])
{
    int i;
    for(i=0;i<5;i++)
        a[i]+=5;
}
```

2.
```c
int func(int a[][3])
{
    int i,j,sum=0;
    for(i=0;i<3;i++)
        for(j=0;j<3;j++)
        {   a[i][j]=i+j;
            if(i==j)sum = sum+a[i][j];
        }
    return sum;
}
int main()
{
    int a[3][3]={1,3,5,7,9,11,13,15,17};
    int sum;sum=func(a);
    printf("sum=%d",sum);
    return 0;
}
```

3.
```c
#include <stdio.h>
void inv(int x[],int n);
void main()
{
    int i, a[10]={3,7,9,11,0,6,7,5,4,2};
    inv(a, 10);
    printf("The array has been reverted.\n");
    for(i=0;i<10;i++)printf("%d,",a[i]);
    printf("\n");
}
void inv(int x[], int n)
{
    int t,i,j,m=(n-1)/2;
    for(i=0;i<=m;i++)
    {
        j=n-1-i;t=x[i];x[i]=x[j];x[j]=t;
    }
}
```

四、编程题

1. 有两个数组 a 和 b，各有 10 个元素，将它们对应地逐个相比（即 a[0]与 b[0]相比，a[1]与 b[1]相比……）。如果数组 a 中元素大于数组 b 中相应元素的个数多于 b 中元素大于 a 中相应元素的个数（例如，a[i]>b[i]有 6 个，b[i]>a[i]有 3 个，其中 i 每次为不同的值），则认为 a 大于 b，并分别统计出两个数组相应元素大于、等于、小于的个数。要求用函数实现比较并返回结果。

2. 编写函数，实现任意整型数组元素的逆置。在主函数中调用该函数，完成 10 个数组元素的逆置。

3. 定义含有 300 个元素的数组 x，x[i]=10*tan((3.0+i*i)/5)，其中 i 的取值范围为 0～299。计算该一维数组中各元素的平均值，并求出此数组中大于平均值的元素之和，最后输出结果。

4. "1898——要发就发"。将不超过 1993 的所有素数 n_i 从小到大排成一行输出，第二行输出的每个数 m_i 都等于第一行对应位置相邻两个素数之差，即 $m_i=n_{i+1}-n_i$。编程求出：第二行数中是否存在若干个连续的整数，它们的和恰好为 1898？假如存在的话，这样的情况有几种？

两行数据分别如下：

第一行：1 3 5 7 11 13 17 … 1979 1987 1993

第二行：1 2 2 4 2 4 … 8 6

5. 参考例 7.5 中的 ReadScore()和 GetAverage()，从键盘输入某班学生某门课的成绩（不超过 30 人），输入负数表示输入结束。编写函数统计成绩低于平均分的学生人数，并编写测试程序。

6. 参考例 7.6 中的 ReadScore()、GetMin()，从键盘输入某班学生某门课的成绩和学号（不超过 30 人），输入负数表示输入结束。编写函数查找并显示成绩的最低分及对应的学号，并编写测试程序。

实验题

实验题目：学生成绩管理系统 V1.0。

实验目的：熟悉一维数组作为函数参数，排序、查找、统计分析等常用算法，模块化程序设计及增量测试方法。

说明：某班有若干学生（不超过 50 人，从键盘输入）参加高等数学课程的考试，参考例 7.5 至例 7.10，用一维数组作为函数参数编程实现下面的成绩管理功能：

（1）从键盘输入每个学生的学号和成绩；

（2）计算该班高等数学课程的总分和平均分；

（3）按成绩由高到低排出名次；

（4）按学号由小到大排出成绩表；

（5）按学号查找学生排名和成绩；

（6）按优秀（≥90 分）、良好（80～89 分）、中等（70～79 分）、及格（60～69 分）、不及格（0～59 分）5 个等级，统计每个等级的人数及其所占的百分比；

（7）输出每个学生的学号、成绩、总分和平均分。

问题拓展：要求程序运行后先显示如下菜单，并提示用户输入选项：

```
The Student's Grade Management System
**************************** Menu ****************************
* 1. Enter record                    2. Caclulate total & average score  *
* 3. Sort in descending order by score   4. Sort in ascending order by number  *
* 5. Search by number                 6. Statistical analysis          *
* 7. List record                      0. Exit                         *
*************************************************************
```

然后根据用户输入的选项执行相应的操作。

第8章 指　　针

指针是 C 语言最重要的特性之一，也是最容易发生误用的概念。正确而灵活地使用指针，不仅使程序简捷、紧凑，而且更加高效。

8.1　指针和指针变量

要理解指针的概念，首先要理解变量在内存中是如何存储数据的。若在程序中声明的一个变量，在对程序进行编译时，C 系统会根据变量的类型给这个变量分配一个一定长度的存储单元。例如，在 Dev-C++中为 int 型变量分配 4 个字节的存储单元，每个字节的存储单元都有一个编号，这个编号就是存储单元的地址。系统通过这个地址就能找到所需的变量，即地址指向该变量。下面举例分析变量的地址。

【例 8.1】　运用取地址运算符&取出变量的地址，并将其显示出来。

```
#include<stdio.h>
int main()
{
    int a=1, b=1;
    char c='A';
    printf("a=%d\t,&a=%p\n",a,&a);
    printf("b=%d\t,&b=%p\n",b,&b);
    printf("c=%c\t,&c=%p\n",c,&c);
}
```

在 Dev-C++下，程序的运行结果如下：

```
a=1       ,&a=000000000062FE4C
b=1       ,&b=000000000062FE48
c=A       ,&c=000000000062FE47
```

运行结果中的地址值是一个无符号十六进制整数，其字长一般与机器的字长相同。程序中使用了格式控制符%p，来表示变量 a、b、c 的地址值。变量 a、b、c 在内存中的存储示意图如图 8-1 所示。

变量的地址	变量的值	变量名
000000000062FE47	A	c
000000000062FE48	1	b
000000000062FE49	0	
000000000062FE4A	0	
000000000062FE4B	0	
000000000062FE4C	1	a
000000000062FE4D	0	
000000000062FE4E	0	
000000000062FE4F	0	

图 8-1　变量 a、b、c 在内存中的存储示意图

从图 8-1 可见，变量 a、b 分别占据 4 个字节的存储单元，变量 c 占据 1 个字节的存储单元。对比运行结果和图 8-1 发现，变量的地址实际上就是变量在内存中所占存储单元的首地址（存储单元的第一个字节的编号），而存储单元中所存放的数据，称为变量的值。声明变量时如果没有对变量进行初始化，则变量的值是一个随机数。因此，变量名是程序中变量的存储单元的一种抽象。

8.2　指针变量的定义和初始化

变量地址是一种特殊类型的数据，C 语言需要一个特殊类型的变量来存储变量地址，这种特殊的数据类型称为指针。用指针类型定义的变量称为指针变量，指针变量是专门存储变量地址值的变量。指针变量定义的一般格式如下：

数据类型　*指针变量名；

例如：

int *p;

这条语句定义了一个指针变量 p，它指向一个整型变量。注意，语句中指针变量的基类型为

int，所以 p 只能指向 int 型的变量，不能指向其他类型的变量。

若要定义多个相同类型的指针变量，只能这样定义：

float *p1,*p2;

而不能使用如下语句定义：

float *p1,p2;

这条语句表示定义一个 float 型的指针变量和一个 float 型的普通变量，而不是两个 float 型的指针变量。

上述语句定义的指针变量只是声明了指针变量的名字以及指向什么类型的变量，但没有声明指针变量究竟指向哪个指定类型的变量。

【例 8.2】 定义指针变量并显示它的值。

```c
#include<stdio.h>
int main()
{
    int a=1;
    float b=2.1;
    char c='A';
    int *p1;
    float *p2;
    char *p3;
    printf("a is %d, \t&a is %p, \tp1 is %p\n",a,&a,p1);
    printf("b is %.1f, \t&b is %p, \tp2 is %p\n",b,&b,p2);
    printf("c is %c, \t&c is %p, \tp3 is %p\n",c,&c,p3);
    return 0;
}
```

在 Dev-C++下，程序的运行结果为：

```
a is 1,          &a is 000000000062FE34,          p1 is 0000000000000001
b is 2.1,        &b is 000000000062FE30,          p2 is 0000000000000000
c is A,          &c is 000000000062FE2F,          p3 is 0000000000000010
```

从运行结果发现，int 型指针变量 p1 的值不等于 int 型变量 a 的地址，说明 p1 没有指向 a。同样，指针变量 p2 和 p3 也没有指向变量 b 和 c。

在 Visual C++ 6.0 下编译这个程序，出现如下的警告信息：

```
warning C4700: local variable 'p1' used without having been initialized
warning C4700: local variable 'p2' used without having been initialized
warning C4700: local variable 'p3' used without having been initialized
```

这些警告信息表明，局部变量 p1、p2 和 p3 没有初始化，即用户试图使用未初始化的指针变量。指针变量未初始化意味着指针变量的值是随机的、不确定的，我们无法预知它会指向哪里。未初始化指针变量就使用它，这是 C 语言初学者常犯的错误，其带来的错误隐患是非常严重的。在不确定指针变量指向哪里的情况下，就对指针变量所指的存储单元进行写操作，将会给系统带来潜在的危险，甚至导致系统崩溃。

为了避免未初始化指针变量给系统带来的潜在危险，在使用指针变量前必须初始化，即让指针变量指向相同类型的变量，也就是把变量的地址赋值给指针变量。上面的程序可修改如下：

```c
#include<stdio.h>
int main()
{
    int a=1;
    float b=2.1;
    char c='A';
    int *p1;
    float *p2;
    char *p3;
    p1=&a;
    p2=&b;
```

```
    p3=&c;
    printf("a is %d, \t&a is %p, \tp1 is %p, \tp1 is %p\n",a,&a,p1,&p1);
    printf("b is %.1f, \t&b is %p, \tp2 is %p, \tp2 is %p\n",b,&b,p2,&p2);
    printf("c is %c, \t&c is %p, \tp3 is %p, \tp3 is %p\n",c,&c,p3,&p3);
    return 0;
}
```

在 Dev-C++下，程序的运行结果是：

a is 1, &a is 000000000062FE4C, p1 is 000000000062FE4C, p1 is 000000000062FE38
b is 2.1, &b is 000000000062FE48, p2 is 000000000062FE48, p2 is 000000000062FE30
c is A, &c is 000000000062FE47, p3 is 000000000062FE47, p3 is 000000000062FE28

从运行结果可以看出，指针变量 p1、p2 和 p3 分别指向了变量 a、b 和 c。因为程序中将 a、b 和 c 的地址分别赋值给了 p1、p2 和 p3。如图 8-2 所示为 p1、p2 和 p3 与 a、b 和 c 在内存中的存储示意图。

指针变量必须指向相同基类型的变量，不能把不同基类型的变量地址用于初始化指针变量，否则，编译器将给出错误或警告信息。例如，把变量 a 的地址赋值给指针变量 p2：

p2=&a;

在 Dev-C++下将出现如下错误信息：

[Error] cannot convert 'int*' to 'float*' in initialization

同理，不同类型的指针变量不能相互赋值，例如：

p2=p3;

在 Dev-C++下将出现如下警告信息：

[Warning] assignment from incompatible pointer type

变量的地址	变量的值	变量名
000000000062FE28	000000000062FE47	p3
000000000062FE30	000000000062FE48	p2
000000000062FE34	000000000062FE4C	p1
000000000062FE38		指向的变量
	…	
000000000062FE4C		
000000000062FE47	A	c
000000000062FE48	2.1	b
000000000062FE4C	1	a

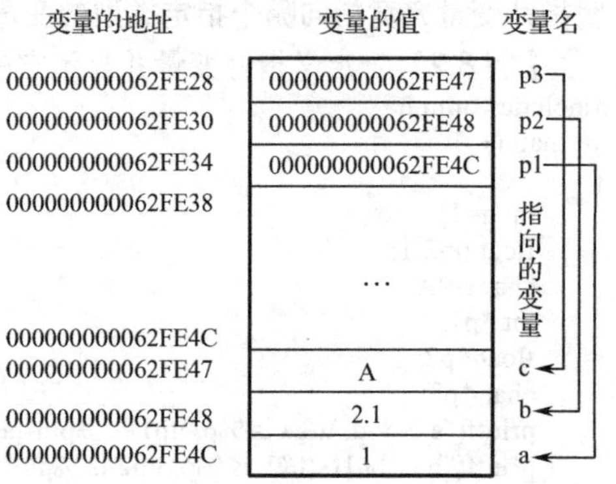

图 8-2 p1、p2 和 p3 与 a、b 和 c 在内存中的存储示意图

因为 p2 是 float 型的指针变量，而 p3 是 char 型的指针变量，二者不兼容。因此，指针变量的初始化必须注意类型匹配问题。

相同类型的指针是可以相互赋值的，例如：

```
int  *a;
int  *p1,*p2;
p1=&a;
p2=p1;
```

这时，指针变量 p1、p2 均指向 int 型变量 a。

注意，在 ANSI C 中，仅当两个指针变量的类型相同或其中之一是指向 void 的指针变量时，才能把一个指针变量赋值给另一个指针变量。因此，常常把 void *看作通配指针变量类型。下面是一些合法和非法的指针变量赋值例子。

```
int    *p;
double *q;
void   *v;
p=v=q;(合法)
p=(int *)q;(合法)
p=q;(不合法)
```

初始化指针变量的更一般的格式是在定义指针变量的同时初始化指针变量，即：

int *p1=&a;

它相当于如下两条语句：

```
int  *p1;
p1=&a;
```

其含义是：定义一个指向 int 型变量的指针变量 p1，并用 int 型变量 a 的地址初始化指针变量 p1，从而使指针变量 p1 具体地指向 int 型变量 a。

指针变量存放的是变量的地址，指针变量和变量的地址二者数值上相等，但概念上指针变量并不等同于变量的地址。变量的地址是一个常量，而指针变量是一个变量，其值是可变的。通常把指向某变量的指针变量，简称为某变量的指针。

8.3 间接寻址运算符

迄今为止，程序是通过变量名或变量的地址来存取变量的内容的，这种数据访问方式，称为直接寻址。例如，在程序中读/写数据时使用的就是直接寻址：

```
scanf("%d", &a);
printf("%d", a);
```

这里&是取地址运算符，&a 表示获取变量 a 的地址，scanf()表示从键盘读数据到变量 a 地址所在的存储单元中。

与直接寻址相比，指针变量间接访问它所指向的变量的访问方式称为间接寻址。如图 8-2 所示，指针变量 p1 访问变量 a 的方法是，首先通过指针变量得到 a 的地址，然后到该地址指示的存储单元中去访问 a 的值。

那么，如何通过指针变量 p1 存取变量 a 的值呢？C 语言使用了间接寻址运算符（*）来访问指针变量所指向的变量的值。例如：

```
printf("%d", *p1);
```

printf()将显示 a 的值，而不是 a 的地址。可见 p1 指向 a，那么*p1 就是 a 的别名。*p1 不仅拥有和 a 同样的值，而且对*p1 的改变也会改变 a 的值。也就是说，*p1 和 a 是等价的。

【例 8.3】 使用指针变量，通过间接寻址显示变量的值。

```
#include<stdio.h>
int main()
{
    int a=1;
    float b=2.1;
    char c='A';
    int *p1=&a;
    float *p2=&b;
    char *p3=&c;
    printf("a is %d, \t&a is %p, \tp1 is %p, \t*p1 is %d\n",a,&a,p1,*p1);
    printf("b is %.1f, \t&b is %p, \tp2 is %p, \t*p2 is %.1f\n",b,&b,p2,*p2);
    printf("c is %c, \t&c is %p, \tp3 is %p, \t*p3 is %c\n",c,&c,p3,*p3);
    *p1=5;
    printf("a is %d, \t&a is %p, \tp1 is %p, \t*p1 is %d\n",a,&a,p1,*p1);
    return 0;
}
```

在 Dev-C++下，程序的运行结果为：

```
a is 1,         &a is 000000000062FE34,    p1 is 000000000062FE34,    *p1 is 1
b is 2.1,       &b is 000000000062FE30,    p2 is 000000000062FE30,    *p2 is 2.1
c is A,         &c is 000000000062FE2F,    p3 is 000000000062FE2F,    *p3 is A
a is 5,         &a is 000000000062FE34,    p1 is 000000000062FE34,    *p1 is 5
```

从运行结果可以看到，*p1 的值与 a 的值是等价的，*p1 的值发生改变，a 的值也随之改变。

注意，不要把间接寻址运算符用于未初始化的指针变量。如果指针变量 p 未初始化，那么*p 的值是未定义的，例如：

```
int    *p;
printf("%d", *p);
```

上述语句在 Dev-C++下的运行可能会出现意外停止，要求调试程序或停止工作。

给*p 赋值甚至会更糟，因为 p 未初始化，所以 p 可以指向任何地方，给*p 赋值将改变未知的存储单元的值，例如：

```
int   *p;
*p=10;
```

这条赋值语句改变的存储单元可能属于程序，从而导致不可知的行为；也可能属于操作系统，从而导致系统崩溃。

因此，使用指针变量，必须恪守以下三条准则：

① 必须清楚每个指针变量指向哪里，指针变量必须指向一块有意义的存储单元。

② 必须清楚每个指针变量指向的对象的内容是什么。

③ 使用指针变量之前必须进行初始化。

C 语言允许使用赋值运算符对两个指针变量进行赋值，其作用相当于指针变量的复制，当然前提是两个指针变量必须具有相同的类型。

【例 8.4】 使用赋值运算符对指针变量赋值，并显示其内容。

```
#include<stdio.h>
int main()
{
    int i=1,j=0;
    int *p,*q;
    p=&i;
    q=p;
    printf("i is %d, \t&i is %p, \tp is %p, \t*p is %d\n",i,&i,p,*p);
    printf("i is %d, \t&i is %p, \tq is %p, \t*q is %d\n",i,&i,q,*q);
    *p=2;
    printf("i is %d, \t&i is %p, \tp is %p, \t*p is %d\n",i,&i,p,*p);
    printf("i is %d, \t&i is %p, \tq is %p, \t*q is %d\n",i,&i,q,*q);
    *q=3;
    printf("i is %d, \t&i is %p, \tp is %p, \t*p is %d\n",i,&i,p,*p);
    printf("i is %d, \t&i is %p, \tq is %p, \t*q is %d\n",i,&i,q,*q);
    return 0;
}
```

在 Dev-C++下，程序的运行结果为：

```
i is 1,        &i is 000000000062FE3C,        p is 000000000062FE3C,    *p is 1
i is 1,        &i is 000000000062FE3C,        q is 000000000062FE3C,    *q is 1
i is 2,        &i is 000000000062FE3C,        p is 000000000062FE3C,    *p is 2
i is 2,        &i is 000000000062FE3C,        q is 000000000062FE3C,    *q is 2
i is 3,        &i is 000000000062FE3C,        p is 000000000062FE3C,    *p is 3
i is 3,        &i is 000000000062FE3C,        q is 000000000062FE3C,    *q is 3
```

从运行结果可以看到，p=&i;把变量 i 的地址值存储在指针变量 p 中，q=p;把 p 的内容（即 i 的地址）复制给 q，相当于 p 和 q 指向了共同的变量 i。*p=2;通过间接寻址运算符改变 i 的值为 2，因此*q 的值也同时变为 2。*q=3;通过间接寻址运算符改变 i 的值为 3，因此*p 的值也同时变为 3。

注意，q=p 与*q=*p 是有区别的。前者是指针变量赋值，使 p 和 q 指向同一个存储单元；后者表示取指针变量 p 所指向的变量的值赋值给指针变量 q 所指向的变量。

【例 8.5】 使用赋值运算符对指针变量赋值，并显示其内容。

```
#include<stdio.h>
int main()
{
    int i=1,j=0;
    int *p,*q;
    p=&i;
    q=&j;
    printf("i is %d, \t&i is %p, \tp is %p, \t*p is %d\n",i,&i,p,*p);
    printf("j is %d, \t&j is %p, \tq is %p, \t*q is %d\n",j,&j,q,*q);
    *q=*p;
    printf("i is %d, \t&i is %p, \tp is %p, \t*p is %d\n",i,&i,p,*p);
    printf("j is %d, \t&j is %p, \tq is %p, \t*q is %d\n",j,&j,q,*q);
```

```
        q=p;
        printf("i is %d, \t&i is %p, \tp is %p, \t*p is %d\n",i,&i,p,*p);
        printf("j is %d, \t&j is %p, \tq is %p, \t*q is %d\n",j,&j,q,*q);
        return 0;
}
```

在 Dev-C++下，程序的运行结果为：

```
i is 1,          &i is 000000000062FE3C,          p is 000000000062FE3C,    *p is 1
j is 0,          &j is 000000000062FE38,          q is 000000000062FE38,    *q is 0
i is 1,          &i is 000000000062FE3C,          p is 000000000062FE3C,    *p is 1
j is 1,          &j is 000000000062FE38,          q is 000000000062FE38,    *q is 1
i is 1,          &i is 000000000062FE3C,          p is 000000000062FE3C,    *p is 1
j is 1,          &j is 000000000062FE38,          q is 000000000062FE3C,    *q is 1
```

8.4　指针变量作为函数参数

前面学习了指针变量的定义、初始化、赋值和间接寻址，那么指针变量有什么应用呢？指针变量的应用很多，其中指针变量作为函数的参数是一种重要应用。

尽管简单变量也可以作为函数形参，但简单变量作为形参无法改变实参的值。

【例 8.6】　用简单变量作为函数形参，实现两个整数的交换。

```
#include<stdio.h>
void Swap(int a,int b);
int main()
{
        int x,y;
        printf("Input two integer numbers:");
        scanf("%d%d",&x,&y);
        Swap(x,y);
        printf("%d\t%d\n",x,y);
        return 0;
}
void Swap(int a,int b)
{
        int temp;
        temp=a;
        a=b;
        b=temp;
}
}
```

程序的 2 次运行结果如下：

```
Input two integer numbers:3     5
3       5
Input two integer numbers:5     3
5       3
```

从运行结果可知，2 次运行结果都不能实现两个整数的交换。尽管主调函数传递两个值给Swap()，因为 Swap()使用简单变量作为形参，所以尽管在 Swap()内部交换了形参 a 和 b 的值，但这个交换结果不会影响实参，因此，将简单变量作为形参以值传递方式调用函数无法改变实参的值。

那么，如何才能改变实参的值呢？指针变量提供了此问题的解决方法：不再传递变量 x 和 y作为函数的实参，而是采用&x 和&y，即指向 x 和 y 的指针变量。Swap()的形参声明为指针变量 p1 和 p2。调用 Swap()时，p1 将有&x 的值，p2 将有&y 的值，因此，*p1 和*p2 分别是 x 和 y 的别名。函数体内*p1 和*p2 的每次出现都是对 x 和 y 的间接引用，而且允许函数既可以读取 x 和 y 的值，也可以修改 x 和 y 的值。下面的代码体现了上述思想：

```
#include<stdio.h>
void Swap(int *p1,int *p2);
int main()
```

```
{
    int x,y;
    printf("Input two integer numbers:");
    scanf("%d%d",&x,&y);
    Swap(&x,&y);
    printf("%d\t%d\n",x,y);
    return 0;
}
void Swap(int *p1,int *p2)
{
    int temp;
    temp=*p1;
    *p1=*p2;
    *p2=temp;
}
```
　　程序运行结果如下：
```
Input two integer numbers:3    5
        3
Input two integer numbers:5    3
3        5
```

　　Swap(&x,&y);调用函数 Swap()时，传递的实参是&x、&y，形参 p1 和 p2 拥有了 x 和 y 的地址，即 p1 和 p2 分别指向了 x 和 y。*p1 和*p2 就是间接寻址访问 x 和 y，修改*p1 和*p2 的值等价于修改 x 和 y 的值。所以，通过形参指针变量的间接寻址改变了实参的值。值传递和地址传递两种方式对比如图 8-3 所示。

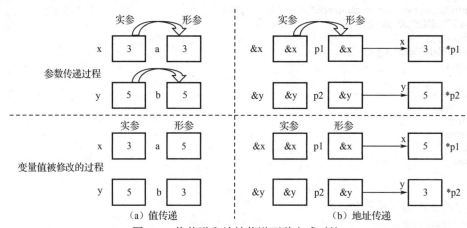

图 8-3　值传递和地址传递两种方式对比

　　可见，简单变量作为函数形参，调用函数时的参数传递是值传递，这是单向传递，不会改变实参的值。而指针变量作为函数形参，调用函数时的参数传递是地址传递，这是双向传递，可以修改实参的值。

　　虽然数组名作为函数实参时，它将数组在内存中的首地址传递给函数的形参，形参利用得到的数组首地址，可以修改数组元素的值，但是，若待修改的数据不在同一个数组中，而且其类型也不相同，就要使用指针变量作为函数形参的方法了。

　　对于值传递和地址传递这两种方式，我们可以这样理解：值传递相当于把一份文件复制给另外一个人，他获得文件后可以随便修改，他的任何修改都不会影响你的计算机中的文件；地址传递相当于把计算机密码告诉别人，并授权他任意访问计算机的权限，那么他可以随便修改计算机中的文件，他的修改结果将直接反映到计算机中，计算机中的文件已不再保持原样了。

　　注意，指针作为函数形参时，在函数体内一定要修改指针变量所指变量的内容，否则实参的值不会发生改变。例如：

```c
#include<stdio.h>
void Swap(int *p1,int *p2);
int main()
{
    int x,y;
    printf("Input two integer numbers:");
    scanf("%d%d",&x,&y);
    Swap(&x,&y);
    printf("%d\t%d\n",x,y);
    return 0;
}
void Swap(int *p1,int *p2)
{
    int *temp;
    temp=p1;
    p1=p2;
    p2=temp;
}
```

程序运行结果为：

```
Input two integer numbers:3    5
3        5
Input two integer numbers:5    3
5        3
```

从运行结果来看，两个数没有实现互换。尽管 Swap()的函数体内实现了形参所指地址的互换，但形参所指变量的值并没有互换。当函数调用结束，执行流程返回主函数时，由于形参 p1 和 p2 是动态局部变量，离开定义它们的 Swap()时，分配给它们的存储单元就被释放了，即 p1 和 p2 对应的存储单元中的值又变为随机数。可见，Swap()做了"无用功"。因此，指针变量作为函数的形参时，在被调函数内必须改变形参所指变量的值，才能在函数调用结束后改变实参的值。上述 Swap()代码需要修改如下才能实现两个数互换：

```c
void Swap(int *p1,int *p2)
{
    int a;
    int *temp=&a;
    *temp=*p1;
    *p1=*p2;
    *p2=*temp;
}
```

注意，Swap()内局部指针变量 temp 在使用前必须先进行初始化，否则程序将意外停止。Swap()内部值互换具体过程如图 8-4 所示。

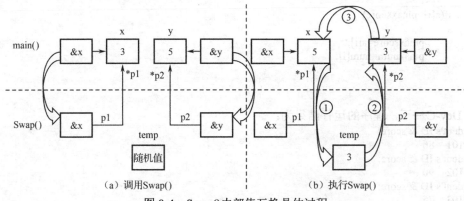

图 8-4　Swap()内部值互换具体过程

在图 8-4 中，main()对 Swap()的调用，将实参 x 和 y 的地址分别传递给函数的形参 p1 和 p2，这样指针变量 p1 指向了变量 x，p2 指向了变量 y，*p1 访问 x 的内容，*p2 访问 y 的内容。因此，在 Swap()内部，借助临时变量 temp 完成对*p1 和*p2 的值的互换，相当于 p1 和 p2 所指向的变量 x 和 y 进行值互换。

8.5　指针变量作为函数参数应用举例

【例 8.7】　试分析下面的程序能否实现从键盘输入某班学生某门课的成绩和学号。输入负数表示输入结束，计算并显示最高分及相应学生的学号。

```
#include<stdio.h>
#define N 40
int ReadScore(int a[],long num[]);
void GetMaxScore(int a[],long num[],int n,int pmaxscore,long pmaxnum);
int main()
{
    int score[N],n,maxscore;
    long num[N],maxnum;
    n=ReadScore(score,num);
    GetMaxScore(score,num,n,maxscore,maxnum);
    printf("maxscore=%d,\tmaxnum=%ld\n",maxscore,maxnum);
    return 0;
}
/*函数功能：输入 n 个学生某门课的成绩和学号*/
int ReadScore(int a[],long num[])
{
    int i=-1; /*i 初始化为-1，在循环体内增 1 后可保证数组下标从 0 开始*/
    do
    {
        i++;
        printf("Input student's ID & score:\n");
        scanf("%ld%d",&num[i],&a[i]);
    }while(num[i]>0&&a[i]>=0);
    return i;
}
/*函数功能：计算最高分及相应学生的学号*/
void GetMaxScore(int a[],long num[],int n,int pmaxscore,long pmaxnum)
{
    int i;
    pmaxscore=a[0];
    pmaxnum=num[0];
    for(i=0;i<n;i++)
    {
        if(a[i]>pmaxscore)
        {
            pmaxscore=a[i];
            pmaxnum=num[i];
        }
    }
}
```

在 Dev-C++下，程序的运行结果为：

```
Input student's ID & score:
1232019101   86
Input student's ID & score:
1232019102   90
Input student's ID & score:
1232019103   75
```

```
Input student's ID & score:
1232019104    69
Input student's ID & score:
-1    -1
maxscore=1,        maxnum=0
```

为什么没有显示出在 GetMaxScore()中计算的最高分及相应学生的学号呢？原因在于
GetMaxScore()中使用普通变量作为形参，用值传递方式调用函数不能修改实参的值。因此，只
能使用指针变量作为形参，用地址传递方式实现。为此，对上述程序修改如下：

```
#include<stdio.h>
#define N 40
int ReadScore(int a[],long num[]);
void GetMaxScore(int a[],long num[],int n,int *pmaxscore,long *pmaxnum);
int main()
{
    int score[N],n,maxscore;
    long num[N],maxnum;
    n=ReadScore(score,num);
    GetMaxScore(score,num,n,&maxscore,&maxnum);
    printf("maxscore=%d,\tmaxnum=%ld\n",maxscore,maxnum);
    return 0;
}
/*函数功能：输入 n 个学生某门课的成绩和学号*/
int ReadScore(int a[],long num[])
{
    …/*同前*/
}
void GetMaxScore(int a[],long num[],int n,int *pmaxscore,long *pmaxnum)
{
    int i;
    *pmaxscore=a[0];
    *pmaxnum=num[0];
    for(i=0;i<n;i++)
    {
        if(a[i]>*pmaxscore)
        {
            *pmaxscore=a[i];
            *pmaxnum=num[i];
        }
    }
}
```

在 Dev-C++下，程序的运行结果如下：

```
Input student's ID & score:
1232019101    89
Input student's ID & score:
1232019102    95
Input student's ID & score:
-1    -1
maxscore=95,        maxnum=1232019102
```

可以看到，得到了正确的结果。GetMaxScore()使用指针变量作为形参，所以调用该函数时
要用&maxscore 和&maxnum 作为实参传地址给两个指针变量形参，相当于函数指定了存放
maxscore 和 maxnum 这两个值的地址。由于指针变量形参所指向的变量的值要在函数调用结束
后才能确定，因此常把它们称为函数的出口参数。而 GetMaxScore()的前三个形参在函数调用前
必须先确定其值，因此，把它们称为函数的入口参数。

【例 8.8】   假设有一种球类比赛，它的比赛规则如下：

① 这是一种双人比赛：包括球员 A 和 B，采用回合制。

② 开始时一方发球，直至判分，接下来胜者发球。

③ 球员只能在获得发球权后得分，得 15 分胜 1 场。

编写程序，试根据球员的能力值分析 *n* 场比赛的胜负次数。

【解题思路】 按照题目要求，进行模块分解。先将任务分解为 4 个子任务：输出程序信息、输入能力值、模拟 *n* 场比赛、输出比赛结果。任务分解如图 8-5 所示。

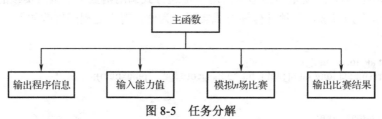

图 8-5 任务分解

将这 4 个子任务用 4 个函数实现，函数接口设计如下：

```
void PrintInfo();
/*函数功能：输出程序信息
  函数参数：无
  函数返回值：无
*/
void GetInputs (float *a,float *b,int *n);
/*函数功能：输入能力值
  函数参数：指向球员能力值的指针 a 和 b，指向比赛场数的指针 n
  函数返回值：无
*/
void SimNGames(float *proA,float *proB,int *scoreA,int *scoreB,int *winA,int *winB,int n);
/*函数功能：模拟 n 场比赛
  函数参数：指向球员能力值的指针 proA 和 proB，指向球员得分的指针 scoreA 和 scoreB，指向球员胜负
局数的指针 winA 和 winB，比赛场数 n
  函数返回值：无
*/
void PrintSummary(float *proA,float *proB,int *scoreA,int *scoreB);
/*函数功能：输出比赛结果
  函数参数：指向球员能力值指针 proA 和 proB，指向球员得分的指针 scoreA 和 scoreB
  函数返回值：无
*/
```

在对程序进行整体流程设计时，只关心函数的功能（做什么），不需要关心它们的实现（怎么做）。因此在编写具体函数之前，可以先编写测试程序的基本框架程序如下：

```
#include<stdio.h>
#include<stdlib.h>
#include<time.h>
int main()
{
    int n=0;
    int scoreA=0,scoreB=0,winA=0,winB=0;
    float proA,proB;
    srand(time(0));
    PrintInfo();                                              /*输出程序信息*/
    GetInputs(&proA,&proB,&n);                                /*输入能力值*/
    SimNGames(&proA,&proB,&scoreA,&scoreB,&winA,&winB,n);     /*模拟 n 场比赛*/
    PrintSummary(winA,winB,n);                                /*输出比赛结果*/
    return 0;
}
```

在"自顶向下"完成程序的基本架构后，再"逐步求精"对各个子模块进一步细化。首先对"模拟 n 场比赛"进行细化、求精，编写抽象算法描述如下：

```
void SimNGames (float *proA,float *proB,int *scoreA,int *scoreB,int *winA,int *winB,int n)
{
      for(i=0;i<n;i++)      /*n 是比赛场数*/
      {
          模拟 1 场比赛;
          若球员 A 的得分超过球员 B 的得分，则 A 胜 1 场;
          否则
                B 胜 1 场;
      }
}
```

从"模拟 n 场比赛"的抽象算法描述可以看出，这个算法可以进一步被分解为 n 个"模拟 1 场比赛"。

接着对"模拟 1 场比赛"进行细化求精，描述如下：

```
void SimOneGame (float *proA,float *proB,int *scoreA,int *scoreB);
{
      假设开始时发球方为 A;
      while(!比赛结束)
      {
          若发球方为 A
                若比赛局面形势小于 A 的能力值，则
                      A 得 1 分;
                否则
                      B 获得发球权;
          否则
                若发球方为 B
                      若比赛局面形势小于 B 的能力值，则
                            B 得 1 分;
                      否则
                            A 获得发球权;
      }
}
```

从"模拟 1 场比赛"的抽象算法可以看出，这个算法包含一个"比赛结束"判断的子任务。

接着对"比赛结束"进行细化求精，描述如下：

```
int GameOver(int *scoreA,int *scoreB)
{
      若球员 A 获得 15 分或球员 B 获得 15 分，则
          本场比赛结束;
      否则
          本场比赛没有结束;
}
```

如果函数返回一个不为 0 的值，则表示比赛结束；如果返回 0，则表示比赛没有结束。

由于函数无法返回两个以上的值，所以程序中以上几个函数都采用指针作为形参，因为形参指向实参，在函数中通过对形参所指向的实参的修改获取实参的变化。这一点在程序设计中要特别留意。

因此，程序的总体架构如图 8-6 所示。

由此进一步得到细化的 SimNGames()如下：

```
void SimNGames (float *proA,float *proB,int *scoreA,int *scoreB,int *winA,int *winB,int n)
{
      for(i=0;i<n;i++)      /*n 是比赛场数*/
```

```
    {
        SimOneGame(proA,proB,scoreA,scoreB);          /*模拟1场比赛*/
        if(*scoreA>*scoreB)
            *winA+=1;
        else
            *winB+=1;
    }
}
```

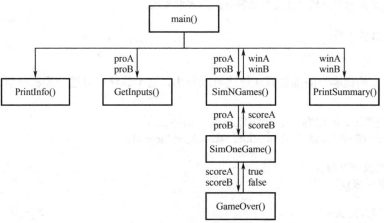

图 8-6   程序的总体架构

按照上述流程，进一步细化 SimOneGame ()和 GameOver()如下：

```
void SimOneGame(float *proA,float *proB,int *scoreA,int *scoreB)
{
    char serving='A'; /*假设开始时发球方为 A*/
    while(!GameOver(scoreA,scoreB))
    {   /*1 球比赛*/
        if(serving=='A')
            if(rand()/(RAND_MAX+1.0) <(*proA))
                *scoreA+=1;
            else
                serving='B';
        else
            if(serving=='B')
                if(rand()/(RAND_MAX+1.0) <(*proB))
                    *scoreB+=1;
                else
                    serving='A';
    }
}
```

"1 球比赛"的胜负如何判定呢？我们采用局面形势来表示。由于局面形势随时在变，因此可以用一个随机数来表示。在 A 发球的情况下，若某球比赛的局面形势小于 A 的能力值，则 A 得 1 分。否则，交换发球权给 B，若该球的局面形势小于 B 的能力值，则球员 B 得 1 分，否则，再次交换发球权，其余类推。该函数的第 7 行和 13 行调用 rand()生成 0～1 之间的随机数表示"1 球比赛"的局面形势。

```
int GameOver(int *scoreA,int *scoreB)
{
    if(*scoreA==15||*scoreB==15)     /*只要其中一个球员得分达到 15 分，比赛结束*/
        return 1;
    else
        return 0;
}
```

接下来，继续对 PrintInfo()、GetInputs()和 PrintSummary()进行细化，程序如下：

```
void PrintInfo()
{
    printf("这个程序模拟两个球员 A 和 B 的某种球类比赛\n");
    printf("程序运行需要 A 和 B 的能力值(以 0~1 之间的小数表示)\n");
}
void GetInputs(float *a,float *b,int *n)
{
    printf("请输入球员 A 的能力值(0~1):");
    scanf("%f",a);
    printf("请输入球员 B 的能力值(0~1):");
    scanf("%f",b);
    printf("请输入模拟比赛的场次:");
    scanf("%d",n);
}
void PrintSummary(int winA,int winB,int n)
{
    n=winA+winB;
    printf("分析开始，共模拟%d 场比赛\n",n);
    printf("球员 A 获胜%d 场比赛,占比%.1f\n",winA,1.0*winA/n);
    printf("球员 B 获胜%d 场比赛,占比%.1f\n",winB,1.0*winB/n);
}
```

最后，在程序开头还需要补充一些文件包含、宏定义及函数原型声明，程序如下：

```
#include<stdio.h>
#include<stdlib.h>
#include<time.h>
void PrintInfo();                                                    /*输出程序信息*/
void GetInputs(float *a,float *b,int *n);                            /*输入能力值*/
void SimOneGame(float *proA,float *proB,int *scoreA,int *scoreB);    /*模拟 1 场比赛*/
void SimNGames(float *proA,float *proB,int *scoreA,int *scoreB,int *winA,int *winB,int n); /*模拟 n 场比赛*/
int GameOver(int *scoreA,int *scoreB);                               /*比赛结果*/
void PrintSummary(int winA,int winB,int n);                          /*输出比赛结果*/
```

程序的运行结果如下：

```
这个程序模拟两个球员 A 和 B 的某种球类比赛
程序运行需要 A 和 B 的能力值(以 0~1 之间的小数表示)
请输入球员 A 的能力值(0~1):0.48
请输入球员 B 的能力值(0~1):0.52
请输入模拟比赛的场次:3000
proA=0.480000    proB=0.520000    n=3000
分析开始，共模拟 3000 场比赛
球员 A 获胜 1238 场比赛,占比 0.4
球员 B 获胜 1762 场比赛,占比 0.6
```

8.6 函数指针及其应用

指针变量既可以指向普通变量，也可以指向函数，通常把指向函数的指针变量称为函数指针。与指针变量存储变量的地址类似，函数指针存储函数的入口地址，即存储这个函数第一条指令的地址。函数的入口地址用函数名表示，函数指针的一般定义格式为：

数据类型　　 (*指针变量)(形参列表);

例如：

int　 (*p)(int, int);

【例 8.9】　 输入两个整数，然后让用户选择 1 或 2：选择 1，调用 Max()，输出二者中的较大数；选择 2，调用 Min()，输出二者中的较小数。

```c
#include<stdio.h>
int Max(int a,int b);
int Min(int a,int b);
int main()
{
    int a,b,c,n;
    int (*p)(int a,int b);
    printf("Please input two numbers:");
    scanf("%d%d",&a,&b);
    printf("Please choose 1 or 2:");
    scanf("%d",&n);
    if(n==1)
    {
        p=Max;
    }
    else
    {
        p=Min;
    }
    c=(*p)(a,b);
    if(n==1)
    {
        printf("max=%d\n",c);
    }
    else
    {
        printf("min=%d\n",c);
    }
    return 0;
}
int Max(int a,int b)
{
    int z;
    if(a>b)
    {
        z=a;
    }
    else
    {
        z=b;
    }
    return z;
}
int Min(int a,int b)
{
    int z;
    if(a<b)
    {
        z=a;
    }
    else
    {
        z=b;
    }
    return z;
}
```

程序的运行结果如下：

Please input two numbers:2   5
Please choose 1 or 2:1

```
max=5
Please input two numbers:2    5
Please choose 1 or 2:2
min=2
```

程序中 c=(*p)(a,b);是函数调用，但不能确定到底是调用 Max()还是 Min()。要通过用户选择来确定究竟调用哪个函数。用户选择 1，即 n 为 1，将 Max()的函数名赋值给 p，即将 Max()的入口地址赋值给 p，此时调用 Max()；用户选择 2，将 Min()的函数名赋值给 p，即将 Min()的入口地址赋值给 p，调用 Min()。

本例通过用户选择来调用不同的函数，相当于简单的菜单功能，可以根据用户的输入执行不同的功能，这在许多应用程序中有实用价值。

函数指针的一个重要用途是把函数的地址作为参数传递给其他函数，即作为其他函数的形参。

【例 8.10】　从键盘输入两个整数，再由用户输入 1、2、3 或 4；输入 1，输出两数之和；输入 2，输出两数之差；输入 2，输出两数之积；输入 4，输出两数相除的余数。

```
#include<stdio.h>
int Add(int a,int b);
int Sub(int a,int b);
int Mul(int a,int b);
int Div(int a,int b);
int Func(int a,int b,int (*p)(int u,int v));
int main()
{
    int x,y,z,n;
    printf("Please input two numbers:");
    scanf("%d%d",&x,&y);
    printf("Please choose 1, 2, 3 or 4: ");
    scanf("%d",&n);
    if(n==1)
        z=Func(x,y,Add);
    else if(n==2)
        z=Func(x,y,Sub);
    else if(n==3)
        z=Func(x,y,Mul);
    else
        z=Func(x,y,Div);
    if(n==1)
        printf("sum=%d",z);
    else if(n==2)
        printf("sub=%d",z);
    else if(n==3)
        printf("mul=%d",z);
    else
        printf("div=%d",z);
    return 0;
}
int Add(int a,int b)
{
    int c;
    c=a+b;
    return c;
}
int Sub(int a,int b)
{
    int c;
    c=a-b;
    return c;
}
```

```
int Mul(int a,int b)
{
    int c;
    c=a*b;
    return c;
}
int Div(int a,int b)
{
    int c;
    c=a%b;
    return c;
}
int Func(int a,int b,int (*p)(int u,int v))
{
    int result;
    result=(*p)(a,b);
    return result;
}
```

程序的 4 次运行结果如下：

```
Please input two numbers:3 4
Please choose 1, 2, 3 or 4: 1
sum=7
Pleasee input two numbers:3 4
Please choose 1, 2, 3 or 4: 2
sub=-1
Please input two numbers:3 4
Please choose 1, 2, 3 or 4: 3
mul=12
Please input two numbers:3 4
Please choose 1, 2, 3 or 4: 4
div=3
```

Func()是一个通用函数，可以实现两个数的加、减、乘、求余运算。之所以能够用一个 Func() 实现加、减、乘、求余这 4 种运算，主要在于其头部定义了如下形参：

int (*p)(int u,int v)

它告诉 C 编译器，Func()的这个形参 p 是一个指针变量，该指针变量指向一个有两个整型形参、返回值为整型的函数，即 p 是一个函数指针。这里，*p 两侧的圆括号是必不可少的。它将* 和 p 先结合，表示 p 是一个指针变量，然后，(*p)与其后的()结合，表示该指针变量指向一个函数。

如果去掉*p 两侧的圆括号，那么声明将变为：

int *p(int u,int v)

这个不是表示一个函数指针，而是表示有两个整型形参并返回整型指针的函数，即返回值为整型指针 p 的函数。

Func()用函数指针作为形参，该函数指针可根据用户输入分别指向 Add()、Sub()、Mul()和 Div()。

Func()中要调用 Add()、Sub()、Mul()和 Div()等函数，为什么要用函数指针而不直接调用呢？ 这是因为每次调用 Func()时，要调用的函数是不固定的，这时用函数指针就比较方便，只要每次调用 Func()时传递不同的函数名作为实参即可，而 Func()不必做任何修改。这种方法符合结构化程序设计思想，有利于提高程序的通用性，减少重复代码。

习题 8

一、单项选择题

1. 若有定义 int x,*pb;，则以下正确的赋值表达式是（   ）。

A．*pb=&x;　　　　　B．pb=x;　　　　　C．pb=&x;　　　　　D．*pb=*x;

2．下面程序调用 scanf 函数给变量 a 输入数值的方法是错误的，其错误原因是（　　）。

```
main()
{
    int *p,q,a,b;
    p=&a;
    scanf("%d",*p);
    …
}
```

A．*p 表示的是指针变量 p 的地址

B．*p 表示的是变量 a 的值，而不是变量 a 的地址

C．*p 表示的是指针变量 p 的值

D．*p 只能用来说明 p 是一个指针变量

3．有 int k=2,*ptr1,*ptr2;且 ptr1 和 ptr2 均已指向变量 k，下面不能正确执行的是（　　）。

A．k=*ptr1+*ptr2;　　　B．ptr2=k;　　　C．ptr1=ptr2;　　　D．k=*ptr1*(*ptr2);

4．变量的指针，其含义是指该变量的（　　）。

A．值　　　　　　　　B．地址　　　　　　C．名　　　　　　　D．一个地址

5．若有 int *p,m=5,n;，则正确的是（　　）。

A．p=&n; scanf("%d",&p);　　　　　　　B．p=&n;scanf("%d",*p);

C．scanf("%d",&n); *p=n;　　　　　　　D．p=&n;*p=m;

二、填空完成程序

1．程序功能：指针变量的使用。

```
#include <stdio.h>
int main()
{
    int a=10;
    //1.定义整型指针变量
    ___;
    //2.指针变量指向变量 a
    pa=___;
    //3.直接打印 a 的值
    printf("a=%d\n",a);
    //4.通过操作指针 pa 打印 a 的值
    printf("a=%d\n",___ );
    //5.直接打印 a 的地址
    //%p 表示输出指针这种格式
    printf("a 的地址:%p \n",___);
    //6.打印指针变量的值，即打印 a 地址
    //%p 表示输出指针这种格式
    printf("a 的地址:%p \n",___);
    return 0;
}
```

2．程序功能：输入三个整数，按由小到大的顺序输出这三个整数。

```
#include <stdio.h>
void swap(int *pa , int ___)
{/*交换两个数的位置*/
    int temp;
    temp = ___;
    *pa = ___;
    *pb = temp;
}
int main()
{
    int a,b,c,temp;
    scanf("%d%d%d",&a,&b,&c);
    if(a>b)
        swap(&a,&b);
    if(b>c)
        swap(&b,___);
    if(a>b)
        swap(&a,___);
    printf("%d,%d,%d",a,b,c);
    return 0;
}
```

三、阅读程序，并写出运行结果

1.
```c
#include<stdio.h>
void f(int a, int b, int *c)
{
    a=20; b=10;
    *c=a+b;
}
void main()
{
    int a=10,b=20,c=30,d=40;
    f(a,b,&c);
    printf("%d,%d,%d\n",a,b,c);
}
```

2.
```c
#include <stdio.h>
void swap(int x, int y)
{
    int z;
    z=x;
    x=y;
    y=z;
}
void pswap(int *x, int *y)
{
    int z;
    z=*x;
    *x=*y;
    *y=z;
}
void main()
{
    int a=3, b=2;
    printf("first:a=%d, b=%d \n", a, b);
    swap(a,b);
    printf("second:a=%d,b=%d\n", a,b);
    pswap(&a,&b);
    printf("third:a=%d,b=%d",a,b);
}
```

3.
```c
#include <stdio.h>
void f(int a, int b, int *c, int *d)
{
    a=30; b=40;
    *c=a+b;
    *d=*d-a;
}
void main()
{
    int a=10,b=20,c=30,d=40;
    f(a,b,&c,&d);
    printf("%d,%d,%d,%d",a,b,c,d);
}
```

4.
```c
#include <stdio.h>
void ast(int *cp, int *dp)
{
    int x=4,y=3;
    *cp=++x+y;
    *dp=x-y;
}
void main()
{
    int c, d;
    ast(&c,&d);
    printf("%d\n%d\n", c, d);
}
```

四、编程题

1．编写函数：
　　void SplitTime(long int total_sec, int *hr, int *min, int *sec);
其中，total_sec 是以从午夜计算的秒数表示的时间，hr、min 和 sec 都是指向变量的指针，这些变量在函数中将分别存储着按小时（0～23）算、按分（0～59）算和按秒（0～59）算的等价的时间。编写程序进行测试。

2．编写函数：
　　void Swap(int *p, int *q);
当传递两个变量的地址时，Swap()能够交换两者的值。编写程序进行测试。

实验题

实验项目：学生成绩管理系统 V2.0。

实验目的：在第 7 章实验题的基础上，通过增加任务需求，熟悉指针和函数指针作为函数参数，模块化程序设计以及增量测试方法。

说明：某班有若干个学生（不超过 50 人，从键盘输入）参加高等数学课程的考试，参考例 8.7，用指针变量和函数指针作为函数参数，编程实现下面的成绩管理功能：

（1）从键盘输入每个学生的学号和成绩；

（2）计算该班高等数学课程的总分和平均分；

（3）按成绩由高到低排出名次；

（4）按学号由小到大排出成绩表；

（5）按学号查找学生排名和成绩；

（6）统计高于平均分的人数及其所占百分比；

（7）按优秀（≥90 分）、良好（80～89 分）、中等（70～79 分）、及格（60～69 分）、不及格（0～59 分）5 个等级，统计每个等级的人数及其所占的百分比；

（8）输出每个学生的学号、成绩、总分和平均分。

要求程序运行后先显示如下菜单，并提示用户输入选项：

```
The Student's Grade Management System
******************************** Menu ****************************
* 1. Enter record                2. Calculate total & average score   *
* 3. Sort in descending order by score    4. Sort in ascending order by number   *
* 5. Search by number            6. Statistical analysis by average   *
* 7. Statistical analysis by grade    8. List record                 *
* 0. Exit                                                            *
*********************************************************************
Please enter your choice:
```

然后根据用户输入的选项执行相应的操作。

第 9 章 字 符 串

尽管前面各章节已经使用过 char 型变量和数组，但仍然缺乏更便捷的方法来处理字符串。本章将介绍字符串常量和字符串变量的相关知识。

9.1 字符串常量

字符串常量是由一对双引号引起来的一个字符序列，如"I love china!""C Language Programming."等都是字符串常量。无论双引号内是否包含字符，包含多少个字符，都是字符串常量。

为便于确定字符串在何处结尾，计算字符串的长度，C 编译器会自动在字符串的末尾添加一个 ASCII 值为 0 的空操作符'\0'作为字符串结束的标志。它在字符串中不会显式地写出，不计入字符串的实际长度，只计入数组的长度。因此，字符串实际上就是由若干有效字符组成的以"\0"作为结尾的一个字符序列。

注意，当字符串中只包含一个字符时，字符串常量与字符常量是有区别的，例如，"A"是字符串常量，它的长度是 2 字节，而'A'是字符常量，它的长度是 1 字节。

9.2 字符串的存储

C 语言没有提供字符串类型，从本质上来讲，C 语言把字符串作为字符数组来实现。当 C 编译器在程序中遇到长度为 n 的字符串常量时，它会为字符串常量分配长度为 n+1 的存储空间。这块存储空间的前 n 个字节的存储单元存储 n 个字符，第 n+1 个字节的存储单元存储'\0'。例如，字符串"Hello!"可以用占据 7 个字节的存储单元的字符数组来存储：

```
char    str[7]={ 'H', 'e', 'l', 'l', 'o', '!', '\0'};
```

其存储结构如图 9-1 所示。

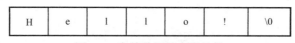

H	e	l	l	o	!	\0

图 9-1　字符数组的存储结构

注意，如果没有'\0'，那么数组 str 就不能表示字符串，只代表一个字符数组。因为'\0'在内存中占据 1 个字节存储单元，所以用字符数组定义字符串，其长度必须大于等于字符串中包括'\0'在内的字符个数。字符串" "表示一个空串，这个数组中只有'\0'，作为单独一个空字符来存储。

字符串变量可以按逐个元素的方式初始化，例如：

```
char    str[ ]={ 'H', 'e', 'l', 'l', 'o', '!', '\0'};
```

系统会自动地按初始化列表中的字符个数来确定数组的大小。而下面的声明：

```
char    str[ ]={ 'H', 'e', 'l', 'l', 'o','!'};
```

系统会将 str 初始化为长度为 6 的数组，由于字符串"Hello! "至少需要 7 个字节的存储单元，当长度声明为 6 时，将会导致没有足够的存储空间来存放系统在数组末尾自动添加的'\0'，此时，系统只将 str 当作字符数组来处理，而不是当作字符串来处理。因此，在省略字符数组的长度声明时，必须人为地在数组的初始化列表中添加'\0'，系统才会把它当作字符串来处理。

字符串变量也可以按如下方式初始化，例如：

```
char    str[]={"Hello!"};
```

或者省略花括号，写成：

```
char    str[]="Hello!";
```

用这种方式定义和初始化字符串变量，不必指定数组的大小，也不必单独为字符数组中的每个元素进行初始化，系统自动根据字符串中字符的个数来确定数组的大小。由于字符串"Hello!"的末尾字符是'\0'，因此数组的大小为字符串中实际字符的个数加1。如果初始化列表很长，那么忽略字符串变量的长度是特别有效的，因为手工计算长度很容易出错。

注意，如果用字符串来初始化字符数组，一定要确保字符数组的长度大于字符串的长度，否则，编译器将忽略空字符'\0'，这将使得字符数组无法作为字符串使用。

当字符数组的初值个数比数组长度小时，系统会把剩余的数组元素初始化为0。类似地，当字符串的字符个数小于数组长度时，字符数组会将额外的元素初始化为'\0'。

一个字符串通常用一个一维数组表示，多个字符串则要存放在二维数组中。由于二维数组是按行存储的，因此，当用二维数组存放多个字符串时，数组的第一维长度表示字符串的个数，可以省略，第二维长度不能省略，应根据最长字符串的长度指定数组第二维的长度。例如：

```
char    months[12][10]={"January", "February", "March", "April", "May", "June", "July", "August", "September",
                "October", "November", "December"};
```

也可以定义为：

```
char    months[][10]={"January", "February", "March", "April", "May", "June", "July", "August", "September",
                "October", "November", "December"};
```

但不能定义为：

```
char    months[][]={"January", "February", "March", "April", "May", "June", "July", "August", "September",
                "October", "November", "December"};
```

由于9月的英文单词最长，有9个字符，所以数组第二维的长度为10。若字符串太长，可以将它分割为多个片段，用多行表示。例如：

```
char    message[]="I love china."
                "because I come from china.";
```

9.3 字符指针

字符指针是指向字符型数据的指针变量。例如：

```
char    *ptr="World";
```

字符串常量"World"在内存中占有一个连续的存储空间，并拥有唯一的首地址，它把自己的首地址赋值给字符指针 ptr，即字符指针指向字符串常量"World"。

上式也可写成：

```
char    *ptr;
ptr="World";
```

二者是等价的，都表示定义一个字符指针 ptr，并用字符串常量"World"在常量存储区中的首地址初始化它，即让 ptr 指向字符串常量"World"。

注意，字符指针的初始化不能理解为把字符串常量赋值给字符指针。

由于字符串常量"World"存储在只读的常量存储区，因此可修改 ptr 的值，使它指向别的字符串，但不能修改 ptr 所指向的存储单元的内容。例如，下面的修改操作是非法的：

```
*ptr="F";
```

而对于字符数组，可修改存储在数组中的字符，因此字符指针要修改字符串中的字符，必须先用字符数组存储字符串，再让字符指针指向该字符数组。例如：

```
char    str[]="World";
char    *ptr=str;
```

由于此时数组名代表数组的首地址，将 str 赋值给 ptr，即让 ptr 指向 str 中的字符串"World"，之后就可以把 ptr 作为字符串使用了，现在 ptr 的值（即 ptr 的指向）可以改变，ptr 所指向的字符串也可以修改。例如，下面的修改操作是合法的：

```
*ptr="F";
```
注意，使用未初始化的字符指针存储字符串是非常严重的错误，可能导致无法预期的错误，如程序崩溃或行为异常。

总之，正确使用字符指针，必须明确字符串存储在哪里，以及字符指针指向了哪里。

9.4　字符串的读/写

有 4 种方式可以实现字符串的读/写。

（1）按%c 格式控制符

一个字符一个字符地单独读/写，一般与循环结构相结合。例如：
```
for(i=0;i<N;i++)
{
    scanf("%c",&str[i]);        /*输入字符串*/
}
```
又如：
```
for(i=0;str[i]!='\0';i++)
{
    printf("%c",str[i]);        /*输出字符串*/
}
```
由于字符串长度与字符数组长度通常不一致，因此很少使用如下方式：
```
for(i=0;i<N;i++)
{
    printf("%c",str[i]);
}
```
【例 9.1】　按%c 格式控制符，从键盘输入一个字符串，并将它显示出来。
```
#include<stdio.h>
#define N 20
int main()
{
    int i;
    char str[N];
    printf("Enter a string:");
    for(i=0;i<N;i++)
    {
        scanf("%c",&str[i]);
    }
    for(i=0;str[i]!='\0';i++)
    {
        printf("%c",str[i]);
    }
    return 0;
}
```
（2）按%s 格式控制符

将字符串作为一个整体读/写。例如：
```
scanf("%s", str);
```
表示读入一个字符串，直到遇到空白字符（空格、回车符或制表位）为止。而
```
printf("%s", str);
```
表示输出一个字符串，直到遇到字符串结束标志为止。

【例 9.2】　按%s 格式控制符，从键盘输入一个字符串，并将它显示出来。
```
#include<stdio.h>
#define N 20
int main()
{
```

```
    char country[N];
    printf("Enter your country name:");
    scanf("%s",country);
    printf("%s",country);
    return 0;
}
```

注意, 用这种方式输入字符串,只能得到一个单词,如"China",如果输入"The United State",只能得到"The"字符串。因为用这种方式输入字符串,遇到空白字符即结束,剩余的字符留在了输入缓冲区中,因此,用 scanf()按%s 格式控制符不能输入带空格的字符串。

（3）使用字符串处理函数进行读/写

字符串处理函数 gets()允许输入带空格的字符串,将空格和制表位作为字符串的一部分读走,将回车符作为字符串的终止符,同时将回车符从输入缓冲区中读走,但不作为字符串的一部分。而 scanf()不读取回车符,回车符仍然驻留在输入缓冲区中。

puts()可从其参数给出的地址开始,依次输出存储单元中的字节,当遇到第一个'\0'时输出结束,并自动输出一个换行符。puts()输出字符串简捷方便,但美中不足的是不能像 printf()那样在输出行中增加一些其他字符信息并控制输出格式。

【例 9.3】 使用 gets()从键盘输入一个带空格的字符串,然后使用 puts()把它显示出来。

```
#include<stdio.h>
#define N 20
int main()
{
    char string[N];
    printf("Enter a string:");
    gets(string);
    puts(string);
    return 0;
}
```

程序的运行结果如下:

Enter a string: How are you?
How are you?

前面几个程序很容易忽视一个安全隐患,即如果用户输入的字符个数超过了数组的长度,那么多出的字符就可能重写内存的其他区域,导致程序出错或异常终止。原因在于,gets()和 scanf()不能限制字符串的长度,可能导致缓冲区发生溢出。因此,当使用 gets()和 scanf()输入字符串时,必须确保输入字符串的长度不大于字符数组的长度。一种更安全的方法是使用限制字符串长度的 fgets(),其调用的一般格式为:

fgets(str,sizeof(str),stdin);

例 9.2 和例 9.3 的程序可修改如下:

```
#include<stdio.h>
#define N 20
int main()
{
    char string[N];
    printf("Enter a string:");
    fgets(string,sizeof(string),stdin);
    puts(string);
    return 0;
}
```

程序的运行结果如下:

Enter a string: How are you? I'm fine, thank you.
How are you? I'm fi

输入的字符串长度虽然超过了数组的长度,但程序可以正常运行,不会出现异常终止。因为程序第 7 行从标准输入流 stdin 中读取一行长度为 sizeof(string)的字符串送到 string 为首地址的存储单元中。这条语句限制了输入字符串的长度不能超过数组的大小 sizeof(string)，因此用户输入的超过数组长度的字符都被舍弃了。

（4）逐个字符读取字符串

对许多程序而言，scanf()和 gets()都有风险且不够灵活。可以尝试编写自己的输入函数，通过每次一个字符的方式读取字符串，这类方式比标准输入函数更灵活。例如：

```
int ReadLine(char str[], int n)
{
    char ch;
    int i;
    while((ch=getchar())!='\n')
        if(i<n)
            str[i++]=ch;
    str[i]='\0';
    return i;
}
```

形参数组 str[]用来存储输入的字符串，最多输入 n 个字符，多余的字符被忽略。函数由一个循环结构构成，只要 str[]有空间，就逐个读入字符，直到遇到第一个回车符，则终止循环。最后在字符串的末尾放置一个空字符。例 9.2 和例 9.3 可修改为：

```
#include<stdio.h>
#define N 20
int ReadLine(char str[], int n);
int main()
{
    char string[N];
    int n;
    printf("Enter a string:");
    n=ReadLine(string,N);
    puts(string);
    printf("n=%d",n);
    return 0;
}
int ReadLine(char str[], int n)
{
    char ch;
    int i=0;
    while((ch=getchar())!='\n')
        if(i<n)
            str[i++]=ch;
    str[i]='\0';
    return i;
}
```

程序的运行结果如下：

```
Enter a string: How are you? I'm fine, thank you.
How are you? I'm fin
n=20
```

那么，当字符串中需要包含双引号或反斜杠时，如何在字符串中包含它们呢？这时就需要用到转义字符了，即在字符双引号或反斜杠前加一个反斜杠（\）。

【例 9.4】 编写程序，从键盘输入一个字符串，并在这个字符串前面或后面输出一个带有双引号或反斜杠的字符串。

```
#include<stdio.h>
#define N 20
int ReadLine(char str[], int n);
int main()
```

```c
{
    int n;
    char str1[N];
    char str2[]="I love \"Programming with C Language.\"";
    char str3[]="D:\\ is the data directory of drive D.";
    printf("Input your talk:");
    n=ReadLine(str1,N);
    printf("%s%s\n",str1,str2);
    printf("%s\n",str3);
}
int ReadLine(char str[], int n)
{
    char ch;
    int i=0;
    while((ch=getchar())!='\n')
        if(i<n)
            str[i++]=ch;
    str[i]='\0';
    return i;
}
```

程序的运行结果如下：

```
Input your talk:Mary, I think that
Mary, I think that I love "Programming with C Language."
D:\ is the data directory of drive D.
```

用字符指针修改上述程序，也可以得到同样输出。

```c
#include<stdio.h>
#define N 20
int ReadLine(char str[], int n);
int main()
{
    int n;
    char str1[N];
    char *str2="I love \"Programming with C Language.\"";
    char str3[]="D:\\ is the data directory of drive D.";
    printf("Input your talk:");
    n=ReadLine(str1,N);
    printf("%s%s\n",str1,str2);
    printf("%s\n",str3);
}
int ReadLine(char str[], int n)
{
    char ch;
    int i=0;
    while((ch=getchar())!='\n')
        if(i<n)
            str[i++]=ch;
    str[i]='\0';
    return i;
}
```

上述两个程序的第 8 行有什么区别呢？第一个程序的第 8 行声明了一个字符数组 str2 并将其初始化，数组名是常量，其值是不能修改的，但数组的内容是可以修改的。第二个程序的第 8 行则声明了一个字符指针并将其初始化，str2 是指针变量，它的值是可以修改的，即它可以指向别的字符串。但由于 str2 指向的是字符串常量，因此 str2 所指向的存储单元中的内容是不能修改的。这就是字符数组与字符指针的区别，读者要特别注意。

9.5 字符串处理函数

C 语言没有提供运算符对字符串进行复制、比较、合并、选择子串等操作，而是提供了许多字符串操作函数完成上述操作，要调用这些字符串处理函数，必须将头文件 string.h 包含到源文件中。string.h 中常用的字符串处理函数见表 9-1。

表 9-1　string.h 中常用的字符串处理函数

函数功能	函数调用的一般格式	功能描述及其说明
求字符串长度	strlen(str);	返回不包括'\0'在内的字符串实际长度
字符串复制	strcpy(str1,str2);	将 str2 中的字符串复制到 str1 中，前提是 str1 的长度大于 str2 的长度
字符串比较	strcmp(str1,str2);	比较 str1 和 str2 的大小，比较结果有三种： ● 当 str1 大于 str2 时，函数返回值大于 0； ● 当 str1 等于 str2 时，函数返回值等于 0； ● 当 str1 小于 str2 时，函数返回值小于 0。 字符串的比较方法为：对两个字符串从左至右按 ASCII 值大小逐个字符进行比较，直到出现不同的字符或遇到'\0'为止
字符串连接	strcat(str1,str2);	将 str2 连接到 str1 的末尾，str1 中的'\0'被 str2 的第一个字符覆盖，连接后的字符串存放在 str1 中，函数调用后返回 str1 的首地址。注意，str1 要足够大，以便能存放连接后的字符串
"n 族" 字符串复制	strncpy(str1,str2,n);	将字符串 str2 最多前 n 个字符复制到 str1 中
"n 族" 字符串比较	strncmp(str1,str2,n);	将字符串 str2 最多前 n 个字符与 str1 进行比较
"n 族" 字符串连接	strncat(str1,str2,n);	将字符串 str2 最多前 n 个字符添加到 str1 的末尾，str1 的'\0'被 str2 中的第一个字符覆盖

【例 9.5】　从键盘输入不超过 20 人的名字字符串，用函数编写这些字符串的排序程序并测试之。

【解题思路】　一个字符串可以用一维数组表示，多个字符串要用二维数组表示。对多个字符串排序，可以采用任意排序算法实现。这里采用冒泡排序法对字符串进行排序。程序如下：

```
#include<stdio.h>
#include<string.h>
#define M 20
#define N 10
void SortName(char str[][N],int n);   /*用冒泡排序法实现字符串按字典顺序排序*/
int main()
{
    int i,n;
    char name[M][N];
    printf("Input the number of persons：");
    scanf("%d",&n);
    getchar();   /*清空缓冲区*/
    printf("Input their names:\n");
    for(i=0;i<n;i++)
    {
        gets(name[i]);   /*输入 n 个人名*/
    }
    SortName(name,n);
```

```
        printf("After sorted results:\n");
        for(i=0;i<n;i++)
        {
            puts(name[i]);
        }
        return 0;
}
/*函数功能：用冒泡排序法实现字符串按字典顺序排序*/
void SortName(char str[][N],int n)
{
        int i,j;
        char temp[N];
        for(i=0;i<n-1;i++)
        {
            for(j=i+1;j<n;j++)
            {
                if(strcmp(str[j],str[i])<0)    /*字符串比较，不能使用关系运算符*/
                {
                    strcpy(temp,str[i]);
                    strcpy(str[i],str[j]);
                    strcpy(str[j],temp);
                }
            }
        }
}
```

程序的运行结果如下：

```
Input the number of persons: 3
Input their names:
John
White
Peter
After sorted results:
John
Peter
White
```

字符串的赋值操作不同于数值和字符的赋值操作。数值和字符的赋值操作可以直接使用赋值运算符，但字符串的赋值操作不能使用赋值运算符，只能使用 strcpy()。因此，下面的字符串赋值操作是错误的。

```
temp=str[i];
str[i]=str[j];
str[j]=temp;
```

另外，字符串的比较操作也不同于数值和字符的比较操作。数值和字符的比较操作直接使用关系运算符，但字符串的比较操作不能使用关系运算符，只能使用 strcmp()。因此，下面的字符串比较操作是错误的：

```
if(str[i]<str[j])
```

在计算机中比较字符串，是通过比较其中对应字符的大小来进行的，而字符的大小可通过比较字符的数字编码来实现，如 ASCII（American Standard Code for Information Interchange）码或 EBCDIC（Extended Binary Coded Decimal Interchange Code）码。比较两个字符串，若 str1 与 str2 的前 i 个字符一致，但 str1 的第 i+1 个字符小于 str2 的第 i+1 个字符，则 str1 小于 str2,；若 str1 的第 i+1 个字符大于 str2 的第 i+1 个字符，则 str1 大于 str2。若一个字符串是另一个字符串的子串，则长的字符串大于短的字符串。

9.6 字符串作为函数参数

由于字符串可以用字符数组和字符指针表示，因此，字符串作为函数参数，既可用字符数组又可用字符指针作为函数参数。

【例 9.6】   编写一个记录字符串中单词个数的函数，并测试之。

【解题思路】   字符串中的单词搜索，首先要跳过空格，遇到非空格字符，表示找到一个单词，计数器加 1，继续搜索，直到再次遇到空格，跳过空格，当再次遇到非空格字符时，表示又找到一个单词，计数器加 1，如此循环往复，直到遇到'\0'为止，结束计数。因此，程序的设计应该使用嵌套的 while 循环（循环次数未知），外层循环判断字符串是否到达末尾，内层循环判断字符串中的字符是否为空格。用字符数组表示字符串的程序如下：

```c
#include<stdio.h>
#define N 80
int WordCount(const char str[]);    /*函数原型声明*/
int main()
{
    char s[N];
    int cnt;
    printf("Input a string:");
    gets(s);
    cnt=WordCount(s);
    printf("cnt=%d",cnt);
    return 0;
}
/*函数功能：字符串单词计数*/
int WordCount(const char str[])
{
    int count=0;
    int i=0;
    while(str[i]!='\0')
    {
        while(isspace(str[i]))
            ++i;
        if(str[i]!='\0')
        {
            ++count;
            while(!isspace(str[i])&&str[i]!='\0')
                ++i;
        }
    }
    return count;
}
```

程序的运行结果如下：

```
Input a string:Hello, world, I'm Peter.
cnt=4
```

用字符指针表示字符串的程序如下：

```c
#include<stdio.h>
#define N 80
int WordCount(const char *str);
int main()
{
    char s[N];
    int cnt;
    printf("Input a string:");
    gets(s);
```

```
        cnt=WordCount(s);
        printf("cnt=%d",cnt);
        return 0;
}
/*函数功能：字符串单词计数*/
int WordCount(const char *str)
{
        int count=0;
        while(*str!='\0')
        {
                while(isspace(*str))
                        ++str;
                if(*str!='\0')
                {
                        ++count;
                        while(!isspace(*str)&&*str!='\0')
                                ++str;
                }
        }
        return count;
}
```

程序的运行结果如下：

```
Input a string:Hello, world, I'm Peter.
cnt=4
```

注意，本例在 WordCount()的字符数组或字符指针形参前均加了关键字 const 限定符，是希望被调函数不要修改实参。但由于实参是以地址方式传递给被调函数的，所以被调函数是否会修改实参是很难控制的。为防止实参在被调函数中被意外修改，可在被调函数的形参前面加上类型限定符 const。

当被调函数的形参加上 const 限定符后，如果试图修改形参，将产生编译错误。

9.7 从函数返回字符串指针

在 C 程序中，函数之间的信息交换是通过函数参数传递和返回值来实现的。因此，设计函数时，首先必须考虑函数有几个参数，分别是什么数据类型？然后考虑函数返回值的类型，即函数调用结束后，应该返回什么结果给调用者？函数返回值可能是一个数值运算的结果值，也可能是一个代表函数调用成功与否的逻辑值。然而，函数只能返回一个值，如何从函数返回多个值呢？

一种可行的办法是利用数组或指针变量作为函数的参数，通过地址传递方式调用函数来获得这些数据值。另一种办法是调用返回指针的函数来返回一个地址，即指向存储这些数据的连续存储空间的首地址，从而获得这些数据。

返回指针的函数的一般格式为：

数据类型　　*函数名(形参列表);

例如：

char　　*Change(const char *str);

声明的是一个返回字符指针的函数 Change()。

注意，返回指针的函数与函数指针是截然不同的，下面这个函数声明与前者不同。

char　　(*change)(const char *str);

前者声明一个返回字符指针的函数，后者声明一个函数指针，该指针指向的函数有一个常量字符指针作为形参，返回值是字符型的。按照优先级，先让*与 change 结合，表示 change 是一个指针，(*change)再与(const char *str)结合，表示该指针变量指向一个函数，其形参为常量字符指针，返回值类型为字符型。

【例 9.7】 编写程序，从键盘输入一行字符串，把字符串中每个字母 e 均变为 E，然后创建一个新字符串，并将每个单词换行显示出来。

程序如下：

```c
#include<stdio.h>
#define M 100
void ReadLine(char str[]);          /*函数原型声明*/
char *Change(const char *);         /*函数原型声明*/
int main()
{
    char s[M];
    printf("\nWhat is your favorite line? ");
    ReadLine(s);
    printf("\n%s\n\n%s\n\n","Here it is after being changed:",change(s));
    return 0;
}
/*函数功能：读入一行字符串*/
void ReadLine(char str[])
{
    int c,i=0;
    while((c=getchar())!=EOF&&c!='\n')
            str[i++]=c;
    str[i]='\0';
}
/*函数功能：改变一行字符串*/
char *Change(const char *s)
{
    static char newstring[M];
    char *ptr=newstring;
    *ptr++='\t';
    for(;*s!='\0';++s)
            if(*s=='e')
                    *ptr++='E';
            else if(*s==' ')
            {
                    *ptr++='\n';
                    *ptr++='\t';
            }
            else
                    *ptr++=*s;
    *ptr='\0';
    return newstring;
}
```

程序的运行结果如下：

```
What is your favorite line? she sells sea shells
Here it is after being changed:
        shE
        sElls
        sEa
        shElls
```

在 ReadLine() 的 while 循环中，从输入流中得到连续字符，并一个接一个地存储在数组 str 中。当遇到换行符时，终止循环，并把空字符放进数组中作为字符串结束标记。

注意，这个函数没有分配存储空间，而是通过主函数的 s 的声明分配存储空间，当把 s 作为实参传递给 ReadLine() 时，传递的是数组的首地址，参数 str 接收这个地址，数组元素本身不被复制但可在 ReadLine() 中通过首地址访问它们。

Change()接收一个字符串并进行复制，同时把每个'e'变为'E'，并用换行符和跳格符代替每个空格。对于函数中语句*ptr++='\t';，因为运算符*和++是一元运算符，并从右到左结合，所以表达式*ptr++等价于*(p++)，这样++运算符增大的是 ptr 的值。**注意**，(*ptr)++增大的是 ptr 指向的值，二者是截然不同的。

由于++运算符出现在 ptr 的右侧，而不是左侧，所以在对整个表达式*ptr++='\t'求值后，才增大 ptr。赋值是求值过程的一部分，这使得把一个跳格符赋值给 ptr 指向的位置。因为 ptr 指向的是 newstring 的首地址，所以把跳格符赋值给 newstring[0]。在增大 ptr 后，ptr 指向 newstring[1]。

每次进行 for 循环，都必须测试 s 所指的位置的值是否是字符串结束标记，如果不是，则执行循环体，并使 s 指向下一个字符。在循环体内进行字符的测试，并完成字符的转换或复制。退出循环后，把字符串结束标记赋值给 ptr 指向的对象。

最后返回数组名 newstring，把数组名作为指向内存中数组首地址的指针，由于 newstring 的存储类型是静态的，所以在函数调用结束时在内存中要保存它的值。否则，分配给它的内存在函数调用结束时将不被保存。函数调用结束，在 main()中显示 newstring 的内容。

习题 9

一、单项选择题

1. 如果 a 和 b 是两个字符串，判断 a 和 b 是否相等，应当使用（ ）。

A. (a==b)   B. (a=b)

C. (strcpy(a，b)==0)   D. (strcmp(a，b)==0)

2. 执行 char str[10]= "China\0"; strlen(str);语句后的结果是（ ）。

A. 5   B. 6   C. 7   D. 9

3. 执行 char *s="abcde"; s+=2; printf("%d", *s);语句后的结果是（ ）。

A. cde   B. 字符'c'   C. 字符'c'的地址   D. 99

4. 设 p1 和 p2 是指向同一个字符串的指针变量，c 为字符变量，则以下不能正确执行的赋值语句是（ ）。

A. c=*p1+*p2;   B. p2=c;   C. p1=p2;   D. c=*p1*(*p2);

5. 下面能正确进行字符串赋值操作的是（ ）。

A. char s[5]={"ABCDE"};   B. char s[5]={'A', 'B', 'C', 'D', 'E'};

C. char *s s="ABCDE";   D. char *s; scanf("%s",s);

6. 下面程序段的运行结果是（ ）。

```
char *s="abcde";
s+=2;printf("%d",s);
```

A. cde   B. 字符'c'

C. 字符'c'地址   D. 无确定的输出结果

7. 设有程序段：

```
char s[]="china"; char *p; p=s;
```

则下列叙述正确的是（ ）。

A. s 和 p 完全相同

B. 数组 s 中的内容和指针变量 p 中的内容相等

C. *p 与 s[0]相等

D. s 数组长度和 p 所指向的字符串长度相等

8. 若有 char *cc[2]={"1234","5678"};，则正确的描述是（ ）。

A．cc 数组的两个元素中各自存放了字符串"1234"和"5678"的首地址

B．cc 数组的两个元素分别存放的是含有 4 个字符的一维字符数组的首地址

C．cc 是指针变量，它指向含有两个数组元素的字符型一维数组

D．cc 数组元素的值分别是"1234"和"5678"

9．若有下面程序段：

```
char *p="break", a[10]={'a', 'b', 'c', 'd'};
printf("%c,%c,%c,%c",*(p+1),p[2],*(a+2),a[1]);
```

则正确的输出是（   ）。

A．e,k,b,c   B．r,a,a,b   C．r,e,c,b   D．有语法错，无正确输出

二、阅读程序，并写出运行结果

1.
```
#include < stdio.h >
#include < string.h >
int main ()
{
    char *p = "abcdefgh" , c[10] = {"XYZ" };
    p += 3 ;
    puts ( strcat ( c , p ) );
    printf ("%d\n" , strlen ( c ) ) ;
    return 0;
}
```

2.
```
#include <stdio.h>
#include <string.h>
int main()
{
    char a[]="morning", t;
    int i, j=0;
    for(i=1;i<7;i++)
    if(a[j]<a[i]) j = i;
    t = a[j];
    a[j] = a[7];
    a[7] = a[j];
    puts(a);
    return 0;
}
```

3.
```
#include <stdio.h>
void mystrcpy( char s1[ ] , char s2[ ]);
void main( )
{
    char   a[50]="I am a teacher.";
    char   b[]="You are a student.";
    printf( " a = %s \n" , a );
    mystrcpy( a , b );
    printf( " a = %s \n" , a );
}
void mystrcpy( char s1[ ] , char s2[ ])
{
    int i = 0 ;
    while( s2[i] != '\0' )
    {
        s1[i] = s2[i];
        i++;
    }
    s1[i] = '\0' ;
}
```

4.
```
#include <stdio.h>
#include <string.h>
int main()
{
    char str[20]="I am a student.",*p=str;
    char *q="You are a teacher.";
    p=p+7;
    q=q+10;
    strcpy(p,q);
    puts(str);
    return 0;
}
```

三、编程题

1．分别用数组和指针编写函数 insert(str1,str2,p)，其功能是：在字符串 str1 中指定位置 p 处插入字符串 str2。

2．用指针变量编写字符串比较函数 strcmp(s,t)，要求：当 s<t 时返回-1，当 s=t 时返回 0，当 s>t 时返回 1。

3．编写函数，其功能是：对一个长度为 N 的字符串从其第 K 个字符起，删去 M 个字符，

组成长度为 N-M 的新字符串（其中 N<=80，M<=80，K<=N）。要求输入字符串"We are poor students."，利用此函数删除"poor"的处理，并输出处理的字符串。

4．输入一行字符，将其中的字符从小到大排列后输出。

5．将空格分开的字符串称为单词。输入多行字符串，直到输入"stop"单词时停止。最后输出单词的数量。

6．将输入的两行字符串连接后，将其中全部空格移到字符串后输出。

7．输入字符串，统计并显示字符串中所包含的不同字符及其数量。例如：

输入：I am a student

输出：a=2 d=1 e=1 I=1 m=1 n=1 s=1 t=2 u=1

实验题

实验题目：学生成绩管理系统 V3.0。

实验目的：在第 8 章实验题的基础上，通过增加任务需求，熟悉二维数组作为函数参数，字符串处理函数，字符串处理操作，模块化程序设计及增量测试方法。

说明：某班有若干个学生（不超过 50 人，从键盘输入）参加高等数学课程的考试，参考例9.5，用二维数组作为函数参数编程实现下面的成绩管理功能：

（1）从键盘输入每个学生的学号、姓名和成绩；

（2）计算该班高等数学课程的总分和平均分；

（3）按成绩由高到低排出名次；

（4）按学号由小到大排出成绩表；

（5）按姓名的字典顺序排出成绩表；

（6）按学号查找学生排名和成绩；

（7）按姓名查找学生排名和成绩；

（8）统计高于平均分的人数及其所占百分比；

（9）按优秀（≥90 分）、良好（80～89 分）、中等（70～79 分）、及格（60～69 分）、不及格（0～59 分）5 个等级，统计每个等级的人数及其所占的百分比；

（10）输出每个学生的学号、姓名、成绩、总分和平均分。

要求程序运行后，用户先登录如下系统：

Welcome to Use The Student's Grade Management System！

Please enter username:zhang

Please enter password(at most 15 digits):******

然后显示如下菜单，并提示用户输入选项：

The Student's Grade Management System

```
********************************** Menu **************************
* 1. Enter record               2. Calculate total & average score  *
* 3. Sort in descending order by score   4. Sort in ascending order by number  *
* 5. Sort in dictionary order by name    6. Search by number         *
* 7. Search by number name       8. Statistical analysis by average  *
* 9. Statistical analysis by grade   10. List record                 *
* 0. Exit                                                            *
********************************************************************
```

Please enter your choice：

然后根据用户输入的选项执行相应的操作。

第 10 章　指针与数组

指针变量（简称指针）的用途非常广，既可以作为函数参数，也可以作为函数返回值。当指针指向数组时，指针可以代替数组下标进行操作。

指针与数组的关系是非常紧密的，理解指针和数组之间的关联对熟练掌握 C 语言是非常关键的，对于提高程序的效率也至关重要。

10.1　指针的运算

指针不仅可以指向普通变量，也可以指向数组元素。例如：

```
int   a[5], *p;
p=&a[0];
```

此时指针 p 指向数组 a 的第一个元素 a[0]。对数组 a 的访问不仅可通过下标完成，也可以通过指针完成，例如：

```
*p=1;
```

该语句与 a[0]=1 等价。指针还可以执行算术运算，例如，指针 p 加上整数 j 产生指向特定元素的指针。如果 p 指向 a[i]，那么 p+j 指向 a[i+j]，即往右移动 j 个位置。例如，指针执行下面的算术运算后，其指向的元素发生了变化：

```
int   a[10], *p, *q, i;
p=&a[0];
q=p+3;
p=p+6;
```

此时，q 指向 a[3]，而 p 指向了 a[6]。同理，如果 p 指向 a[i]，那么 p-j 指向 a[i-j]，即往左移动 j 个位置。例如：

```
p=&a[7];
q=p-3;
p-=6;
```

此时，q 指向 a[4]，而 p 指向了 a[1]。

此外，当两个指针相减时，结果为指针之间的距离。因此，如果 p 指向 a[i]，而 q 指向 a[j]，那么 p-q 就等于 i-j。当然，只有 p 指向数组元素时，p 上的算术运算才会获得有意义的结果。而只有两个指针指向同一个数组时，指针相减才有意义。

指针除能执行算术运算外，还可以执行关系运算。当两个指针指向同一个数组时，指针执行关系运算相当于比较两个指针在数组中的位置大小。例如：

```
p=&a[5];
q=&a[2];
```

那么 p>=q 为真，而 p<=q 为假。

10.2　指针和一维数组的关系

1. 数组名在数组元素引用中的作用

C 编译器遇到数组声明，就会为其在内存中分配一定大小的存储空间，这样，数组的首地址也就确定了。数组元素在内存中是连续存储的，因此数组名有特殊含义，它代表存放数组元素的连续存储单元的第一个元素的地址，即首地址。根据这个首地址，结合方括号和下标，就可以引用数组元素；当然，通过指针也可以引用数组元素。

【例 10.1】 实现数组元素的逆序显示。

下标法引用数组元素的程序如下：

```c
#include<stdio.h>
#define N 10
int main()
{
    int a[N],i;
    printf("Enter %d numbers: ",N);
    for(i=0;i<N;i++)
    {
        scanf("%d",&a[i]);
    }
    printf("Reverse order:");
    for(i=N-1;i>=0;i--)
    {
        printf("%d ",a[i]);
    }
    printf("\n");
    return 0;
}
```

程序的运行结果如下：

```
Enter 10 numbers: 1 2 3 4 5 6 7 8 9 10
Reverse order: 10 9 8 7 6 5 4 3 2 1
```

由于数组名 a 代表数组的首地址，即第一个元素 a[0]的地址&a[0]，所以 a+1 代表数组首地址后下一个元素的地址，即数组中第二个（下标为 1）的元素的地址&a[1]。其余类推，表达式 a+i 代表数组中下标为 i 的元素 a[i]的地址&a[i]。获得数组元素的地址后，就可用间接寻址方式引用数组元素了。用*a 或*(a+0)表示获取首地址 a 所指向的存储单元中的值，即 a[0]，用*(a+i)表示获取首地址后第 i 个元素的值，即 a[i]。下面的程序用数组名和下标，通过间接寻址的方式引用数组元素，其作用与例 10.1 程序等价。

```c
#include<stdio.h>
#define N 10
int main()
{
    int a[N],i;
    printf("Enter %d numbers: ",N);
    for(i=0;i<N;i++)
    {
        scanf("%d",a+i);        /*a+i 代表数组中下标为 i 的元素 a[i]的地址&a[i]*/
    }
    printf("Reverse order:");
    for(i=N-1;i>=0;i--)
    {
        printf("%d ",*(a+i));   /*用*(a+i)表示获取首地址后第 i 个元素的值，即 a[i]*/
    }
    printf("\n");
    return 0;
}
```

之所以用数组名通过直接寻址和间接寻址方式引用数组元素，是因为数组的下标运算符[]是以指针作为其操作数的。例如，C 编译器把 a[i]解释为*(a+i)，表示引用数组首地址后第 i 个元素的值，&a[i]表示数组 a 的第 i+1 个元素的地址，它等价于 a+1。

2. 指针在数组元素引用中的作用

如果将指针指向数组，指针运算可以方便地定位数组元素所在位置，从而引用其元素的值。假设定义一个指向整型数据的指针 p，并将其初始化为数组 a 的首地址，那么 p 可以访问数组元素，如图 10-1 所示。

注意，尽管表达式 p+1 和 p++ 都对指针进行加 1 运算，但它们本质上是两种不同的操作，p+1 不改变 p 的当前指向，仍然指向原来的元素，而 p++ 相当于执行 p=p+1 操作，因此 p++ 操作改变了 p 的指向，表示 p 向前移动了一个位置，指向了下一个元素。

此外，p++ 并非简单地加 1，而是移动到下一个元素，相当于移动了 1*sizeof(基类型) 个字节。例如，如果数组是一个整型数组，每个元素占用 4 个字节的存储单元，那么 p++ 相当于移动了 4 个字节。

使用移动指针的方式也可以方便地访问数组元素，例如，可将例 10.1 的程序修改如下：

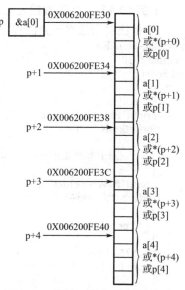

图 10-1　指针运算与数组的关系

```c
#include<stdio.h>
#define N 10
int main()
{
    int a[N],*p;
    printf("Enter %d numbers: ",N);
    for(p=a;p<a+N;p++)
    {
        scanf("%d",p);        /*p 代表其所指向的数组元素地址*/
    }
    printf("Reverse order:");
    for(p=a+N-1;p>=a;p--)
    {
        printf("%d ",*p);    /*用*p 表示获取 p 所指向的元素的值*/
    }
    printf("\n");
    return 0;
}
```

由于数组名 a 是数组的首地址，即数组第一个元素的地址 &a[0]，它可理解为指向元素 a[0] 的整型指针，所以当执行赋值语句 p=a 后，指针 p 就指向元素 a[0]。因此，可以通过移动指针来依次引用数组元素了，即 *p 表示获取 p 所指向的 a[0] 的值，p+1 表示指向首地址后的下一个元素，p+i 表示指向首地址后的第 i 个元素，*(p+i) 表示获取 p+i 所指向的元素 a[i] 的值。

注意，a 是数组名，是一个地址常量，不能通过自增或自减运算符改变其值。而 p 是指针，可以通过自增或自减运算符 p++ 或 p-- 等改变其值，表示它指向其他的数组元素。

指针也可作为数组名使用，结合下标运算符[]引用数组元素。修改例 10.1 程序如下：

```c
#include<stdio.h>
#define N 10
int main()
{
    int a[N],*p,i;
    printf("Enter %d numbers: ",N);
    p=a;
    for(i=0;i<N;i++)
    {
        scanf("%d",&p[i]);
    }
    printf("Reverse order:");
    for(i=N-1;i>=0;i--)
    {
```

```
        printf("%d ",p[i]);
    }
    printf("\n");
    return 0;
}
```

程序的运行结果如下：

Enter 10 numbers: 1 2 3 4 5 6 7 8 9 10
Reverse order: 10 9 8 7 6 5 4 3 2 1

可见，数组元素的引用有 4 种方法：&a[i]、a+i、p+i 和&p[i]都代表数组首地址后第 i 个元素的地址，而 a[i]、*(a+i)、*(p+i)和 p[i]都代表获取数组首地址后第 i 个元素的值。其中指针法通过指针 p 的自增/自减运算的执行效率更高，其他方法的执行效率相同。不过，虽然用指针编程比用数组编程效率高，但用数组编程更直观和容易理解。

3．数组和指针作为函数参数

数组名和指向一维数组的指针都可作为函数参数，包括形参和实参，因此，数组名和指针变量作为参数有 4 种形式：实参和形参都是数组名；实参和形参都是指针；实参是数组名，而形参是指针；实参是指针，而形参是数组名。数组作为形参和指针作为形参本质上是一致的，因为它们都接收数组的首地址，都会按此地址对主调函数的实参数组元素进行间接寻址，因此在被调函数中既能以下标形式又能以指针形式访问数组元素。

【例 10.2】　编写程序将数组中的元素按相反顺序存放。

【解题思路】　要实现数组逆序存放就要将第一个元素的值与最后一个元素的值互换，第二个元素的值与倒数第二个元素的值互换，依次类推，直到数组中间位置元素完成互换为止。因此，要完成上述任务，首先要计算中间元素的位置，然后采用循环结构逐个实现元素的互换。为此，设计一个函数 Inv()完成数组元素互换操作，参数可以是数组，也可以是指针。

方法 1：被调函数的形参声明为数组类型，实参是数组名，用下标法访问数组元素。

```
#include "stdio.h "
#define N 10
void Inv(int x[], int n);          /*函数原型声明：实现数组元素逆序存放*/
int main()
{
    int i,a[N]={3,7,9,11,0,6,7,5,4,2};
    Inv(a,N);
    printf("The array has been reverted:\n");
    for(i=0;i<N;i++)
        printf("%d,",a[i]);
    printf("\n");
    return 0;
}
/*函数功能：实现数组元素逆序存放*/
void Inv(int   x[], int n)
{   int t,i,j,m=(n-1)/2;
    for(i=0;i<=m;i++)
    {    j=n-1-i;
        t=x[i];   x[i]=x[j];   x[j]=t;
    }
}
```

程序的运行结果如下：

The array has been reverted:
2,4,5,7,6,0,11,9,7,3

方法 2：被调函数的形参声明为指针，实参是数组名，用下标法访问数组元素。

```
#include "stdio.h "
#define N 10
```

```
void Inv(int    *x, int n);    /*函数原型声明*/
int main()
{    int i,a[10]={3,7,9,11,0,6,7,5,4,2};
     Inv(a,10);
     printf("The array has been reverted:\n");
     for(i=0;i<10;i++)
          printf("%d,",a[i]);
     printf("\n");
     return 0;
}
void Inv(int    *x, int n)
{
     int t,i,j,m=(n-1)/2;
     for(i=0;i<=m;i++)
     {
          j=n-1-i;
          t=x[i];    x[i]=x[j];    x[j]=t;
     }
}
```

方法 3：被调函数的形参声明为指针，实参是指针，用指针法访问数组元素。

```
#include "stdio.h "
#define N 10
void Inv(int *x, int n);    /*函数原型声明*/
int main()
{    int i,a[10]={3,7,9,11,0,6,7,5,4,2},*p=a;
     p=a;
     Inv(p,10);
     printf("The array has been reverted:\n");
     for(p=a;p<a+10;p++)
          printf("%d, ",*p);
     return 0;
}
void Inv(int *x, int n)    /*指针作为形参*/
{
     int t,*i,*j,*p,m=(n-1)/2;
     i=x;
     j=x+n-1;
     p=x+m;
     for(;i<=p;i++,j--)
     {
          t=*i;    *i=*j;    *j=t;
     }
}
```

方法 4：被调函数的形参声明为数组类型，实参是指针，用指针法访问数组元素。

```
#include "stdio.h "
#define N 10
void Inv(int    x[], int n);
int main()
{    int i,a[10]={3,7,9,11,0,6,7,5,4,2},*p=a;
     p=a;
     Inv(p,10);
     printf("The array has been reverted:\n");
     for(p=a;p<a+10;p++)
          printf("%d ",*p);
     return 0;
}
void Inv(int    x[], int n)
{    int t,*i,*j,*p,m=(n-1)/2;
     i=x;
```

```
        j=x+n-1;
        p=x+m;
        for(;i<=p;i++,j--)
        {
            t=*i;   *i=*j;   *j=t;
        }
}
```

在 4 种方法中，实参虽然可以是数组名或指针，但本质上是一致的，都是传递数组的首地址。但形参采用数组或指针是不同的，它们访问数组元素的方式可用下标法和指针法。它们都接收实参传递的地址，实参和形参共享同一段存储空间。

10.3 指针和二维数组的关系

1．二维数组的行、列地址表示

对于下面定义的二维数组：
```
int   a[3][4];
```

其逻辑存储结构如图 10-2 所示。

在 C 语言中，可将一个二维数组看成由若干一维数组构成。即首先把二维数组看成由 a[0]、a[1]、a[2]三个元素组成的一维数组，数组名为 a，代表其第一个元素 a[0]的地址&a[0]。根据一维数组与指针的关系可知，a+1 代表数组 a 首地址后第一个元素的地址，也就是元素 a[1]的地址&a[1]。同理，a+2 代表数组 a 首地址后第二个元素的地址，即元素 a[2]的地址&a[2]。这样就可以根据这些地址引用数组元素了，例如，*(a+0)即*a 为元素 a[0]，*(a+1)为元素 a[1]，*(a+2)为元素 a[2]。需要注意的是，这里的三个数组元素仍然是地址值，不是具体的数据值。

	第0列	第1列	第2列	第3列
第0行	a[0][0]	a[0][1]	a[0][2]	a[0][3]
第1行	a[1][0]	a[1][1]	a[1][2]	a[1][3]
第2行	a[2][0]	a[2][1]	a[2][2]	a[2][3]

图 10-2   二维数组 a[3][4]的逻辑存储结构

其次，可将 a[0]、a[1]、a[2]三个元素分别看成由 4 个元素组成的一维数组的数组名。例如，a[0]（即 a[0]+0）可看成由 a[0][0]、a[0][1]、a[0][2]、a[0][3]这 4 个元素组成的一维数组的数组名，代表该一维数组第一个元素 a[0][0]的地址&a[0][0]，a[0]+1 代表 a[0][1]的地址&a[0][1]，a[0]+2 代表 a[0][2]的地址&a[0][2]，a[0]+3 代表 a[0][3]的地址&a[0][3]。而根据上述地址进行间接寻址就可取出相应元素的值。例如，*(a[0]+0)的值等于 a[0][0]，*(a[0]+1)的值等于 a[0][1]，*(a[0]+2)的值等于 a[0][2]，*(a[0]+3)的值等于 a[0][3]。二维数组的行地址和列地址示意图如图 10-3 所示。

图 10-3   二维数组的行地址和列地址示意图

a[i]可看成一维数组 a 的下标为 i 的元素，a[i]即*(a+i)可看成由 a[i][0]、a[i][1]、a[i][2]、a[i][3] 这 4 个元素组成的一维数组的数组名，代表该一维数组第一个元素 a[i][0]的地址&a[i][0]。而 a[i]+j 即*(a+i)+j 代表该数组中下标为 j 的元素的地址&a[i][j]，那么间接寻址*(a[i]+j)即*(*(a+i)+j)代表该地址所指向的元素的值 a[i][j]。

可见，下面几种数组元素的表示形式是等价的：

a[i][j]⇔*(a[i]+j)⇔*(*(a+i)+j)⇔ (*(a+i))[j]

因此，如果将二维数组的数组名看成第 0 行的地址，那么 a+1 就是第 1 行的地址，其余类推，a+i 则为第 i 行的地址。如果把 a[i]看成二维数组的第 0 列的地址，那么 a[i]+1 就是第 1 列的地址，a[i]+j 则为第 j 列的地址。换言之，行地址 a 每次加 1（注意：非 a++）表示指向下一行，列地址 a[i]每次加 1 表示指向下一列。

2．二维数组元素的引用

从二维数组的两种地址分析可知，二维数组对应有两种指针，一种是行指针，用行地址初始化；另一种是列指针，用列地址初始化。行指针的一般定义格式如下：

int　(*p)[4];

该语句定义了一个指针 p，指向一个含有 4 个元素的 int 型一维数组。此处方括号中的 4 代表一维数组的长度，不能省略。如果该指针指向一个二维数组，则 p 所指向的每一行均包含 4 个元素。也就是说，行指针指向二维数组的一行元素，即行指针指向的数据类型为二维数组的一维数组的类型。

指向二维数组 a 的行指针 p 的初始化方法为：

p=a;

或

p=&a[0];

因此，使用行指针访问二维数组的元素 a[i][j]可用以下 4 种方式：

p[i][j]⇔*(p[i]+j)⇔*(*(p+i)+j)⇔ (*(p+i))[j]

因为列指针所指向的数据类型为二维数组的元素类型，因此列指针的定义与指向相同类型普通变量的指针的定义是相同的。对于前述的二维数组 a，指向数组的元素类型的列指针可定义的一般格式如下：

int　*p;

并可以采用如下的初始化方法：

p=a[0];　⇔　p=*a;　⇔　p=&a[0][0];

为了用列指针访问二维数组 a 的元素 a[i][j]，可将二维数组 a 看成一个由 m 行 n 列元素组成的一维数组。由于指针 p 初始化为&a[0][0]，从 a[0][0]寻址到 a[i][j]需要跳过 i*n+j 个元素，因此 p+i*n+j 就代表指向二维数组元素 a[i][j]的指针。通过这个指针进行间接寻址，*(p+i*n+j)或 p[i*n+j] 就表示取出 a[i][j]的值。上述寻址方式由于涉及行号和列号的变化，所以需要使用嵌套的循环完成寻址。也可以使用列指针和自增或自减运算符执行 p++或 p--操作实现数组元素的寻址，这时只需要一个循环即可完成数组元素的访问。

注意，行指针 p 可用于表示二维数组元素 p[i][j]，但列指针不能用 p[i][j]表示数组元素，因为在列指针表示下，数组并未看成二维数组，而是将二维数组等同于相同元素个数的一维数组看待的，即将其看成有 m*n 个元素的一维数组。也正因为如此，定义二维数组的列指针时，无须指定它所指向的二维数组的列数。

行指针和列指针的寻址方式还可以通过图 10-4 加以说明。在图 10-4（a）中，当列指针执行 p++或 p--操作时，指针是逐行按列移动的，每次移动的字节数为二维数组的基类型所占的字节数。由于该字节数与二维数组的列数无关，因此调用列指针时，即使不指定列数，也能计算指针移动的字节数。当使用列指针访问二维数组元素时，列数只被用来计算元素地址的偏移量，因此可用一个形参来指定数组元素的总数（或两个形参分别指定行/列数表示元素总数）。在实际应用中，二维数组的列指针常常用来作为函数参数，以实现二维数组的行/列数需要动态指定的场合。

相反，如图 10-4（b）所示，在调用和使用二维数组的行指针时，必须显式指定其所指向的一维数组的长度（即二维数组的列数），且不能用变量指定列数。对行指针执行自增或自减操作时，指针是按二维数组的逻辑行移动的，每次操作移动的字节数为：二维数组的列数*sizeof(基类型)。显然，若不指定列数，则无法计算指针移动的字节数。

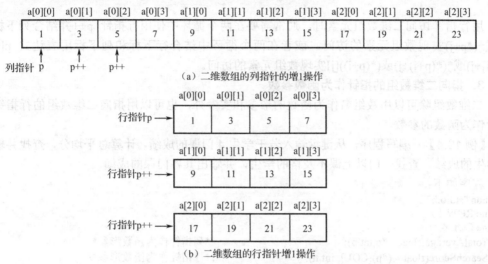

（a）二维数组的列指针的增1操作

（b）二维数组的行指针增1操作

图 10-4　二维数组行指针和列指针的增 1 操作

【例 10.3】　编写程序，定义一个 3 行 4 列的二维数组，然后用列指针和行指针分别输出这个数组中的元素。

先用列指针输出数组元素，程序如下：

```
#include<stdio.h>
int main()
{
    int a[3][4]={1,3,5,7,9,11,13,15,17,19,21,23};
    int *p;
    for(p=a[0];p<a[0]+12;p++)
    {
        if((p-a[0])%4==0)
            printf("\n");
        printf("%4d   ",*p);
    }
    return 0;
}
```

程序的运行结果如下：

```
1    3    5    7
9    11   13   15
17   19   21   23
```

用列指针访问二维数组元素时，只需在一个循环中用自增运算符移动指针 p（即 p++）即可。列指针的初始化可用 p=*a 或 p=&a[0][0]或 p=(int *)a，但不能用 p=a，否则程序编译时会出错。

用行指针输出数组元素，程序如下：

```
#include "stdio.h "
int main()
{   int a[3][4]={1,3,5,7,9,11,13,15,17,19,21,23};
```

```
    int j,(*p)[4];
    for(p=a;p<a+3;p++)
        for(j=0;j<4;j++)
        {
            if(j%4==0)
                printf("\n");
            printf("%4d ",*(*p+j));    /*显示行指针 p 指向数组某行 j 列元素的值*/
        }
    printf("\n");
    return 0;
}
```

用行指针访问二维数组元素时，通常需要在两个循环中使用行指针 p++并结合列下标用表达式*(*p+j)实现数组元素的访问。或者在两个循环中结合行下标和列下标用表达式 p[i][j]或*(p[i]+j)或*(*(p+i)+j)或(*(p+i))[j]实现数组元素的访问。

3．指向二维数组的指针作为函数参数

二维数组除可以用数组名作为函数的形参和实参外，也可以用指向二维数组的行指针和列指针作为函数的参数。

【例 10.4】　编写程序，从键盘输入若干学生 4 门课的成绩，计算总平均分，查找并输出某个学生的成绩，查找一门以上课不及格的学生，并输出其各门课的成绩。

程序如下：
```
#include "stdio.h"
#define ROW 10
#define COL 4
void TotalAverage(float    *p,int n);                        /*列指针作为函数形参*/
void SearchScore(float    (*p)[COL], int n);                 /*行指针作为函数形参*/
void SearchFailScore(float    (*p)[COL], int   n);          /*行指针作为函数形参*/
void ReadScore(float    (*p)[COL],long num[],int m,int n);  /*行指针作为函数形参*/
int main()
{
    float score[ROW][COL];
    long num[ROW];
    int n;
    printf("Input total students:");
    scanf("%d",&n);
    ReadScore(score,num,n,4);
    TotalAverage(*score,n*COL);
    SearchScore(score,2);
    SearchFailScore(score,2);
    return 0;
}
/*函数功能：输入 n 个学生的学号及 4 门课的成绩*/
void ReadScore(float    (*p)[COL],long num[],int m,int n)
{
    int i,j;
    printf("Input student's ID & score as: MT   EN   CP   DS   SE:\n");
    for(i=0;i<m;i++)
    {
        scanf("%ld",&num[i]);
        for(j=0;j<n;j++)
        {
            scanf("%f",*(p+i)+j);
        }
    }
}
/*函数功能：计算总平均分*/
```

```
void TotalAverage(float *p1,int n)
{    float    *p_end, sum=0,aver;
     p_end=p1+n-1;
     for(;p1<=p_end;p1++)
     sum=sum+(*p1);
     aver=sum/n;
     printf("average=%5.2f\n",aver);
}
/*函数功能：查找某个学生的成绩*/
void SearchScore(float    (*p)[COL], int n)
{    int i;
     printf("No.%d   :\n",n);
     for(i=0;i<COL;i++)
         printf("%5.2f   ",*(*(p+n-1)+i));    /*查找第 n 行各列元素的值*/
      putchar('\n');
}
/*函数功能：查找一门以上课不及格的学生*/
void SearchFailScore(float    (*p)[COL], int   n)
{    int i,j,flag;
     for(i=0;i<n;i++)
     {
         flag=0;
         for(j=0;j<COL;j++)
             if(p[i][j]<60)    flag=1;
         if(flag==1)
         {
             printf("No.%d is fail,his scores are:\n",i+1);
             for(j=0;j<COL;j++) printf("%5.1f ",p[i][j]);
             printf("\n");
         }
     }
}
```

程序的运行结果如下：

```
Input total students:3
Input student's ID & score as: MT   EN   CP   DS   SE:
1232019101 45 56 78 89
1232019102 67 78 89 90
1232019103 86 84 91 77
average=77.50
No.2   :
67.00   78.00   89.00   90.00
No.1 is fail,his scores are:
45.0   56.0   78.0   89.0
```

TotalAverage()使用列指针作为形参，在一个循环中采用列指针 p1++引用数组元素；ReadScore()、SearchScore()和 SearchFailScore()使用行指针作为形参，在循环中采用行指针下标法 p[i][j]或指针法*(*(p+i)+j)引用数组元素。

10.4   指针数组及其应用

1．指针数组表示多个字符串

程序设计中经常使用字符串数据，如果是一个字符串，可以用一维字符数组表示；如果有多个字符串，那么需要用二维字符数组表示，如图 10-5 所示。然而，使用二维字符数组表示多个字符串时，必须按最长字符串的长度为每个字符串分配内存，这对于一些短字符串，会造成很大的内存浪费。

name[0]	C	h	i	n	a	\0	\0	\0	\0	\0
name[1]	J	a	p	a	n	\0	\0	\0	\0	\0
name[2]	F	r	a	n	c	e	\0	\0	\0	\0
name[3]	A	u	s	t	r	a	l	i	a	\0
name[4]	E	n	g	l	a	n	d	\0	\0	\0

图 10-5　用二维字符数组表示多个字符串

此外，使用二维数组对字符串排序过程中，为了交换字符串的排列顺序，需要频繁地移动整个字符串的存储位置，造成字符串排序效率较低。

为了解决上述两个问题，C 语言提供了指针数组。指针数组是数组元素均为相同类型指针的数组。指针数组的每一个元素都存放一个地址，相当于一个指针。指针数组的一般定义格式如下：

数据类型　　*数组名[数组长度];

例如：

int *p[5];

表示数组 p 有 5 个元素，每个元素都为指针类型，都是指向 int 型变量的指针。即数组 p 声明了5 个指针，5 个指针都指向 int 型变量。

在什么情况下需要使用指针数组呢？指针数组最主要的用途是字符串处理，因此在实际应用中，字符指针数组更为常用。尽管二维字符数组和字符指针数组都可以表示多个字符串，但是，一方面，字符指针数组能根据字符串的长度分配内存，从而节省存储空间；另一方面，字符指针数组比二维字符数组的使用效率更高，尤其在字符串排序等应用中。

【例 10.5】　编写程序，从键盘输入若干字符串，并按字典顺序将它们排序输出。

```c
#include<stdio.h>
#include<string.h>
#define M 20
#define N 10
void ReadLine(char *str[], int n);        /*函数原型声明，字符指针数组作为函数形参*/
void SortName(char *str[],int n);         /*函数原型声明，字符指针数组作为函数形参*/
void Print(char *str[], int n);           /*函数原型声明，字符指针数组作为函数形参*/
int main()
{
    int i,n;
    char name[M][N];
    char *ptr[M];
    printf("Input the number of persons:");
    scanf("%d",&n);
    for(i=0;i<n;i++)
    {
        ptr[i]=name[i];    /*将二维字符数组 name 第 i 行的首地址初始化为字符指针数组 ptr 的第 i 个元素*/
    }
    getchar();            /*清空缓冲区*/
    printf("Input their names:\n");
    ReadLine(ptr,n);      /*输入 n 个人名*/
    SortName(ptr,n);
    printf("After sorted results:\n");
    Print(ptr,n);
    return 0;
}
/*函数功能：选择排序法实现字符串按字典顺序排序*/
```

```
void SortName(char *str[],int n)
{
    int i,j,k;
    char *temp=NULL;
    for(i=0;i<n-1;i++)
    {
        k=i;
        for(j=i+1;j<n;j++)
        {
            if(strcmp(str[k],str[j])>0)    /*第 k 个字符串与第 j 个字符串的比较*/
            {
                k=j;
            }
        }
        if(k!=i)
        {
            temp=str[i];                   /*交换指针数组的元素值*/
            str[i]=str[k];
            str[k]=temp;
        }
    }
}
/*函数功能：输入 n 个字符串*/
void ReadLine(char *str[], int n)
{
    int i;
    for(i=0;i<n;i++)
        gets(str[i]);
}
/*函数功能：输出排序后的字符串*/
void Print(char *str[], int n)
{
    int i;
    for(i=0;i<n;i++)
        printf("%s\n",str[i]);
}
```

程序的运行结果如下：

```
Input the number of persons: 6
Input their names:
Mike
Jack
White
Francis
Gates
Xiton
After sorted results:
Francis
Gates
Jack
Mike
White
Xiton
```

程序的第 12 行语句 char   *ptr[M];定义了一个有 M 个元素的字符指针数组 ptr，它的每个元素都是字符型指针。常量 M 代表指针数组的长度，char 代表指针数组元素指向的数据类型为字符型。程序的第 15～18 行的 for 循环将二维字符数组 name 第 i 行的首地址初始化为字符指针数组 ptr 的第 i 个元素。

注意，由于指针数组的元素是一个指针，所以在使用前必须对数组元素进行初始化。如果指针未初始化，其值是不确定的，即它指向的存储单元是不确定的，此时对该存储单元进行写操作是很危险的。

除上述字符指针数组的初始化方法外，使用字符串常量也可以实现字符指针数组的初始化，例如：

char   *ptr[M]={"China","Japan","France","Australia","England"};

在这里，初始化列表中的字符串常量与数组元素一样占据内存中的某些连续的存储单元，编译器将存储这些字符串的存储单元的首地址赋值给 ptr 中的元素，无须知道存储这些字符串常量的数组名是什么。此外，用字符串常量初始化字符指针数组时，由于每个字符串在内存中占有的存储单元大小与其实际长度相同，因此，在这种情况下可以节省内存空间。

下面分析一下 SortName()是如何实现排序的。该函数的第一个形参 str 是字符指针数组，在主函数中调用该函数时的实参 ptr 也是字符指针数组，而该指针数组的每个元素初始化为二维字符数组每一行的首地址，所以，SortName()中对形参指针数组 str 的元素值的修改，就是对实参指针数组 ptr 的元素值的修改，也即对二维字符数组 name 的每个字符串的修改。

如图 10-6 所示，SortName()采用选择排序法对字符串进行排序。形参 str 在接收实参传递过来的指针数组 ptr 的首地址后，str 也指向了指针数组 ptr 的首地址。这样，在被调函数 SortName()中，修改形参指针数组 str 的元素值，相当于修改实参指针数组 ptr 的元素值。

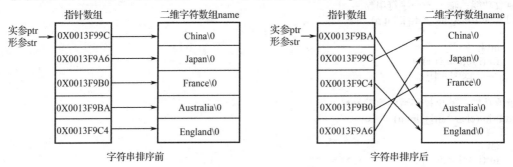

图 10-6 字符指针数组排序字符串示意图

SortName()采用嵌套循环实现字符串的选择排序，其中，第 2 条 if 语句交换指针数组的元素值，即交换字符串的首地址，也即交换字符串的指针值。因此，排序算法只改变了指针数组中元素的指向，没有改变二维字符数组 name 中字符串的存储顺序。

2．指针数组作为 main()的形参

指针数组的另一个用途是作为 main()的形参。在前面各章中，main()没有参数。实际上，在某些情况下，根据需要，main()可以拥有参数。带参数的 main()的一般格式如下：

int   main(int   argc, char   *argv[])

其中，argc 和 argv 是 main()的形参，也称为程序的命令行参数。argc 代表参数个数，argv 是一个字符指针数组，其中的每个元素对应命令行的一个字符串。

main()的形参如何得到值呢？很显然，形参的值不可能从程序中得到。由于 main()是由操作系统调用的，所以，形参只能从操作系统得到值，即实参由操作系统提供值。在操作命令状态下，实参和执行文件的命令一起给出的。例如，在 DOS、Linux、UNIX 系统的操作命令状态下，在命令行中包含了命令名和需要传递给 main()的参数。

命令行的一般格式如下：

命令名   参数 1   参数 2   …   参数 *n*

命令名和各参数之间用空格分隔，命令名是可执行文件名。下面举例说明。

【例 10.6】　下面的程序用于演示命令行参数与 main() 的形参之间的关系。

```
#include<stdio.h>
int main(int argc,char *argv[])
{
    printf("The number of command line arguments is:%d\n",argc);
    printf("The program name is:%s\n",argv[0]);
    argc--;
    printf("The other arguments are following:\n");
    while(argc>0)
    {
        printf("%s\n",*++argv);
        argc--;
    }
    return 0;
}
```

假定生成的源文件名为 argc.c，程序编译并链接后生成的可执行文件名为 argc.exe，在 DOS 命令提示符下输入如下命令行：

```
argc.exe   C Program and Computer
```

将显示如下的程序运行结果：

```
The number of command line arguments is:5
The program name is:argc.exe
The other arguments are following:
C
Program
and
Computer
```

所有的命令行参数都当作字符串来处理，这些字符串的首地址构成一个指针数组，字符指针数组 argv 的每个元素依次指向这些字符串，argv[0]指向第一个命令行参数 argc.exe，argv[1]指向第二个命令行参数 C，随着循环的执行依次输出：argc.exe、C、Program、and、Computer。

命令行参数很有用，尤其是在批处理命令中使用较为普遍。例如，可通过命令行参数向有关程序传递这个程序所要处理的文件的名字，还可用来指定命令的选项等。当程序不需要命令行参数时，只要在 main() 的圆括号里使用关键字 void 将 main() 声明为无参即可。

10.5　动态数组

10.5.1　C 程序的内存映像

C 程序在编译后就会在内存中获得并使用 4 块在逻辑上不同且使用目的也不同的存储区，如图 10-7 所示。从内存的低端开始，第一块内存是只读存储区，存放程序的机器代码和字符串常量等只读数据。紧邻的第二块内存是静态存储区，存放全局变量和静态局部变量等数据。第三、四块内存为动态存储区，分别称为栈和堆。其中，栈用于保存函数调用时的返回地址、函数形参、局部变量及 CPU 的当前状态等程序的运行信息。堆是一个自由存储区，程序可利用 C 语言的动态内存分配函数来使用它。尽管这 4 块区域的实际物理布局随 CPU 的类型和编译器的实现不同而异，但图 10-7 仍从概念上描述了 C 程序的内存映像。

C 程序中变量的内存分配方式有以下三种：

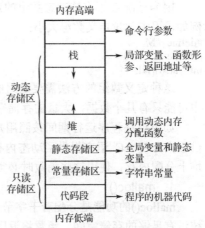

图 10-7　C 语言程序的内存映像

① 通过静态存储区分配。静态存储区存放全局变量和静态局部变量,在程序编译时完成内存分配。这些内存在程序运行期间始终被占据,仅在程序终止前,才被操作系统收回。因此,静态存储区的生存期与程序"共存亡"。

② 从栈中分配。被调函数执行时,系统在栈中为函数内的形参和局部变量分配内存;函数执行结束时,自动释放这些内存。由于栈内存的分配运算内置于处理器的指令集之中,因此效率很高,但是容量有限。如果往栈中压入的数据超出预先给栈分配的容量,就会出现栈溢出,从而使程序运行失败。

③ 在堆上分配。程序运行期间,调用动态内存分配函数来申请的内存都是从堆上分配的。动态内存的生存期由程序员决定,使用非常灵活,但也容易出现内存泄漏问题。为防止内存泄漏的发生,必须及时调用 free() 释放已不再使用的内存。千万不可以有侥幸心理,以为程序运行结束时自然会释放内存,将所有内存归还给系统,但实际上某些商业软件很可能连续运行数月都不会结束。

10.5.2　动态内存分配函数

指针在 C 语言中具有重要应用,主要体现在以下 4 个方面:

① 指针作为函数参数从而允许被调函数修改主调函数中变量的值;

② 通过指向数组的指针灵活地处理数组;

③ 指向函数的指针作为其他被调函数的实参;

④ 指针为动态内存分配提供支持。

当指针作为函数形参时,实参将某个变量的地址传递给作为形参的指针变量,在被调函数内的运算修改形参所指向的变量的值,即修改被调函数外变量的值。当指针指向数组时,指针的自增或自减运算速度很快,因此,用指针寻址数组元素可提高程序的执行效率。

指针的另一个重要应用是指针与动态内存分配函数联用进行动态内存分配。动态内存分配是程序运行期间为变量分配内存的一种方法。全局变量和静态局部变量的存储空间是程序编译时在静态存储区分配的,二者在程序运行期间不能发生变动。而在实际应用中,有时需要在程序运行期间才能确定需要的内存空间。

例如,假定二维数组的行/列数是未知的,需要在程序运行期间由用户从键盘输入,如何定义这样的数组呢?显然,采用变量作为数组的长度是不行的:

```
int   m,n;
int   a[m][n];          /*错误*/
```

因为标准 C 不支持动态数组的定义,即定义数组时不允许数组的长度是变量,只能用常量。例如,用宏常量定义数组大小:

```
#define  M   4
#define  N   20
int   a[M][N];
```

这种定义数组的方法需要数组的长度足够大,这样将分配一块大的存储空间,但实际使用中可能只有几个数据,大量的存储空间被闲置,这势必造成浪费。

如果能在程序运行期间按照用户的需要生成可变长度的动态数组,将对内存的合理使用提供极大方便。C 语言提供了动态内存分配函数来实现这一动态内存分配。动态内存分配函数从堆上分配内存,使用这些函数时必须在程序开始部分包含头文件 <stdlib.h>。

1. malloc()

malloc() 的功能是分配若干字节的存储单元,返回一个指向该存储单元首地址的指针。若系统没有足够的存储空间,函数将返回 NULL。malloc() 的原型为:

```
void   *malloc(unsigned int size);
```
其中，size 为待分配存储单元的大小。函数调用成功返回一个指向 void 型的指针。

void *指针是标准 C 新增加的一种指针类型，具有一般性，称为通用指针或无类型指针，常用来说明其基类型未知的指针，即声明了一个指针，但没有指定它究竟指向哪类数据。因此，若要将函数的返回值赋给某个指针，必须先根据该指针的基类型，使用强转的方法将返回的 void *指针强制转换为需要赋值的指针类型，然后进行赋值操作。例如：

```
int   *p=NULL;
p=(int *)malloc(4);
if(p==NULL)
{
    printf("Error: malloc failed\n");
    exit(EXIT_FAILURE);
}
```

其中，malloc(4)代表向系统申请 4 个字节的存储单元，将 malloc(4)返回的 void *指针强转为 int *型后，再赋值给 int 型指针 p，即将 int 型指针 p 指向这段存储单元的首地址。若返回值为 NULL，则显示出错信息并终止程序。

由于计算机和 C 系统不同，每种类型所占内存的大小也可能不同。如果不能确定某种类型所占内存的大小，这时需要先使用 sizeof()计算本系统中该类型所占内存的大小，然后调用 malloc()向系统申请相应字节数的存储单元。例如：

```
p=(int *)malloc(sizeof(int));
```

这种编码方法有利于提高程序的可移植性。

2. calloc()

calloc()的功能是给若干同一类型的数据项分配连续的存储单元并赋值为 0。其函数原型为：

```
void   *calloc(unsigned int num, unsigned int size);
```

其相当于声明了一个一维数组，其中，第一个参数 num 表示向系统申请的存储单元的数量，决定了一维数组的长度，第二个参数表示申请的每个存储单元的大小，确定了数组的类型。函数的返回值则是数组的首地址。

若函数调用成功，则返回一个指向 void *类型的连续存储单元的首地址，否则返回空指针 NULL。若要将返回值赋值给某个指针，则应先根据该指针的基类型将其强转为与指针基类型相同的数据类型，然后再执行赋值操作。例如：

```
float   *p=NULL;
p=(float *)calloc(10,sizeof(float));
```

表示向系统申请 10 个连续的 float 型的存储单元，并用指针 p 指向该连续存储单元的首地址，系统分配的总字节数为 10*sizeof(float)。其作用相当于使用下面的语句：

```
p=(float *)malloc(10*sizeof(float));
```

不过，与 malloc()不同的是，calloc()能自动地将分配的存储单元初始化为 0，因此，从安全的角度来看，使用 calloc()更为保险。

3. free()

free()用于释放向系统动态申请的指针 p 指向的存储空间。其函数原型为：

```
void   free(void *p);
```

该函数没有返回值，只有一个形参 p，其指向的地址是由 malloc()或 calloc()向系统申请内存时返回的地址。该函数执行后，将系统以前分配的指针 p 指向的存储空间归还给系统，以便由系统重新分配。

4. realloc()

realloc()的功能是改变原来分配的存储空间的大小。其函数原型为：

```
void   *realloc(void *p, unsigned int size);
```

该函数用于将指针 p 所指向的存储空间的大小修改为 size 个字节，函数的返回值是新分配的存储空间的首地址，与原来分配的存储空间的首地址不一定相同。

注意，由于动态内存分配的存储单元是无名的，只能通过指针变量来引用它，所以一旦改变了指针的指向，原来分配的内存及数据也随之消失了，因此在程序中不要轻易改变指针的指向或指针变量的值。

10.5.3 一维动态数组的内存分配

【例 10.7】 编写程序，从键盘输入某班学生一门课的成绩，计算并显示该门课的平均分和最高分。

```c
#include<stdio.h>
#include<stdlib.h>
void ReadScore(float *pt,int n);
float GetAverage(float *pt,int n);
float GetMax(float *pt,int n);
int main()
{
    int n;
    float *p=NULL,av,max;
    printf("Enter the number of students:");
    scanf("%d",&n);
    p=(float *)malloc(n*sizeof(float));      /*向系统申请内存*/
    if(p==NULL)
    {
        printf("Error:malloc failed, no enough memory!\n");
        exit(1);
    }
    printf("Enter %d score:",n);
    ReadScore(p,n);
    av=GetAverage(p,n);
    max=GetMax(p,n);
    printf("average=%.1f, max=%.1f\n",av,max);
    free(p);
    return 0;
}
void ReadScore(float *pt,int n)     /*函数功能：输入 n 个学生某门课的成绩*/
{
    int i;
    for(i=0;i<n;i++)
    {
        scanf("%f",&pt[i]);
    }
}
float GetAverage(float *pt,int n)   /*函数功能：计算 n 个学生某门课的平均分*/
{
    int i;
    float sum=0.0;
    for(i=0;i<n;i++)
    {
        sum+=pt[i];
    }
    return sum/n;
}
float GetMax(float *pt,int n)       /*函数功能：计算 n 个学生某门课的最高分*/
{
    int i;
```

```
    float max;
    max=pt[0];
    for(i=1;i<n;i++)
    {
        if(max<pt[i])
        {
            max=pt[i];
        }
    }
    return max;
}
```

程序的运行结果如下：
```
Enter the number of students:5
Enter 5 score:68 75 89 96 98
average=85.2, max=98.0
```

程序第 12 行向系统申请 n 个 float 型的存储单元，用 float 型指针 p 指向这块连续存储空间的首地址。这等价于建立了一个一维动态数组，指向数组首地址的指针 p 可以引用数组元素，即可用 p[i]或*(p+i)来获取数组元素的值。

程序第 13～17 行的 if 语句用于测试动态内存分配操作是否成功，如果返回值为空指针 NULL，那么说明内存分配失败，可能是内存不足或内存已经耗尽，此时调用 exit(1)终止整个程序的运行，以避免使用空指针而导致系统崩溃。如果返回值为非空指针，那么说明内存分配成功，分配的内存可作为一维数组使用。

此外，程序中使用 free()释放不再使用的内存。千万不要忘记这个操作，以避免内存泄漏。

10.5.4　二维动态数组的内存分配

【例 10.9】　编写程序，从键盘输入 m 个班（每个班有 n 个学生）某门课的成绩，计算并输出这门课的平均分和最高分。

```
#include<stdio.h>
#include<stdlib.h>
void ReadScore(float *pt,int m,int n);
float GetAverage(float *pt,int m,int n);
float GetMax(float *pt,int m,int n);
int main()
{
    int m,n;
    float *p=NULL,av,max;
    printf("Enter the number of classes:");
    scanf("%d",&m);
    printf("Enter the number of students in a class:");
    scanf("%d",&n);
    p=(float *)calloc(m*n,sizeof(float));     /*向系统申请内存*/
    if(p==NULL)
    {
        printf("Error:malloc failed, no enough memory!\n");
        exit(1);
    }
    ReadScore(p,m,n);
    av=GetAverage(p,m,n);
    max=GetMax(p,m,n);
    printf("average=%.1f, max=%.1f\n",av,max);
    free(p);
    return 0;
}
void ReadScore(float *pt,int m,int n)        /*函数功能：输入 m 个班 n 个学生某门课的成绩*/
```

```
{
    int i,j;
    for(i=0;i<m;i++)
    {
        printf("Enter scores of class %d:\n",i+1);
        for(j=0;j<n;j++)
        {
            scanf("%f",&pt[i*n+j]);
        }
    }
}
float GetAverage(float *pt,int m,int n)        /*函数功能：计算 m 个班 n 个学生某门课的平均分*/
{
    int i,j;
    float sum=0.0;
    for(i=0;i<m;i++)
    {
        for(j=0;j<n;j++)
        {
            sum+=pt[i*n+j];
        }
    }
    return sum/(m*n);
}
float GetMax(float *pt,int m,int n)        /*函数功能：计算 m 个班 n 个学生某门课的最高分*/
{
    int i,j;
    float max;
    max=pt[0];
    for(i=0;i<m;i++)
    {
        for(j=0;j<n;j++)
        {
            if(max<pt[i*n+j])
            {
                max=pt[i*n+j];
            }
        }
    }
    return max;
}
```

程序的运行结果如下：

```
Enter the number of classes:3
Enter the number of students in a class:4
Enter scores of class 1:
90 67 85 74
Enter scores of class 2:
68 78 89 98
Enter scores of class 3:
56 78 89 90
average=80.2, max=98.0
```

程序第 14 行向系统申请 m*n 个 float 型的存储单元，并用 float 型指针变量 p 指向这段连续存储空间的首地址。这段连续的存储空间等价于 m 行 n 列的二维数组，但在函数中使用时，采用了列指针 p 指向这个二维数组，所以通过指针 p 作为实参传递给形参时，形参 pt 寻址数组元素必须将其作为一维数组来处理，即只能使用*(pt+i*n+j)或 pt[i*n+j]来引用数组元素的值。

习题 10

一、单项选择题

1. 若已知 int a[3][4], *p; p=a;，则对数组 a 第 2 行第 2 列的正确引用是（   ）。

A. a[2][2]　　　　　　B. p[5]　　　　　　C. a[9]　　　　　　D. p[1][1]

2. 若已定义 int *p,a;，则语句 p=&a;中的运算符 "&" 的含义是（   ）。

A. 位与运算　　　　B. 逻辑与运算　　　　C. 取指针内容　　　　D. 取变量地址

3. 若有 int a[5], *p=a;，则对数组 a 中元素的正确引用是（   ）。

A. *&a[5]　　　　　　B. a+2　　　　　　C. *(p+5)　　　　　　D. *(a+2)

4. 若有 int a[10], *p=a;，则 p+5 表示（   ）。

A. 元素 a[5]的地址　　　　　　　　　　B. 元素 a[5]的值

C. 元素 a[6]的值　　　　　　　　　　　D. 元素 a[6]的地址

5. 以下程序段向数组中所有元素输入数据，空白处应填入（   ）。

```
main()
{    int a[10],i=0;
     while(i<10) scanf("%d",_____); }
```

A. a+i　　　　　　B. &a[++i]　　　　　　C. a+(i++)　　　　　　D. &a[i]

6. 下面程序段把数组元素中的最小值放入 a[0]中，则在 if 语句中应填入（   ）。

```
main()
{    static int a[10]={3,5,3,4,5,6,65,345,2,45},*p=a, i;
     for(i=0; i<10; i++,p++)
     if(_____) *a=*p;
}
```

A. p<a　　　　　　B. *p<a[0]　　　　　　C. *p<*a[0]　　　　　　D. *p[0]<*a[0]

7. 若有 float *p=malloc(float);，则下列说法正确的是（   ）。

A. 声明一个指针变量 p，指向名为 float 的存储单元

B. 可以用指针变量 p 来表示所指实型变量

C. 系统为指针变量 p 分配一个实型数据的存储空间

D. 通过运算符 malloc 分配一个实型数据的存储空间，并将其内存地址赋予指针变量 p

8. 已知：int a[4][3]={1,2,3,4,5,6,7,8,9,10,11,12}; int (*ptr)[3]=a, *p=a[0];，则能够正确表示数组元素 a[1][2]的表达式是（   ）。

A. *((ptr+1)[2])　　B. *(*(p+5))　　　　C. (*ptr+1)+2　　　　D. *(*(a+1)+2)

二、填空完成程序

1. 程序功能：累加数组元素中的值。n 为数组中元素的个数。累加的和值放入 x 所指的存储单元中。

```
fun(int b[ ],int n,int *x)
{
    int k,r=0;
    for(k=0;k<n;k++)
        r=_____;
        _____=r;
}
sort(_____)
{   int i,j;
    char *p;
    for(i=0;i<3;i++)
    {   for(j=i+1;j<3;j++)
        {   if(strcmp(*(pstr+i),*(pstr+j))>0)
```

```
            {   p=*(pstr+i);
                *(pstr+i)=_____;
                *(pstr+j)=p;
            }
          }
       }
    }
```

2．程序功能：将输入的单词反序输出，即输入"this test terminal"，输出"terminal test this"。

```
#include<string.h>
#define    MAXLINE 20
_____
{
    int i;
    char *pstr[3],str[3][MAXLINE];
    for(i=0;i<3;i++)   pstr[i]=str[i];
    for(i=0;i<3;i++)   scanf("%s",pstr[i]);
    sort(pstr);
    for(i=0;i<3;i++)   printf("%s\n",pstr[i]);
}
```

3．程序功能：在数组 w 中插入数 x，w 中的元素已按由小到大的顺序存放，n 为数组中元素的个数，x 插入后数组中的元素仍有序。

```
void fun(char *w,char x,int *n)
{   int i,p;
    p=0;
    w[*n]=x;
    while(x>w[p])     _____;
    for(i=*n;i>p;i--)
        w[i]=_____;
    w[p]=x;
    ++*n;
}
```

三、编程题

1．编写通用函数 avernum，计算含有 n 个元素的一维数组的平均值，并统计此数组中大于平均值的元素的个数。

在主函数中定义含有 100 个元素的数组 x，其中 x[i]=200*cos(i*0.875)，i 的取值范围为 0～99。调用上述函数，输出此数组的平均值及大于平均值的元素的个数。

（注：不允许使用全局变量，不允许在 avernum 函数中输出。）

2．编写通用函数 avermax，计算含有 n 个元素的一维数组的平均值，并求出此数组中大于平均值的元素之和。

在主函数中定义含有 300 个元素的数组 x，x[i]=10* cos ((3.0+i*i) / 5)，i 的取值范围为 0～299。调用上述函数，输出此数组的平均值及大于平均值的元素之和。

（注：不允许使用全局变量，不允许在 avermax 函数中输出。）

3．一个农夫带了一只狼、一只羊和一棵白菜，他需要把这三样东西用船带到河的对岸。然而，这只船只能容纳农夫本人和另外一样东西。如果农夫不在场的话，狼会吃掉羊，羊会吃掉白菜。请编写程序为农夫解决这个过河问题。

4．现在有一个字符串需要输入，规定输入的字符串中只包含英文字母和"*"。请编写程序，实现以下功能：除字符串前后的"*"外，将中间的"*"全部删除。

例如，假设输入的字符串为****A*BC*DEF*G********，删除中间的"*"后，字符串变为****ABCEDFG********。

5．"n-魔方阵"是指这样的方阵：它使用 $1～n^2$ 共 n^2 个自然数排列成一个 $n×n$ 的方阵，其中 n 为奇数；它的每一行、每一列和对角线的元素值之和均相等，并为一个只与 n 有关的常数 $n×(n^2+1)/2$。编写程序，输出一个 5-魔方阵。

实验题

实验题目：学生成绩管理系统 V4.0。

实验目的：在第 9 章实验题的基础上，通过增加任务需求，熟悉指针作为函数参数，模块化程序设计及增量测试方法。

说明：某班若干个学生（不超过 50 人，从键盘输入）参加若干门课（不超过 5 门，从键盘输入）的考试。参考例 9.5，用指针作为函数参数，编程实现如下成绩管理功能：

（1）从键盘输入每个学生的学号、姓名和每门课成绩；

（2）计算该班每门课的总分和平均分；

（3）计算该班每个学生的总分和平均分；

（4）按每门课的总分由高到低排出名次；

（5）按每个学生的总分由高到低排出名次；

（6）按学号由小到大排出成绩表；

（7）按姓名的字典顺序排出成绩表；

（8）按学号查找学生排名及其每门课成绩；

（9）按姓名查找学生排名及其每门课成绩；

（10）按优秀（≥90 分）、良好（80～89 分）、中等（70～79 分）、及格（60～69 分）、不及格（0～59 分）5 个等级，统计每个等级的人数及其所占的百分比；

（11）输出每个学生的学号、姓名、每门课成绩、总分、平均分，以及每门课的总分和平均分。

要求程序运行后，用户先登录如下系统：

Welcome to Use The Student's Grade Management System！
Please enter username:zhang
Please enter password(at most 15 digits):******

然后显示如下菜单，并提示用户输入选项：

The Student's Grade Management System
******************************** Menu ********************************
* 1. Enter record   *
* 2. Calculate total & average score of each course   *
* 3. Calculate total & average score of each student   *
* 4. Sort in descending order by total score of each course   *
* 5. Sort in ascending order by total score of each student   *
* 6. Sort in dictionary order by number   *
* 7. Sort in dictionary order by name   8. Search by number   *
* 9. Search by number name   10. Statistical analysis for every course *
*11. List record   0. Exit   *
****

Please enter your choice:

然后根据用户输入的选项执行相应的操作。

实验拓展：

1．参考例 10.7 用指针数组替换二维字符数组作为函数参数。

2．编写按姓名查找函数；参考例 10.8 和例 10.9，使用动态数组实现。

第 11 章　自定义数据类型

11.1　用户自定义数据类型和信息隐藏

在高级程序设计语言中，为了更有效地描述和组织数据，规范数据的使用，提高程序的可维护性和可读性，方便用户的使用，引入了一些基本数据类型，如整型、浮点型、字符型等。不同的高级语言会定义不同的基本数据类型。编程时，只需要知道如何定义这些数据类型的变量、如何进行变量的初始化及能执行哪些运算等，不必了解变量的内部数据表示形式和操作的具体实现。

然而，当遇到复杂的数据对象时，仅仅使用基本数据类型是无法描述这些对象的。例如，对包含姓名、年龄、性别、若干门课成绩等信息的学生记录，就无法用基本数据类型描述。有些高级语言试图定义更多的基本数据类型（如栈、链表、树、图等）来解决这个问题，但现实世界复杂的数据对象层出不穷、变化多样，实践证明任何一种语言都无法把所有的复杂数据对象都定义为基本数据类型。因此，根本的解决方法是允许用户根据复杂数据对象的属性自定义数据类型。许多高级语言都提出了各自的构造数据类型，也称复合类型。它允许用户根据实际需要利用已有的基本数据类型来构造反映复杂数据对象属性的数据类型。这种构造数据类型派生自基本数据类型，用于表示链表、栈、树、图等复杂数据对象。例如，C 语言中普遍使用的结构体就是构造类型的代表。

尽管构造数据类型可以很好地将复杂数据对象描述为某种类型的变量来处理，但构造数据类型的细节是对外可见的，没有实现信息隐藏，这无疑会在实际应用中带来一些问题。于是，又提出了信息隐藏和抽象数据类型概念。

抽象数据类型不仅包括一些不同类型数据的集合，而且包括作用在这些数据上的操作的集合，即在构造数据类型的基础上增加了对数据的操作，且类型的表示细节及操作对外是不可见的。抽象数据类型的特点是：外部只知道它能做什么，但不知道它怎么做，更不知道数据的内部表示细节，从而很好地达到了信息隐藏的目的。同时，它使程序独立于数据结构的具体实现方法，只要提供相同的操作，采用其他的算法实现时，无须修改程序，有利于程序的维护。C++等面向对象程序设计语言中的类（class）就是抽象数据类型的一种代表，结构体到类实际就是构造数据类型到抽象数据类型的过渡。在面向对象程序设计中，程序员面对的是对象，每个对象包含两个部分：数据和方法。数据用来描述对象的属性，方法用来完成对数据对象的操作，对象与对象之间通过消息进行通信。

11.2　结构体的定义

到目前为止，我们学习过的唯一的构造数据类型就是数组。数组有两个重要特性：首先，所有数组元素都具有相同的数据类型；其次，访问数组元素需要指定其位置，即数组的下标。

如果数据对象是由不同数据类型的数据组成的，数组就无能为力了。例如，一个学生的记录包括姓名、年龄、性别、国别、出生地、入学时间、通讯地址、各门课成绩等。很明显，学生信息的各个数据对象的数据类型是不同的，姓名可以用字符数组表示，年龄可用 int 型变量表示，性别可用字符变量表示等。这些数据对象在内存中分别占据不同的存储单元，数据对象的相关性不强，寻址效率不高，而且难以管理。那么，C 语言是否有办法将不同类型的数据对象集中起来，统一分配内存，从而方便地实现对数据对象的管理呢？

C 语言的结构体就具备这样的能力。结构体把各种类型的数据对象集中在一起，构造符合实际需要的数据类型。

定义结构体首先要声明一个结构体类型，其一般格式如下：

```
struct  结构体名
{
    数据类型  成员 1;
    数据类型  成员 2;
    ...
    数据类型  成员 n;
};
```

例如，定义一个学生结构体类型可声明为：

```
struct  student
{
    long   id;           /*id 表示学生的学号*/
    char   name[20];     /*name 表示学生的姓名*/
    char   sex;          /*sex 表示学生的性别*/
    int    age;          /*age 表示学生的年龄*/
    float  score[5];     /*数组 score 表示学生 5 门课的成绩*/
    char   addr[30];     /*数组 addr 表示学生的通讯地址*/
};
```

struct student 类型的结构如图 11-1 所示。

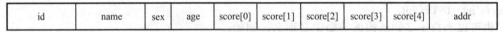

id	name	sex	age	score[0]	score[1]	score[2]	score[3]	score[4]	addr

图 11-1 struct student 类型的结构

又如，定义一个日期结构体类型可声明为：

```
struct  date
{
    int   month;
    int   day;
    int   year;
};
```

结构体类型由关键字 struct 和结构体名组成，结构体声明的末尾以分号结束。结构体名是用户指定的，称为结构体的标记，以区别于其他结构体类型。结构体花括号内各个变量称为结构体成员，每个结构体成员都有成员名和相应的数据类型，成员名与标识符命名规则一致。

注意，定义结构体类型只是定义了数据的组织形式，并没有声明该类型的变量，因此编译器不会为该类型分配内存，正如编译器不会为 int、float 型等分配内存一样。

在定义了结构体类型之后，可以利用已经定义的结构体类型定义结构体变量。C 语言定义结构体变量有两种方式。

① 先声明结构体类型，再定义结构体变量。例如，利用前面定义的结构体类型 student 和 date 分别定义两个变量如下：

```
struct   student  stu1, stu2;
struct   date   day1,day2;
```

② 声明结构体类型的同时定义结构体变量。例如，下面的语句在声明结构体类型 student 的同时定义了该类型的两个变量 stu1 和 stu2：

```
struct   student
{
    long   id;
    char   name[20];
```

```
        char    sex;
        int     age;
        float   score[5];
        char    addr[30];
}stu1, stu2;
```

声明结构体类型和定义结构体变量放在一起，能直接看到结构体的结构。这种方式在编写小程序时比较方便，但在编写大程序时，声明结构体类型和定义结构体变量应处于不同地方，以使程序结构清晰，便于阅读和维护。

当声明结构体类型和定义结构体变量放在一起的时候，结构体名可以省略，例如，下面的语句定义了两个具有相同数据成员的无名结构体变量：

```
struct
{
        long    id;
        char    name[20];
        char    sex;
        int     age;
        float   score[5];
        char    addr[30];
}stu1, stu2;
```

不过这种方法不能在别处定义结构体变量，不适宜用于编写大程序，因此并不常用。

声明数据类型时，经常用关键字 typedef 为已有的数据类型定义一个别名，这个别名应"见名知意"，容易让人理解描述的是什么类型的数据。数据类型的别名通常使用大写字母，以有别于已有的数据类型名。例如：

```
typedef   int   INTEGER;
```

也可以为自定义的结构体类型定义别名，例如：

```
typedef   struct   student
{
        ...
}STUDENT;
```

也可以用以下语句定义别名

```
typedef   struct   student   STUDENT;
```

二者是等价的，都为 struct student 类型定义了别名 STUDENT。STUDENT 与 struct   student 是同义词，描述的是同一种数据类型，并没有声明新的数据类型。利用二者定义的变量也是等价的。例如：

```
STUDENT   stu1, stu2;
struct   student   stu1, stu2;
```

11.3   结构体变量的初始化

结构体变量的成员可以通过将成员的初值放在花括号内来进行初始化。例如，下面的语句完成 STUDENT 类型变量 stu 的定义及初始化：

```
STUDENT   stu={1232019101，"张三丰", 'M', 20, {85,78,90,83,77}，"北京"};
```

它等价于

```
struct   student   stu={1232019101，"张三丰", 'M', 20, {85,78,90,83,77}，"北京"};
```

结构体变量初始化时，各成员初值的顺序必须与结构体类型各成员的顺序一致，即结构体变量的结构必须遵循结构体类型的结构。例如，结构体变量 stu 的第 1 个成员被初始化为1232019101，第 2 个成员被初始化为"张三丰"，第 3 个成员被初始化为'M'，第 4 个成员被初始化为 20，第 5 个成员是 float 型数组被初始化为{85,78,90,83,77}，第 6 个成员被初始化为"北京"。结构体变量 stu 的结构如图 11-2 所示。

| 1232019101 | "张三丰" | 'M' | 20 | 85 | 78 | 90 | 83 | 77 | '北京' |

图 11-2　结构体变量 stu 的结构

从图 11-2 可见，结构体变量 stu 在结构上与 STUDENT 类型完全相同。因此，如果把结构体类型看成一个模板的话，那么结构体变量可看成这个模板生成的一个实例。

11.4　结构体的嵌套

结构体的嵌套是指在一个结构体内其中的一个成员是另一个结构体变量。例如，如果要在前面定义的学生类型中增加一项学生的出生日期信息，那么首先要定义一个包含年、月、日成员的结构体类型：

```
typedef struct   date
{
    int   month;
    int   day;
    int   year;
}DATE;
```

然后根据这个 DATE 类型定义一个结构体变量 birthday 作为 STUDENT 类型的数据成员：

```
typedef   struct   student
{
    long   id;
    char   name[20];
    char   sex;
    int   age;
    float   score[5];
    DATE   birthday;
    char   addr[30];
}STUDENT;
```

在 STUDENT 类型中包含了另一个 DATE 类型的变量 birthday 作为其成员，出现了结构体的嵌套。嵌套结构体类型的结构如图 11-3 所示。

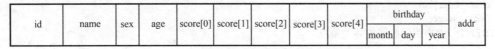

图 11-3　嵌套结构体类型的结构

我们可以用这个嵌套的结构体类型 STUDENT 定义并初始化一个结构体变量。例如：

```
STUDENT   stu={1232019101，"张三丰", 'M', 20, {85,78,90,83,77}, {11,3,2000}, "北京"};
```

11.5　结构体变量的引用

在定义结构体变量之后，如何引用它呢？例如，针对 STUDENT 类型结构体变量 stu，要从键盘输入数据初始化它，可以用以下语句吗？

```
scanf("%d%s%c%d%f%d%s", stu);
```

与数组类似，C 语言规定，构造类型数据不能作为一个整体进行输入/输出操作，只能对具体的每个成员进行输入/输出操作。因此，上面的语句是错误的。

结构体变量的引用使用成员运算符（也称圆点运算符）。其引用的一般格式为：

结构体变量名.成员名

例如，对 STUDENT 类型结构体变量 stu 的成员 id 和 name 的赋值引用如下：

```
stu.id=1232019104;
stu.name="张无忌";
```

可见，对结构体变量的引用是通过对其成员的引用实现的。对结构体成员，可以像普通变量那样进行操作。

如果遇到嵌套的结构体，则要用多个成员运算符，一级一级地找到最低一级的成员，只能对最低级的成员进行赋值和存取运算。例如，对于 STUDENT 类型结构体变量 stu 的成员 birthday，由于 birthday 本身又是一个结构体变量，所以对它的引用要逐级引用。其引用方式为：

```
stu.birthday.year=2000;
stu.birthday.month=5;
stu.birthday.day=12;
```

【例 11.1】 编写程序，从键盘输入两个学生的学号、姓名、性别、年龄、出生日期、出生地和某门课成绩，输出成绩较高的学生的所有信息。

【解题思路】 学生记录由多个不同类型的数据组成，不能用基本数据类型表示，应使用结构体类型。由于结构体类型中涉及学生的出生日期，因此需要在学生结构体中嵌套出生日期结构体。然后定义两个结构体变量代表两个学生，通过变量引用方式分别输入学生的学号、姓名等信息，接着比较两个学生某门课的成绩，输出成绩高的学生信息。如果二者成绩相同，则输出两个学生的信息。

程序如下：

```c
#include<stdio.h>
typedef struct   date
{
    int    month;
    int    day;
    int    year;
}DATE;      /*声明出生日期结构体类型*/
typedef  struct   student
{
    long   id;
    char   name[20];
    char   sex;
    int    age;
    DATE   birthday;
    char   addr[30];
    float   score;
}STUDENT;   /*声明学生结构体类型*/

int main()
{
    STUDENT stu1,stu2;
    printf("Enter the record of the first student:\n");
    scanf("%ld%s %c%d%d%d%d%s%f",&stu1.id,stu1.name,&stu1.sex,&stu1.age,
         &stu1.birthday.month,&stu1.birthday.day,&stu1.birthday.year,stu1.addr,&stu1.score);
    printf("Enter the record of the second student:\n");
    scanf("%ld%s %c%d%d%d%d%s%f",&stu2.id,stu2.name,&stu2.sex,&stu2.age,
         &stu2.birthday.month,&stu2.birthday.day,&stu2.birthday.year,stu2.addr,&stu2.score);
    printf("The higher score student is:\n");
    if(stu1.score>stu2.score)
    {
        printf("%10ld%8s%3c%4d%04d/%02d/%4d%6s%4.1f",stu1.id,stu1.name,stu1.sex,stu1.age,stu1.
            birthday.month,stu1.birthday.day,stu1.birthday.year,stu1.addr,stu1.score);
    }
    else if(stu1.score<stu2.score)
    {
        printf("%10ld%8s%3c%4d%04d/%02d/%4d%6s%4.1f",stu2.id,stu2.name,stu2.sex,stu2.age,stu2.
            birthday.month,stu2.birthday.day,stu2.birthday.year,stu2.addr,stu2.score);
    }
    else
```

```
    {
        printf("%10ld%8s%3c%4d%04d/%02d/%4d%6s%4.1f",stu1.id,stu1.name,stu1.sex,stu1.age,stu1.
            birthday.month,stu1.birthday.day,stu1.birthday.year,stu1.addr,stu1.score);
        printf("%10ld%8s%3c%4d%04d/%02d/%4d%6s%4.1f",stu2.id,stu2.name,stu2.sex,stu2.age,stu2.
            birthday.month,stu2.birthday.day,stu2.birthday.year,stu2.addr,stu2.score);
    }
    return 0;
}
```

程序的运行结果如下：

```
Enter the record of the first student:
1232019101  张三丰  M 20 5 12 1999  北京  90
Enter the record of the second student:
1232019102  张无忌  M 21 12 6 1998  上海  85
The higher score student is:
1232019101    张三丰    M    20    05/12/1999    北京  90.0
```

main()中 scanf 函数的圆括号内只能分别输入结构体变量成员的值，不能使用结构体变量整体输入全部成员的值；同时圆括号内多个成员前均有地址运算符&，但 stu1.name 和 stu1.addr 除外，因为 name 和 addr 是数组名，本身就是地址。

11.6　结构体变量在内存中的存储形式

本节讨论一个结构体变量在计算机系统内所占的内存，即存储单元的字节数（为讨论方便，简称为字节数）是否等于结构体变量的每个成员所占字节数之和？下面先看一个简单的例子。

【例 11.2】　下面程序用于演示结构体变量所占字节数。

```
#include<stdio.h>
typedef struct person
{
    long    id;
    char    name[20];
    char    sex;
    int     age;
}PERSON;
int main()
{
    PERSON ps={1232019101,"张三丰",'M',20};
    printf("bytes=%d\n",sizeof(ps));
    printf("bytes=%d\n",sizeof(PERSON));
    printf("bytes=%d\n",sizeof(struct person));
    return 0;
}
```

在 Dev-C++下，程序的运行结果如下：

```
bytes=32
bytes=32
bytes=32
```

上述三条输出语句的结果是一样的。那么为什么输出结果是 32 呢？对于 32 位计算机，long 型数据在内存中占 4 个字节（存储单元），char 型数据占 1 个字节，char 型数组占 20 个字节，int 型数据占 4 个字节，结构体变量各个成员所占字节数之和为 4+20+1+4=29，与输出结果不同。

实际上，为了提高计算机系统内存的寻址效率，很多处理器为特定的数据类型引入了特殊的内存对齐机制。不同的系统和编译器，内存对齐机制有所不同，为了满足处理器的对齐要求，可能会在较小的成员后加入补位，从而导致结构体实际所占字节数大于结构体成员所占字节数之和。

编译器是如何实现底层体系结构的对齐机制呢？在 32 位计算机中，short 型整数要求从偶数地址开始存放，而 int 型数据则被对齐在 4 个字节地址边界，这样就保证了一个 int 型数据总能通过一次内存操作被访问到，每次内存访问均在 4 个字节对齐的地址处读取或存入 32 位数据。而读取存储在没有对齐的地址处的 32 位整数，则需要两次读取操作，从两次读取得到的 64 位数中提取相关的 32 位整数还需要额外的操作，这样就降低了系统性能。

按照这类计算机的体系结构要求，如图 11-4 所示，结构体变量 ps 的成员变量 sex 要增加 3 个字节的补位，以达到与成员变量 id 和 age 内存对齐的要求，而 name 占 20 个字节，已经达到 4 个字节对齐要求，因此结构体变量 ps 将占 32 个字节，而非 29 个字节。但是若将结构体变量 ps 的第 4 个成员变量 age 的数据类型修改为 short 型，则程序的输出结果将变为：

bytes=28

这是因为，如图 11-5 所示，为了达到与成员变量 id 内存对齐的要求，结构体变量 ps 的成员变量 sex 要多占 1 个字节并与 age 共同完成 4 个字节对齐要求，因此结构体变量 ps 占 28 个字节，而非 27 个字节，也非 32 个字节。

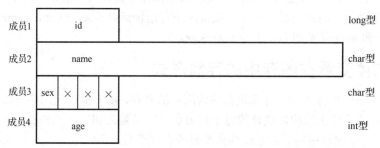

图 11-4　结构体变量第 1 个、第 4 个成员为 long、int 型时在内存中的存储形式

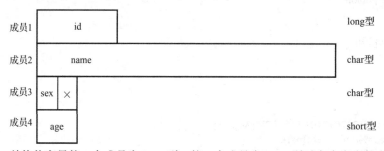

图 11-5　结构体变量第 1 个成员为 long 型、第 4 个成员为 short 型时在内存中的存储形式

可见，系统为结构体变量分配存储空间的大小，并非是所有成员所占字节数之和。它不仅与所定义的结构体类型有关，而且与机器和编译器有关。由于结构体变量的成员的内存对齐方式和数据类型所占内存的大小都与机器相关，因此结构体变量所占字节数也是与机器相关的。因此，在计算结构体变量所占字节数时，一定要使用 sizeof 运算符，千万不要想当然地直接用对各成员所占字节数进行简单求和的方式来计算，否则会降低程序的可移植性。引用结构体成员时，计算机会自动处理这个细节，程序员无须关注计算机内部存放的形式。

11.7　结构体数组的定义和初始化

一个学生结构体变量可以存放一组相关的数据（如学号、姓名、性别等），代表学生结构体的一条记录。而数据库中有很多结构相同的学生记录，如何表示这些学生记录呢？借鉴数组的思想，定义一个结构体数组是一个简单方便的办法。

结构体数组的定义的一般格式如下：

结构体类型　数组名[数组长度];

例如，定义 5 个元素的结构体数组可使用如下形式：

```
typedef struct   date
{
    int    month;
    int    day;
    int    year;
}DATE;
typedef   struct    student
{
    long    id;
    char    name[20];
    char    sex;
    int     age;
    DATE    birthday;
    char    addr[30];
    float   score[4];
}STUDENT;
STUDENT    stu[5];
```

这个数组有 5 个元素，每个元素的数据类型都是 STUDENT 类型。该数组需分配 5*sizeof (STUDENT)个字节的存储单元。其中，第 1 个学生的学号为 stu[0].id，第 3 个学生的出生年份是 stu[2].birthday.year，第 5 个学生的姓名为 stu[4].name。

结构体数组定义后要先进行初始化，其初始化有以下两种方式。

① 采用结构体类型：

数组名[数组长度]={初值列表};

例如：

```
STUDENT    stu[5]={{1232019101,"张三丰",'M',20,{5,12,1999},"北京",{88,86,90,75}},
                   {1232019102,"张　磊",'M',20,{4,2,1999},"上海",{80,86,93,79}},
                   {1232019103,"王大年",'M',20,{1,16,1999},"南京",{78,66,90,77}},
                   {1232019104,"赵　刚",'M',21,{11,24,1998},"大连",{85,80,98,95}},
                   {1232019105,"李云龙",'M',20,{8,10,1999},"深圳",{78,86,80,75}},
};
```

② 采用循环结构，从键盘输入。例如：

```
for(i=0;i<5;i++)
{
    scanf("%ld%s %c%d%d%d%d%s",&stu[i].id,stu[i].name,&stu[i].sex,&stu[i].age,
    &stu[i].birthday.month,&stu[i].birthday.day,&stu[i].birthday.year,stu[i].addr);
    for(j=0;j<4;j++)
    {
        scanf("%f", &stu[i].score[j]);
    }
}
```

【例 11.3】 编写程序，使用结构体数组从键盘输入 5 个学生 4 门课的成绩，计算并输出每个学生 4 门课的平均分。

程序如下：

```
#include<stdio.h>
#define M 5
#define N 4
typedef struct   date
{
    int    month;
    int    day;
    int    year;
}DATE;
typedef   struct    student
```

```
{
    long    id;
    char    name[20];
    char    sex;
    int     age;
    DATE    birthday;
    char    addr[30];
    float   score[4];
}STUDENT;

int main()
{
    STUDENT stu[M];     /*定义结构体数组*/
    int i,j;
    float sum[M];
    for(i=0;i<M;i++)        /*输入 M 个学生的信息*/
    {
        printf("Enter the record of No.%d student:\n",i+1);
        scanf("%ld%s %c%d%d%d%d%s",&stu[i].id,stu[i].name,&stu[i].sex,&stu[i].age,
    &stu[i].birthday.month,&stu[i].birthday.day,&stu[i].birthday.year,stu[i].addr);
        for(j=0;j<N;j++)
        {
            scanf("%f", &stu[i].score[j]);
        }
    }
    for(i=0;i<M;i++)
    {
        sum[i]=0.0;
        for(j=0;j<N;j++)
        {
            sum[i]=sum[i]+stu[i].score[j];
        }
        printf("%10ld%6s%3c%4d %02d/%02d/%4d%6s%6.1f%6.1f%6.1f%6.1f%6.1f\n",stu[i].id,stu[i].
name,stu[i].sex,stu[i].age,stu[i].birthday.month,
        stu[i].birthday.day,stu[i].birthday.year,stu[i].addr,stu[i].score[0],stu[i].score[1],stu[i].score[2],stu[i].
score[3],sum[i]/4);     /*显示结构体成员信息*/
    }
    return 0;
}
```

程序的运行结果如下：
```
Enter the record of No.1 student:
1232019101 张三丰 M 20 5 12 1999 北京 88 86 90 75
Enter the record of No.2 student:
1232019102 张磊 M 20 4 2 1999 上海 80 86 93 79
Enter the record of No.3 student:
1232019103 王大年 M 20 1 16 1999 南京 78 66 90 77
Enter the record of No.4 student:
1232019104 赵刚 M 21 11 24 1998 大连 85 80 98 95
Enter the record of No.5 student:
1232019105 李云龙 M 20 8 10 1999 深圳 78 86 80 75
1232019101    张三丰    M    20 05/12/1999    北京 88.0 86.0 90.0 75.0 84.8
1232019102    张 磊     M    20 04/02/1999    上海 80.0 86.0 93.0 79.0 84.5
1232019103    王大年    M    20 01/16/1999    南京 78.0 66.0 90.0 77.0 77.8
1232019104    赵 刚     M    21 11/24/1998    大连 85.0 80.0 98.0 95.0 89.5
1232019105    李云龙    M    20 08/10/1999    深圳 78.0 86.0 80.0 75.0 79.8
```

11.8 结构体指针的定义和初始化

结构体指针就是指向结构体变量的指针。假设已经声明 STUDENT 类型，那么结构体指针定义的一般格式如下：

STUDENT *p;

此时，结构体指针 p 没有指向一个特定的存储单元，它的值是随机数。为了安全使用结构体指针 p，需要让它指向一个确定的存储单元，即对结构体指针进行初始化。例如，先定义一个结构体变量，再用变量的首地址赋值给 p：

STUENDT stu;
p=&stu;

那么结构体指针如何访问结构体成员呢？在 C 语言中，结构体指针可以通过两种运算符访问结构体成员。一种是成员运算符，也称圆点运算符。另一种是指向运算符，也称箭头运算符，其对成员的一般访问格式如下：

指向结构体的指针变量->成员名

例如，使用指向 STUDENT 结构体的指针变量 p 访问结构体的部分成员的语句如下：

p->id=1232019106;

这条语句与下面语句等价：

(*p).id=1232019106;

因为圆括号()的优先级高于成员运算符.的优先级，所以先将(*p)作为一个整体，取出 p 指向的结构体变量，再利用它和成员运算符访问它的成员。又如，让指向结构体的指针 p 访问结构体成员 birthday 的成员，可以使用下列语句：

p->birthday.month=5;
p->birthday.day=28;
p->birthday.year=1999;

结构体指针不仅可以指向结构体变量，也可以指向结构体数组。例如在已经声明 STUDENT 类型的情况下，定义一个结构体数组 stu，然后让结构体指针指向该数组的语句为：

STUDENT stu[5];
STUDENT *p=stu;

该语句表示将数组 stu 的首地址赋值给指针 p，这条语句等价于：

STUDENT *p=&stu[0];

即指针 p 指向了数组第一个元素 stu[0]的首地址，而 p+1 指向数组第二个元素 stu[1]的首地址，p+2 指向数组第三个元素 stu[2]的首地址，其余类推。

【例 11.4】 编写程序，使用结构体指针，从键盘输入 5 个学生 4 门课的成绩，计算并输出每个学生 4 门课的平均分。

程序如下：

```
#include<stdio.h>
#define M 5
#define N 4
typedef struct  date
{
    int   month;
    int   day;
    int   year;
}DATE;
typedef  struct  student
{
    long   id;
    char   name[20];
    char   sex;
    int    age;
```

```
        DATE   birthday;
        char   addr[30];
        float   score[4];
        float   sum;
}STUDENT;
int main()
{
        STUDENT stu[M],*p;      /*定义结构体数组和结构体指针*/
        int i=0,j;
        float sum;
        for(p=stu;p<stu+M;p++)
        {
                i++;
                printf("Enter the record of No.%d student:\n",i);
                scanf("%ld%s %c%d%d%d%d%s",&p->id,p->name,&p->sex,&p->age,
                        &p->birthday.month,&p->birthday.day,&p->birthday.year,p->addr);
                for(j=0;j<N;j++)
                {
                        scanf("%f", &p->score[j]);
                }
        }
        for(p=stu;p<stu+M;p++)
        {
                p->sum=0.0;
                for(j=0;j<N;j++)
                {
                        p->sum+=p->score[j];
                }
                printf("%10ld%6s%3c%4d %02d/%02d/%4d%6s%6.1f%6.1f%6.1f%6.1f%6.1f\n",
                p->id,p->name,p->sex,p->age,p->birthday.month,p->birthday.day,p->birthday.year,
                p->addr,p->score[0],p->score[1],p->score[2],p->score[3],p->sum/4);
        }
        return 0;
}
```

程序的运行结果如下：

Enter the record of No.1 student:
1232019101 张三丰 M 20 5 12 1999 北京 88 86 90 75
Enter the record of No.2 student:
1232019102 张磊 M 20 4 2 1999 上海 80 86 93 79
Enter the record of No.3 student:
1232019103 王大年 M 20 1 16 1999 南京 78 66 90 77
Enter the record of No.4 student:
1232019104 赵刚 M 21 11 24 1998 大连 85 80 98 95
Enter the record of No.5 student:
1232019105 李云龙 M 20 8 10 1999 深圳 78 86 80 75
1232019101 张三丰   M   20 05/12/1999   北京   88.0 86.0 90.0 75.0 84.8
1232019102   张磊   M   20 04/02/1999   上海   80.0 86.0 93.0 79.0 84.5
1232019103 王大年   M   20 01/16/1999   南京   78.0 66.0 90.0 77.0 77.8
1232019104   赵刚   M   21 11/24/1998   大连   85.0 80.0 98.0 95.0 89.5
1232019105 李云龙   M   20 08/10/1999   深圳   78.0 86.0 80.0 75.0 79.8

11.9　结构体作为函数参数

作为一种构造数据类型，结构体数据类型与普通数据类型一样，既可以用来定义变量、数组、指针，又可以将结构体作为函数参数的类型和返回值类型。将结构体传递给函数主要有以下三种方式。

① 结构体成员作为函数参数。其用法与普通变量作为函数参数没有区别，都是值传递方式，在被调函数内部对其进行操作，但不会改变实参结构体成员的值。这种向函数传递结构体成员的方式，很少使用。

② 结构体变量作为函数参数。采用的也是值传递的方式，将结构体变量所占内存的全部内容按顺序复制给函数的形参，因此形参也要占据内存，这种传递方式在时间和空间上的开销较大。此外，由于采用值传递方式，虽然在被调函数内修改了形参结构体成员的值，但是该值不能返回给主调函数，这往往造成使用上的不便，因而也很少使用。

③ 结构体数组或结构体指针作为函数参数。采用的是地址传递方式，因而在被调函数内修改形参结构体成员的值，将影响实参结构体成员的值。同时，由于只复制结构体首地址一个值给被调函数，而不是将整个结构体成员的内容复制给被调函数，因而数据传递效率较高。

【例 11.5】 下面程序演示结构体变量作为函数参数进行值传递调用。

```c
#include<stdio.h>
typedef struct employee
{
    int emID;
    char *name;
    char sex;
    int age;
}EMPLOYEE;                  /*定义结构体类型*/
void Fun(EMPLOYEE em);      /*结构体变量作为函数参数*/
int main()
{
    EMPLOYEE emp;
    emp.emID=1003;
    emp.name="王妙可";
    emp.sex='F';
    emp.age=18;
    printf("Before function call:%d%8s%3c%4d\n",emp.emID,emp.name,emp.sex,emp. age);
    Fun(emp);
    printf("After function call: %d%8s%3c%4d\n",emp.emID,emp.name,emp.sex,emp.age);
    return 0;
}
void Fun(EMPLOYEE em)
{
    em.emID=1001;
    em.name="张大彪";
    em.sex='M';
    em.age=25;
}
```

程序的运行结果如下：

```
Before function call:1003    王妙可    F    18
After function call: 1003    王妙可    F    18
```

Fun()使用 EMPLOYEE 类型的结构体变量 em 作为函数的形参，主函数 main()调用 Fun()时使用 EMPLOYEE 类型的结构体变量 emp 作为函数的实参，向 Fun()传递的是变量 emp 的所有成员的值。由于是值传递方式，因此形参 em 和实参 emp 分别拥有不同的存储单元，所以在 Fun()内对形参 em 的修改都不会影响实参 emp 的值。程序运行结果也证实了这一分析。当结构体变量传递给被调函数时，主调函数传递给形参的是该结构体变量成员值的副本，意味着被调函数对形参接收的实参的成员值的任何修改均不会返回给实参，即实参的成员值不会改变。

【例 11.6】 修改例 11.5 程序，改用结构体指针变量作为函数参数，观察并分析程序的运行结果有何变化。

```
#include<stdio.h>
typedef struct employee
{
    int emID;
    char *name;
    char sex;
    int age;
}EMPLOYEE;
void Fun(EMPLOYEE *em);    /*指向结构体变量的指针作函数参数*/
int main()
{
    EMPLOYEE emp;
    emp.emID=1003;
    emp.name="王妙可";
    emp.sex='F';
    emp.age=18;
    printf("Before function call:%d%8s%3c%4d\n",emp.emID,emp.name,emp.sex, emp.age);
    Fun(&emp);
    printf("After function call: %d%8s%3c%4d\n",emp.emID,emp.name,emp.sex,emp.age);
    return 0;
}
void Fun(EMPLOYEE *em)
{
    em->emID=1001;
    em->name="张大彪";
    em->sex='M';
    em->age=25;
}
```

程序的运行结果如下：

```
Before function call:1003    王妙可    F    18
After function call: 1001    张大彪    M    25
```

主调函数使用结构体变量 emp 的地址&emp 作为被调函数 Fun() 的实参，因此被调函数 Fun() 必须使用结构体指针作为函数的形参，以接收主调函数传递的结构体变量的地址值，而在 Fun() 内部，可以使用箭头运算符来访问结构体指针 em 所指向的结构体成员值。由于 em 指向了 emp，所以在 Fun() 内部对 em 指向的结构体成员值的任何修改，都相当于是对实参结构体变量 emp 成员值的修改。因此，程序的运行结果验证了在调用 Fun() 前、后输出的成员值的变化。可见，仅当将结构体变量的地址传递给函数时，结构体变量的成员值才可以在被调函数中被修改。

【例 11.7】　下面程序演示结构体变量作为函数的返回值。

```
#include<stdio.h>
typedef struct employee
{
    int emID;
    char *name;
    char sex;
    int age;
}EMPLOYEE;
EMPLOYEE Fun(EMPLOYEE em);
int main()
{
    EMPLOYEE emp;
    emp.emID=1003;
    emp.name="王妙可";
    emp.sex='F';
    emp.age=18;
    printf("Before function call:%d%8s%3c%4d\n",emp.emID,emp.name,emp.sex, emp.age);
    emp=Fun(emp);
```

```
    printf("After function call: %d%8s%3c%4d\n",emp.emID,emp.name,emp.sex,emp.age);
    return 0;
}
EMPLOYEE Fun(EMPLOYEE em)
{
    em.emID=1001;
    em.name="张大彪";
    em.sex='M';
    em.age=25;
    return em;
}
```

程序的运行结果如下：

```
Before function call:1003    王妙可    F      18
After function call: 1001        张大彪    M    25
```

主调函数向被调函数 Fun()传递一个结构体变量 emp，由于是值传递方式，实参 emp 和形参 em 分处不同的存储单元。被调函数 Fun()内对形参的成员值进行了修改，并将这个修改结果返回给主调函数的结构体变量 emp，因此在调用 Fun()的前后，实参 emp 的值发生了变化，程序的运行结果也验证了这一分析。可见，当向被调函数传递结构体变量时，要实现实参的成员值的变化，可以通过带返回值的函数来实现。不过，这时被调函数只能返回一个值。若要实现多个值的修改，必须使用向被调函数传递地址（如结构体指针或结构体数组）的方法。

【例 11.8】 编写程序，使用结构体数组作为函数参数，从键盘输入 5 个学生 4 门课的成绩，计算并输出每个学生 4 门课的平均分。

```
#include<stdio.h>
#define M 5
#define N 4
typedef struct   date
{
    int    month;
    int    day;
    int    year;
}DATE;
typedef  struct   student
{
    long   id;
    char   name[20];
    char   sex;
    int    age;
    DATE   birthday;
    char   addr[30];
    float   score[4];
}STUDENT;
void InputScore(STUDENT stu[],int m,int n);
void GetAverage(STUDENT stu[],float av[],int m,int n);
void PrintScore(STUDENT stu[],float av[],int m,int n);
int main()
{
    STUDENT stu[M];
    int m,n;
    float aver[M];
    printf("Enter the number of students:");
    scanf("%d",&m);
    printf("Enter the number of subjects:");
    scanf("%d",&n);
    InputScore(stu,m,n);
    GetAverage(stu,aver,m,n);
    PrintScore(stu,aver,m,n);
```

```
        return 0;
}
void InputScore(STUDENT stu[],int m,int n)    /*输入 m 个学生 n 门课的成绩*/
{
        int i,j;
        for(i=0;i<M;i++)
        {
                printf("Enter the record of No.%d student:\n",i+1);
                scanf("%ld%s %c%d%d%d%d%s",&stu[i].id,stu[i].name,&stu[i].sex,&stu[i].age,
        &stu[i].birthday.month,&stu[i].birthday.day,&stu[i].birthday.year,stu[i].addr);
                for(j=0;j<N;j++)
                {
                        scanf("%f", &stu[i].score[j]);
                }
        }
}
void GetAverage(STUDENT stu[],float av[],int m,int n) /*计算 m 个学生 n 门课的平均分*/
{
        int i,j,sum[M];
        for(i=0;i<M;i++)
        {
                sum[i]=0.0;
                for(j=0;j<N;j++)
                {
                        sum[i]=sum[i]+stu[i].score[j];
                }
                av[i]=sum[i]/4;
        }
}
void PrintScore(STUDENT stu[],float av[],int m,int n) /*显示输入 m 个学生 n 门课的成绩及平均分*/
{
        int i,j;
        printf("Final results:\n");
        for(i=0;i<m;i++)
        {
                printf("%10ld%6s%3c%4d %02d/%02d/%4d%6s%6.1f%6.1f%6.1f%6.1f%6.1f\n",
                stu[i].id,stu[i].name,stu[i].sex,stu[i].age,stu[i].birthday.month,stu[i].birthday.day,
                stu[i].birthday.year,stu[i].addr,stu[i].score[0],stu[i].score[1],stu[i].score[2],
                stu[i].score[3],av[i]);
        }
}
```

程序的运行结果如下：

```
Enter the number of students:5
Enter the number of subjects:4
Enter the record of No.1 student:
1232019101 张俊 M 20 6 18 1999 天津  67 78 89 90
Enter the record of No.2 student:
1232019102 王刚 M 20 9 30 1999 广州  46 78 93 80
Enter the record of No.3 student:
1232019103 肖婕 F 19 4 23 2000 成都  79 84 92 82
Enter the record of No.4 student:
1232019104 邓平 M 21 2 16 1998 重庆  89 90 86 88
Enter the record of No.5 student:
1232019105 林浩 M 20 11 2 1999 哈尔滨  90 83 78 85
Final results:
1232019101    张俊    M    20 06/18/1999    天津    67.0  78.0  89.0  90.0  81.0
1232019102    王刚    M    20 09/30/1999    广州    46.0  78.0  93.0  80.0  74.0
1232019103    肖婕    F    19 04/23/2000    成都    79.0  84.0  92.0  82.0  84.0
```

| 1232019104 | 邓平 | M | 21 | 02/16/1998 | 重庆 | 89.0 | 90.0 | 86.0 | 88.0 | 88.0 |
| 1232019105 | 林浩 | M | 20 | 11/02/1999 | 哈尔滨 | 90.0 | 83.0 | 78.0 | 85.0 | 84.0 |

11.10　共用体

所谓共用体，是指几个不同类型的变量共享同一段内存的结构。共用体与结构体类似，也是一种构造数据类型，共用体类型声明的一般格式为：

```
union   data
{
    short   s;
    char    ch;
    float   f;
};
```

可以用 typedef 关键字给 data 共用体取一个别名，例如：

```
typedef union data DATA;
```

在定义共用体类型后，就可以定义共用体变量了。共用体变量的定义方式与结构体变量的类似，例如：

```
union   data  a;
```

或者

```
DATA   a;
```

共用体变量的引用是通过对其成员的引用实现的，不能对共用体变量进行整体引用。例如：

```
a.s=65;
scanf("%c", & a.ch);
printf("a.f=%f", a.f);
```

共用体变量在内存中占据多大的存储空间呢？在上述定义的共用体类型的基础上，我们看一个例子：

```
#include<stdio.h>
int main()
{
    printf("size=%d\n", sizeof(DATA));
    return 0;
}
```

程序的运行结果如下：

```
size=4
```

而如果把共用体类型声明改为结构体类型声明，即把 union 改为 struct，那么程序的运行结果将变为：

```
size=8
```

二者的成员数据类型相同，个数相同，为什么共用体类型和结构体类型所占的存储空间（字节数）大小不同呢？

这是因为，虽然共用体和结构体都是由不同类型的数据组织在一起的，但共用体的所有成员均从同一个起始地址开始存储成员的值，这些成员共享同一段存储单元，所以必须有足够的空间来存放占用存储单元最大的成员。即共用体在每一个时刻只能存放其中一个成员的值，而不能同时存放几个成员的值。本例中，如图 11-6（a）所示，DATA 共用体有三个成员 s、ch 和 f，其中 f 为 float 型，所以它所占的字节数最多（4 个字节），因此 DATA 共用体占 4 个字节。如图 11-6（b）所示，如果将 union 换成 struct，那么结构体的所有成员都有自己的存储单元，不需要公用存储单元，按照 11.6 节所述计算机系统内存管理机制，可知结构体变量所占字节数为 8。

共用体成员是如何实现存储单元共享的呢？C 语言规定，共用体采用起始地址对齐的方式分配存储单元。在本例中，共用体成员 s 占 2 个字节，成员 ch 占 1 个字节，f 占 4 个字节。当 ch 占用存储单元时，前一个字节分配给 ch；当 s 占用存储单元时，前两个字节分配给 s；当 f

占用存储单元时，4 个字节全部分配给 f。也就是说，三个成员的起始地址是相同的，即&a.s、&a.ch 和&a.f 的地址值相同。与此同时，当 s 占用存储单元时，它把 ch 的值覆盖掉；当 f 占用存储单元时，它又把 s 的值覆盖了。可见，共用体使用覆盖技术实现内存共享。

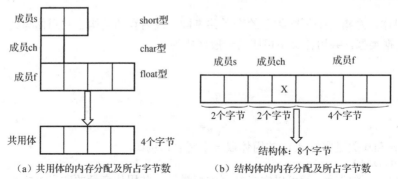

（a）共用体的内存分配及所占字节数　　　　（b）结构体的内存分配及所占字节数

图 11-6（a）共用体、结构体内存分配及所占字节数

正因如此，共用体不能对所有成员进行初始化，只能对第一个成员进行初始化。同理，共用体不能进行比较操作，也不能作为函数参数。

在数据处理中，共用体可以节省系统的存储空间，适合存储程序中逻辑相关但情形互异的变量，能避免因操作失误而引起逻辑上的冲突。

【例 11.9】　有一批教师和学生的数据，教师的数据包括：姓名、编号、性别、职业、职务。学生的数据包括：姓名、编号、性别、职业、班级。编写程序，使用同一个表格来处理这批数据。

【解题思路】　教师和学生的数据由不同类型的成员组成，因此，需要使用结构体。其中数据前 4 项是相同的，只有第 5 项不同，而且在逻辑上是互斥的，第 5 项可用共用体表示，也即教师和学生的数据可以通过结构体中嵌套共用体来表示。第 5 项取决于职业，如果是学生，则第 5 项为班级，否则为职务。因此需要为职业设置一个标记，如设为's'或't'，当职业的值为's'时第 5 项为班级，当职业的值为't'时第 5 项为职务。

程序如下：

```
#include<stdio.h>
#define N 10
typedef union category
{
    int clas;
    char position[10];
}CATEGORY;
typedef struct personel
{
    int num;
    char name[20];
    char sex;
    char job;
    CATEGORY ca;
}PERSONEL;
int main()
{
    PERSONEL person[N];
    int i,n;
    printf("Input the number of persons:");
    scanf("%d",&n);
    for(i=0;i<n;i++)
    {
        printf("Please input No.%d person's data:\n",i+1);
```

```
        scanf("%d%s %c %c",&person[i].num,person[i].name,&person[i].sex,&person[i].job);
        if(person[i].job=='s')
        {
                scanf("%d",&person[i].ca.clas);
        }
        else if(person[i].job=='t')
        {
                scanf("%s",&person[i].ca.position);
        }
        else
        {
                printf("Input data error!");
        }
    }
    printf("\n");
    printf("No.\tname\tsex\tjob\tclass/position\n");
    for(i=0;i<n;i++)
    {
        if(person[i].job=='s')
        {
                printf("%-6d%-10s%-4c%-4c%-10d\n",person[i].num,person[i].name,
        person[i].sex,person[i].job,person[i].ca.clas);
        }
        else
        {
                printf("%-6d%-10s%-4c%-4c%-10s\n",person[i].num,person[i].name,
        person[i].sex,person[i].job,person[i].ca.position);
        }
    }
    return 0;
}
```

程序的运行结果如下：

```
Input the number of persons:3
Please input No.1 person's data:
1001 李军  M   s   2
Please input No.2 person's data:
1002 王倩  F   t   教授
Please input No.3 person's data:
1003 董永  M   s   6

No.     name    sex     job     class/position
1001    李军         F       s       2
1002    王倩         F       t       教授
1003    董永         M       s       6
```

11.11 枚举类型

当一个变量只可能存在几个值时，可以定义为枚举类型。枚举就是一一列举的意思。枚举类型的声明格式如下：

```
enum   weekday{sun,mon,tue,wed,thu,fri,sat};
```

这条语句声明了一个名为 weekday 的枚举类型，weekday 称为枚举标签，它的可能取值为 sun、mon、tue、wed、thu、fri 和 sat。这些花括号内的值称为枚举常量，枚举常量的序号从 0 开始，依次递增，所以上述枚举常量的序号是 0、1、2、3、4、5、6。显然，用标识符表示枚举常量，可读性更好。

声明枚举类型后，就可以定义枚举变量，例如：

```
enum    weekday    workday, weekend;
```
这条语句定义了 weekday 枚举类型的两个变量 workday 和 weekend。当枚举类型和枚举变量放在一起定义时，枚举标签可以忽略，例如 workday 和 weekend 可定义为：
```
enum { sun,mon,tue,wed,thu,fri,sat }workday, weekend;
```
枚举变量定义以后，可以使用任意一个枚举常量给枚举变量赋值，例如：
```
workday=mon;
weekend=sat;
```
枚举变量和枚举元素还可以进行比较，它们常常出现在条件语句中，例如：
```
if(workday==mon)
{
    //statement;
}
```
在系统内部，C 语言可把枚举变量和枚举常量作为整数处理。例如，在 weekday 枚举类型中，mon 和 tue 可分别表示为 1 和 2。枚举常量还可以指定为任意整数，在声明枚举类型时只需要按以下方式指定这些数即可：
```
enum    weekday{sun=7,mon=1,tue,wed,thu,fri,sat};
```
这里第一个枚举常量设置为 7，第二个枚举常量设置为 1，之后的枚举常量的数值递增 1。

枚举类型声明简单，使用方便，其他常见的例子还有：
```
enum    month{Jan=1,Feb,Mar, Apr, May, Jun, Jul, Aug, Sep, Oct, Nov, Dec};
enum    response{no, yes, none};
```
还可以使用 typedef 来给枚举类型创建新的类型名（别名），例如：
```
typedef    enum {FALSE, TRUE} BOOL;
typedef    enum {CLUBS, DIAMONDS, HEARTS, SPADES} SUIT;
```
注意，尽管枚举标签后面花括号内的标识符代表枚举型常量的可能取值，但并不表示这些枚举常量的值是字符串，其值实际上是整型常数，因此在程序中使用时只能作为整型数值而不能作为字符串来使用。例如，下面的语句是正确的：
```
workday=mon;
weekend=sun;
```
而下面的语句是不正确的，不会输出字符串"sun"：
```
printf("%s", weekend);
```
下面我们通过一个实例看看如何使用枚举类型。

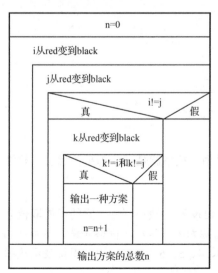

图 11-7　例 11.10 的 N-S 图

【例 11.10】　球袋里装有红、黄、蓝、白、黑 5 种颜色的乒乓球若干，每次从球袋里先后取出 3 个球，计算得到 3 个不同颜色的球的可能取法，并显示每种排列的情况。

【解题思路】　乒乓球有 5 种颜色，每个球只能是 5 种颜色之一，球的颜色可以用枚举类型来表示，每个球的颜色就是一个枚举变量。假设某次取出的 3 个球的颜色是 i、j、k，由于 i、j、k 只能取 5 种颜色之一，所以要求 3 个球的颜色各不相同，意味着 i≠j，j≠k，k≠i。因此，可以采用穷举法，把每一种组合都试一下，检查哪一种符合条件，就显示它的颜色 i、j、k。

算法的 N-S 图如图 11-7 所示。其中，n 表示累计得到 3 种不同颜色球的次数。外层循环使第 1 个球的颜色 i 从 red 变到 black。第 2 个循环也使球的颜色 j 从 red 变到 black。如果 i 和 j 同色则不符合要求，只有 i、j 不同色，即 i≠j，才需要寻找第 3 个球，此时第 3 个球 k 的颜色也是从 red 变到

black，但必须满足第 3 个球不能与第 1 个或第 2 个球颜色相同，即 k≠j，k≠i。满足此条件就得到了 3 个不同颜色的球，接着输出这种 3 色组合方案。然后使 n 加 1，表示又得到了一种 3 色的组合方案。外层循环全部执行完毕后，全部方案就已经显示完毕。最后输出符合条件的总数 n。

接下来的问题是如何实现图 11-7 所示的"输出一种方案"，即如何输出 red、black 等单词。显然，不能通过直接用 printf("%s", red)语句来输出"red"等字符串，应该采用对枚举类型变量访问的方式。

为了输出 3 个球的颜色，可以定义一个枚举变量 pri，由于 3 个球的颜色只有 3 种，每个球的颜色是其中之一，所以可以通过 3 个循环来实现球的颜色分配。即在每个循环中先后将 i、j、k 赋值给 pri，然后根据 pri 的值输出颜色信息。程序如下：

```
#include<stdio.h>
int main()
{
    enum color{red,yellow,blue,white,black};     /*声明枚举类型*/
    enum color i,j,k,pri;                        /*定义 4 个枚举类型变量*/
    int n=0,loop;
    for(i=red;i<=black;i++)                       /*外层循环使 i 的值从 red 变到 black*/
        for(j=red;j<=black;j++)                   /*中间循环使 j 的值从 red 变到 black*/
        if(i!=j)
        {
            for(k=red;k<=black;k++)               /*内层循环使 k 的值从 red 变到 black*/
            if((k!=i)&&(k!=j))
            {
                n++;                              /*符合条件的次数加 1*/
                printf("%-4d",n);                 /*输出当前是第几种符合条件的方案*/
                for(loop=1;loop<=3;loop++)        /*先后对 3 个球分别进行处理*/
                {
                    switch(loop)
                    {
                        case 1:pri=i;break; /*loop=1 时，把第 1 个球的颜色赋给 pri*/
                        case 2:pri=j;break; /*loop=2 时，把第 2 个球的颜色赋给 pri*/
                        case 3:pri=k;break; /*loop=3 时，把第 3 个球的颜色赋给 pri*/
                        default:break;
                    }
                    switch(pri)     /*根据球的颜色输出相应的文字*/
                    {
                        case red:printf("%-10s","red");break; /*pri=red 时，输出"red"*/
                        case yellow:printf("%-10s","yellow");break;/*其余类似*/
                        case blue:printf("%-10s","blue");break;
                        case white:printf("%-10s","white");break;
                        case black:printf("%-10s","black");break;
                        default:break;
                    }
                }
                printf("\n");
            }
        }
    printf("\ntotal:%5d\n",n);
    return 0;
}
```

程序的运行结果如下：

```
1   red        yellow     blue
2   red        yellow     white
3   red        yellow     black
4   red        blue       yellow
```

5	red	blue	white
...	...	...	...
55	black	blue	red
56	black	blue	yellow
57	black	blue	white
58	black	white	red
59	black	white	yellow
60	black	white	blue

total: 60

注意，输出的字符串"red"与枚举常量 red 并无内在联系，输出"red"等字符串完全是人为指定的。

枚举常量的命名完全是为了让人们容易理解，它们并不自动地代表什么含义。例如，不要以为只能用 yellow 代表"黄色"，用其他名字也是可以的。至于用什么标识符代表什么含义，完全由程序员自己决定，一般以便于理解为原则。

虽然枚举常量可以用常数 0、1、2 分别代表红、黄、蓝，但用枚举常量（red、yellow、blue）表示颜色更为直观，因为这样的枚举元素都使用了"见名知意"的名字。此外，枚举变量的值在定义时已规定好，如果被赋予其他的值，就会出现编译出错，易于检查。

11.12   单向链表

11.12.1   问题的提出

通过前面各章节的学习我们知道，当需要存储相同类型的数据集合时可以使用数组。数组是一种顺序表示的线性表。数组的优点是表示直观，能快速、随机地存取线性表中的任意元素。但其缺点是，定义数组时必须指定数组的长度，而程序一旦运行，其长度不能更改，若要更改，只能更改程序。实际使用的元素个数不能超过数组最大长度限制，否则将发生下标越界，而实际使用元素个数小于数组长度最大长度时，会造成系统内存浪费。另一个缺点是，对数组进行插入和删除操作时，需要移动大量的数组元素，造成大量内存操作，内存利用效率差。

那么，是否存在一种合理使用内存的方法呢？即当需要增加一个元素时，程序自动向系统申请并添加内存，当需要减少一个元素时，程序自动向系统申请收回原来占有的内存。

回答是肯定的，这种方法就是动态存储分配。动态存储分配对建立表、树、图等动态数据结构是特别有用的。这些动态数据结构使用结构体和指针来实现。例如：

```
struct node
{
    int data;
    struct node *next;
};
```

在声明 node 结构体类型时，包含指向本结构体类型的指针变量，这种结构称为自引用结构，自引用结构经常需要程序显式地获取或释放系统内存，是建立其他复杂动态数据结构的基础。

11.12.2   链表

如果为 node 结构体类型定义变量，那么每个变量都有两个成员 data 和 next。例如：

```
struct   node a, b, c;
```

接着初始化这些变量为：

```
a.data=1;
b.data=2;
c.data=3;
a.next=b.next=c.next=NULL;
```

上述语句定义并初始化了自引用结构的三个变量，相当于如下的图形化表示（"^"表示NULL）：

若把变量 b 的地址赋值给变量 a 的 next 成员，把变量 c 的地址赋值给变量 b 的 next 成员，即：
a.next=&b;
b.next=&c;

那么这两条语句就把变量 a、b 和 c 链接在一起了，如图 11-8 所示。

显然，现在我们可以从前后相继的元素中搜索数据了。例如，a.next->data 的值是 2，a.next->next->data 的值是 3。

像这种通过指针 next 把自引用结构一个接一个地链接起来构成链式的数据结构称为链表。单向链表的链式存储结构如图 11-8 所示。

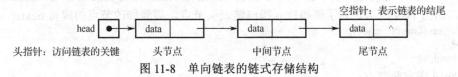

图 11-8　单向链表的链式存储结构

链表分为单向链表、双向链表和循环链表等，本书限于篇幅只介绍单向链表。

从图 11-8 可见，单向链表包含一个指向链表开始节点的头指针 head，每个节点都有一个数据域和一个指针域，指针域中为一个指向后继节点的指针，最后一个节点的指针值为 NULL（空指针）。

单向链表的链式存储结构决定了其数据访问方式只能是顺序访问，不能随机访问。所以，要访问链表中的数据，首先要找到链表的头指针，通过头指针找到第 1 个节点（头节点），然后通过第 1 个节点的指针找到第 2 个节点，依次类推，可以访问链表中的任何节点的值，直到节点的指针值为 NULL，代表搜索到链表的最后一个节点。可见，在单向链表中，头指针是极其重要的，头指针一旦丢失，意味着链表中数据的丢失。因此，单向链表的最大缺点是不能出现断链，如果链表中某个节点的指针域数据丢失，那么就无法找到下一个节点，该节点后面的所有节点数据都将丢失。

11.12.3　单向链表的创建

要动态地创建单向链表，首先要先创建节点，然后向链表中添加新生成的节点，创建每个节点都要向系统申请分配内存。创建节点包括以下三个步骤。

STEP1　为节点分配内存。

STEP2　把数据存储在节点中。

STEP3　把节点插入链表中。

为了创建链表的节点，首先要定义一个指针 p 指向该节点，直到该节点被插入链表中为止。例如：
struct node *p;

通过调用 malloc()为新节点分配内存，并把返回值赋给指针 p，即：
p=malloc(sizeof(struct node));

这样指针 p 指向了一块内存，该内存块可以存储一个 node 类型结构：

然后把数据存储在新节点的成员 data 中，例如：
(*p).data=1;

或
```
p->data=1;
```
这里可以使用间接寻址运算符（*）和圆点运算符（.）来访问节点的数据成员 data，也可以使用箭头运算符（->）来访问节点的数据成员 data。

最后，要在链表中插入新节点，可以在链表的开头、结尾和中间的任何位置插入节点。最方便的是在链表的开头插入。在链表中执行节点插入操作，需要考虑以下 4 种情况。

① 原链表为空链表，要把节点插入链表中，就要将新节点作为头节点，让 head 指向新节点。需要使用下面两条语句：
```
head=NULL;
p->next=head;
head=p;
```
② 原链表不是空链表，则按节点值的大小（假定节点值已按升序排序）确定插入新节点的位置。如果在头节点前插入新节点，则将新节点的指针域指向原链表的头节点，且让 head 指向新节点，如图 11-9 所示。为了使指针 p 指向链表头节点，需要修改节点的成员 next：
```
p=malloc(sizeof(struct    node));
p->data=2;
p->next=head;
```
然后让 head 指向新节点：
```
head=p;
```

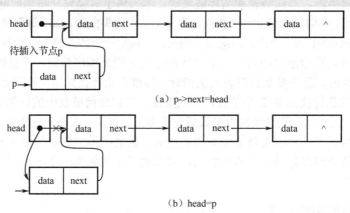

图 11-9　在头节点前插入新节点的过程

③ 在链表中间插入新节点，则用语句 p->next=prev->next;将新节点的指针域指向下一个节点，然后用语句 prev->next=p;让前一个节点的指针域指向新节点，如图 11-10 所示。

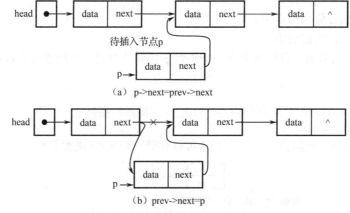

图 11-10　在链表中间插入新节点的过程

④ 在表尾插入新节点，则直接用语句 prev->next=p;将尾节点的指针域指向新节点即可，如图 11-11 所示。

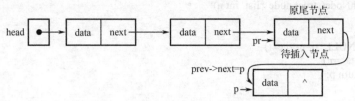

图 11-11　在链表末尾插入新节点的过程

由于在单向链表中插入节点是一个常用操作，所以最好编写一个函数，在需要插入节点时，调用该函数即可。

函数有两个参数，一个是指向旧链表中首节点的指针，另一个是存储新节点中的整数。

```
struct    node    *InsertNode(struct    node * list, int n)
{
    struct    node    *p;
    p=malloc(sizeof(struct    node));
    if(p=NULL)
    {
        printf("Error: malloc failed in InsertNode\n");
        exit(EXIT_FAILURE);
    }
    p->data=n;
    p->next=list;
    return p;
}
```

注意，InsertNode()不会修改指针 list，而是返回指向位于链表开始处的新节点的指针。当调用 InsertNode()时，需要把它的返回值赋值给头指针 head。

```
head=InsertNode(head, 1);
head=InsertNode(head, 2);
```

如果要用户从键盘向链表中输入数据，则可创建一个新函数，在该函数内调用 InsertNode()：

```
struct    node    *ReadNumbers(void)
{
    struct    node    *head;
    printf("Input a series of integers (0 to terminate):");
    for(;;)
    {
        scanf("%d", &n);
        if(n==0)
        {
            return head;
        }
        InsertNode(head, n);
    }
}
```

11.12.4　单向链表的搜索

创建单向链表后，当要查找链表中的某个数据时就需要搜索链表。由于搜索链表需要逐个节点进行遍历，所以要使用循环结构。尽管 while 语句可以用于链表搜索，但 for 语句更加方便。搜索链表常用的方法如下：

```
for(p=head;p!=NULL;p=p->next)
```

赋值表达式 p=p->next 使指针 p 从一个节点移动到下一个节点。

我们可以编写一个函数 SearchNode()，此函数从链表中查找是否存在整数 n（数据域为 n）。如果找到 n，那么 SearchNode()将返回指向含有 n 的节点的指针；否则，它会返回空指针。例如：

```
struct node * SearchNode(struct node *list, int n)
{
    struct node *p;
    for(p=list;p!=NULL; p=p->next)
        if(p->data==n)
            return p;
    return NULL;
}
```

我们也可以去除变量 p，用 list 自身来代替进行当前节点的跟踪：

```
struct node * SearchNode(struct node *list, int n)
{
    for( ; list!=NULL; list=list->next)
        if(list->data==n)
            return list;
    return NULL;
}
```

还可以把判定 list->data==n 和判定 list!=NULL 合并起来：

```
struct node * SearchNode(struct node *list, int n)
{
    for( ; list!=NULL && list->data!=n; list=list->next)
        ;
    return list;
}
```

由于链表末尾处 list 的值为 NULL，因此即使没有找到 n，返回的 list 值也是正确的。在这种情况下，使用 while 语句会使逻辑更加清楚：

```
struct node * SearchNode(struct node *list, int n)
{
    while( ; list!=NULL && list->data!=n; list=list->next)
        ;
    return list;
}
```

11.12.5 从单向链表中删除节点

如果单向链表中某个节点不再需要，可以从链表中删除它。链表的删除操作就是将一个待删除节点从链表中断开，不再与链表的其他节点有任何联系。删除节点的一般步骤如下：

STEP1 定位（搜索）要删除的节点。

STEP2 改变前一个节点的指针，使它"绕过"被删除节点。

STEP3 调用 free()收回被删除节点占用的内存。

从链表中删除节点，关键在 STEP1。可以采用追踪指针的方法，在搜索链表时，保留一个指向前一个节点的指针（prev）和一个指向当前节点的指针（p）。如果 list 指向搜索的链表，并且 n 是要删除的整数，那么下列循环条件可以定位被删除节点：

```
for(p=list, prev=NULL; p!=NULL && p->data!=n; prev=p, p=p->next)
```

接下来，用如下语句改变前一个节点的指针，使它"绕过"被删除节点：

```
prev->next=p->next;
```

这样就使前一个节点的指针指向了当前节点后面的节点。

然后完成最后一步，释放当前节点占用的内存：

```
free(p);
```

为了删除链表中的一个节点，通常需要考虑如下 4 种情况：

① 原链表为空，则无须删除节点，直接退出程序。

② 找到的要删除节点是头节点，则使用语句 head=p->next;将 head 指向当前节点的下一个节点，即可删除当前节点，如图 11-12 所示。

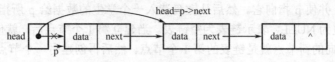

图 11-12　要删除节点是头节点

③ 找到的要删除节点不是头节点，则使用语句 prev->next=p->next;删除当前节点，如图 11-13 所示。如果要删除节点是尾节点，按图 11-13 进行操作时，由于 prev->next=NULL，则执行语句 prev->next=p->next;后，prev->next 的值变为 NULL，从而使 prev 所指向的节点由倒数第 2 个变为尾节点。

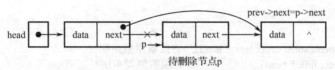

待删除节点p

图 11-13　要删除节点不是头节点

④ 如果已搜索到链表末尾，即 prev->next==NULL，仍然没有找到要删除节点，则显示"未找到"。

下面的函数实现上述操作。在给定链表和整数 n 时，函数会删除含有 n 的节点。如果没有含有 n 的节点，那么函数什么也不做。无论哪种情况，函数都将返回指向链表的指针。

```c
struct link *DeleteNode(struct link *head,int n)
{
    struct link *p=head,*prev=head;
    if(head==NULL)
    {
        printf("Linked table is empty!\n");
        return head;
    }
    for(p=list, prev=NULL; p!=NULL && p->data!=n; prev=p, p=p->next)
        ;
    if(p->data==n)
    {
        if(p==head)
        {
            head=p->next;
        }
        else
        {
            prev->next=p->next;
        }
        free(p);
    }
    else
    {
        printf("The node has not been found!\n");
    }
    return head;
}
```

【例 11.11】　编写程序，创建一个单向链表，它由 4 个学生数据的节点组成，然后输出链表节点中的数据。

【解题思路】　由于链表的节点是由学生数据的节点组成的，因此需要声明结构体类型，其成员包括：学号（num）、姓名（name）、性别（sex）、3 门课成绩（数组 score）、指针变量（next）。然后定义 3 个指针变量：head、prev、p，它们都用来指向 struct student 类型数据。接着用 malloc() 创建第 1 个节点，并使 p 指向它。然后从键盘读入一个学生的数据给 p 所指向的第 1 个节点。开始时，head 的值为 NULL，表示链表为空链表。当建立第 1 个节点后，就使 head 和 prev 都指向该节点，p 所指向的新节点就是链表的第 1 个节点。然后再创建另一个节点并使 p 指向它，接着输入该节点的数据。然后使 prev->next 指向新创建的节点，即 prev->next=p，这样第 1 个节点的 next 成员指向第 2 个节点，接着 prev=p，让 prev 指向刚创建的节点。其余类推，可分别创建并添加第 3、4 个节点。

当第 4 个节点添加完后，不再添加其他节点，这时要让 prev->next=NULL，表示 prev-next 不再指向其他节点，链表到此结束。

程序如下：

```c
#include<stdio.h>
#include<stdlib.h>
struct link *CreateAppendNode(struct link * head);    /*函数原型声明*/
void DisplayNode(struct link * head);                 /*函数原型声明*/
void DeleteMemory(struct link * head);                /*函数原型声明*/
struct link
{
    long num;
    char name[20];
    char sex;
    float score[3];
    struct link * next;
};
int main()
{
    int i=0;
    char ch;
    struct link *head=NULL;
    printf("Do you want to create and append a new node(Y/N)?");
    scanf(" %c",&ch);
    while(ch=='Y'||ch=='y')
    {
        head=CreateAppendNode(head);
        DisplayNode(head);
        printf("Do you want to create and append a new node(Y/N)?");
        scanf(" %c",&ch);
        i++;
    }
    printf("%d new nodes have been created and appended!\n",i);
    DeleteMemory(head);
    return 0;
}
/*函数功能：创建一个节点并添加到单向链表末尾，返回添加节点后的链表的头指针*/
struct link *CreateAppendNode(struct link * head)
{
    int i;
    struct link *p=NULL,*prev=head;
    p=(struct link *)malloc(sizeof(struct link));
    if(p==NULL)
    {
        printf("No enough memory to allocate!\n");
        exit(0);
    }
    if(head==NULL)
```

```c
    {
        head=p;
    }
    else
    {
        while(prev->next!=NULL)
        {
            prev=prev->next;
        }
        prev->next=p;
    }
    printf("Please input node data:");
    scanf("%ld%s %c",&p->num,p->name,&p->sex);
    for(i=0;i<3;i++)
    {
        scanf("%f",&p->score[i]);
    }
    p->next=NULL;
    return head;
}
```

```c
/*函数功能：显示单向链表节点的值*/
void DisplayNode(struct link * head)
{
    int i;
    struct link *p=head;
    int j=1;
    while(p!=NULL)
    {
        printf("%5d%ld%10s%2c",j,p->num,p->name,p->sex);
        for(i=0;i<3;i++)
        {
            printf("%6.2f%",p->score[i]);
        }
        printf("\n");
        p=p->next;
        j++;
    }
}
```

```c
/*函数功能：释放单向链表节点占用的内存*/
void DeleteMemory(struct link * head)
{
    struct link *p=head,*prev=NULL;
    while(p!=NULL)
    {
        prev=p;
        p=p->next;
        free(prev);
    }
}
```

程序的运行结果如下：

```
Do you want to create and append a new node(Y/N)?y
Please input node data:1232019101 张三丰  M 98 88 86
  1  1232019101     张三丰 M 98.00 88.00 86.00
Do you want to create and append a new node(Y/N)?y
Please input node data:1232019102 李丽  F 78 69 90
  1  1232019101     张三丰 M 98.00 88.00 86.00
  2  1232019102      李丽 F 78.00 69.00 90.00
Do you want to create and append a new node(Y/N)?y
```

习题 11

一、单项选择题

1. 以下程序段的输出结果是（　　）。

```
struct   student
{   char name[20];
    char sex;
    int age;
}stu[3]={"Li Lin", 'M', 18, "Zhang Fun", 'M', 19, "Wang Min", 'F', 20};
main()
{   struct student *p;
    p=stu;
    printf("%s, %c, %d\n", p->name, p->sex, p->age);
}
```

A．Wang Min,F,20　　　　　　　　　B．Zhang Fun,M,19

C．Li Lin,F,19　　　　　　　　　　D．Li Lin,M,18

2. 设有以下语句，则表达式（　　）的值是 6。

```
struct st{int n; struct st *next;};
static struct st a[3]={5, &a[1], 7, &a[2], 9, '\0'},*p;
p=&a[0];
```

A．p++->n　　　　B．p->n++　　　　C．(*p).n++　　　　D．++p->n

3. 设有如下定义：

```
struct   sk
{int a; float b;} data, *p;
```

若有 p=&data，则对 data 中成员 a 的正确引用是（　　）。

A．(*p).data.a　　　　B．(*p).a　　　　C．p->data.a　　　　D．p.data.a

4. 下面程序段的输出结果是（　　）。

```
struct st
{   int x;
    int *y;
}*p;
int dt[4]={10, 20, 30, 40};
struct st aa[4]={50, &dt[0], 60, &dt[1], 70, &dt[2], 80, &dt[3]};
main()
{   p=aa;
    printf("%d   ", ++p->x);
    printf("%d   ", (++p)->x);
    printf("%d\n", ++(*p->y));
}
```

A．10　20　20　　　　B．50　60　21　　C．51　60　21　　　　D．60　70　31

5. 若要用下面的程序段使指针变量 p 指向一个存储整型数据的动态存储单元，则应在空白处填入（　　　）。

```
int *p;
p=_____malloc(sizeof(int));
```

A．int   B．int *   C．(* int)   D．(int *)

6. 以下程序段的输出结果是（　　　）。

```
#include<stdio.h>
void fun(float *p1,float *p2, float *s)
{    s=(float *)calloc(1, sizeof(float));
     *s=*p1+*(p2++);
}
main()
{    float a[2]={1.1, 2.2}, b[2]={10.0, 20.0}, *s=a;
     fun (a, b, s);
     printf("%f\n", *s);
}
```

A．11.100000   B．12.100000   C．21.100000   D．1.100000

7. 字符'0'的 ASCII 码的十进制数为 48，且数组的第 0 个元素在低位，则以下程序的输出结果是（　　　）。

```
#include<stdio.h>
main()
{    union
     {    int i[2];
          long k;
          char c[4];
     }r, *s=&r;
     s->i[0]=0x39;
     s->i[1]=0x38;
     printf("%c\n", s->c[0]);
}
```

A．39   B．9   C．38   D．8

二、填空完成程序

1. 程序功能：建立并输出 100 个学生的通讯录，包括学生的姓名、地址、邮编。

```
#include<stdio.h>
#define   N   100
struct   communication
{    char name[20];
     char address[80];
     long int post_code;
}commun[N];
main()
{    int i;
     for(i=0; i<100; i++)
     {    set_record(commun+i);
          print_record(commun+i);
     }
}
set_record(struct communication *p)
{    printf("Set a communication record\n");
     scanf("%s   %s   %ld", _____, p->address, _____);
}
print_record ( _____ )
{    printf("Print a communication record\n");
     printf("Name: %s\n", p->name);
     printf("Address: %s\n", p->address);
     printf("Post_code: %ld\n", _____);
}
```

2．程序功能：creatlist 函数用来建立一个带头节点的单链表，新节点总是插在链表的末尾。链表的头指针作为函数值返回，链表最后一个节点的 next 成员中放入 NULL，作为链表结束标记。读入时，以字符"#"表示输入结束（"#"不存入链表中）。

```
struct node
{    char data;
     struct node * next;
};
_____ creatlist( )
{    struct node * h，* s，* r;char ch;
     h=(struct node *)malloc(sizeof(struct node));
     r=h;
     ch=getchar( );
     while(ch!= '#')
     {    s=(struct node *)malloc(sizeof(struct node));
          s->data=_____;
          r->next=s; r=s;
          ch=getchar( );}
     r->next=_____;
     return h;
}
```

三、编程题

1．下列结构用来存储屏幕上对象的信息。结构 point 用来存储屏幕上点的 x 轴和 y 轴坐标，结构 rectangle 用来存储矩形的左上和右下坐标点。

```
struct point{int x; int y;};
struct rectangle{struct point upper_left; struct point lower_right};
```

编写函数，要求可以利用获得的 rectangle 类型变量 r 执行下列操作，且 r 作为实参传递。

（a）计算 r 的面积。

（b）计算 r 的中心，并且把此中心作为 point 型的值返回。

（c）移动 r，方法是 x 单元按照 x 轴方向移动，y 单元按照 y 轴移动，并且返回 r 修改后的内容（x 和 y 是函数额外的实参）。

（d）确定点 p 是否位于 r 内，返回 TRUE 或者 FALSE（p 是 struct point 类型的额外的实参）。

2．编写程序，用户输入国家（地区）名称，然后在数组 country_codes 中查找它。如果找到对应的国家（地区）名称，则显示相应国家（地区）的电话号码；如果没找到，则显示出错信息。

3．（选做）参考例 11.11，编写三个函数以实现链表中学生节点的删除、插入和搜索操作，从而完成学生链表的建立、输出、删除、插入、搜索功能。要求在主函数内指定需要删除和插入的节点的数据。

4．（选做）参考例 11.11，建立两个链表，要求将两个链表合并，并按学号升序排列。

5．（选做）建立一个链表，每个节点的内容包括：学号、姓名、性别、年龄和三门课的成绩。输入一个年龄，如果链表中的节点所包含的年龄等于此年龄，则将此节点删除。

实验题

实验题目：学生成绩管理系统 V5.0。

实验目的：在第 10 章实验题的基础上，通过增加任务需求，熟悉结构体数组或结构体指针作为函数参数，模块化程序设计，理解使用结构体类型替代普通数组类型实现数据管理的优越性。

说明：某班有若干个学生（不超过 50 人，从键盘输入）参加若干门课（不超过 5 门，从键盘输入）的考试。参考例 11.8，声明结构体类型，用结构体数组或结构体指针作为函数参数编程实现如下成绩管理功能：

（1）键盘输入每个学生的学号、姓名和各科成绩；

（2）计算该班每门课的总分和平均分；

（3）计算该班每个学生的总分和平均分；

（4）按每门课的总分由高到低排出名次；

（5）按每个学生的总分由高到低排出名次；

（6）按学号由小到大排出成绩表；

（7）按姓名的字典顺序排出成绩表；

（8）按学号查找学生排名及其每门课成绩；

（9）按姓名查找学生排名及其每门课成绩；

（10）按优秀（≥90 分）、良好（80～89 分）、中等（70～79 分）、及格（60～69 分）、不及格（0～59 分）5 个等级，统计每个等级的人数及其所占的百分比；

（11）输出每个学生的学号、姓名、每门课成绩、总分、平均分，以及每门课的总分和平均分。

要求程序运行后，用户先登录如下系统：

Welcome to Use The Student's Grade Management System！

Please enter username：zhang

Please enter password（at most 15 digits）：******

然后显示如下菜单，并提示用户输入选项：

The Student's Grade Management System
******************************** Menu ********************************
```
* 1. Enter record                                                    *
* 2. Calculate total & average score of each course                  *
* 3. Calculate total & average score of each student                 *
* 4. Sort in descending order by total score of each course          *
* 5. Sort in ascending order by total score of each student          *
* 6. Sort in dictionary order by number                              *
* 7. Sort in dictionary order by name       8. Search by number      *
* 9. Search by number name        10. Statistical analysis for every course  *
*11. List record                  0. Exit                            *
```
****

Please enter your choice:

然后根据用户输入的选项执行相应的操作。

实验拓展（选做）：

1．参考例 11.11，用动态单向链表替代结构体数组实现上述功能。

2．在实验题 1 的基础上，增加添加记录、删除记录、插入记录功能，理解动态链表与结构体数组的不同点和优缺点。

第 12 章　文　　　件

12.1　文件分类

　　计算机系统中的数据一般存储在内存中或外部存储介质（如磁盘、磁带、U 盘等）中。存储在内存中的数据的保存时间是短暂的，它会随程序的结束而丢失。例如，程序运行时，我们从键盘输入数据到内存中，然后把内存中的数据显示在屏幕上，程序运行结束后，内存中的数据就丢失了，因此再次运行程序时就需要重新输入数据，才能显示在屏幕上。存储在外部存储介质中的数据可以长期保存，这些存储在外部介质中的数据集合称为文件。文件可以存储从键盘输入的数据，也可以存储用于显示输出的数据。这些数据以文件的形式存储在磁盘、磁带和 U 盘中，从而达到重复使用、永久保存数据的目的。

　　操作系统以文件为单位对数据进行管理：要找到存放在外部存储介质中的数据，必须根据文件名找到所指定的文件，然后再从文件中读取数据；要在外部存储介质中存储数据，也必须先建立一个文件才能向它输出数据。

　　根据数据的组织形式，C 语言将文件分为两种类型：文本文件和二进制文件。数据在内存中是以二进制数形式存储的，如果不加转换直接输出到外部存储介质中，就得到了二进制文件。如果在外部存储介质中以 ASCII 码形式存储，就需要在存储前进行转换，所以文本文件也称为 ASCII 文件。

　　一个数据在磁盘中是如何存储的呢？在二进制文件中，数值型数据以二进制数的形式存储；而在文本文件中，数值型数据的每个数字均作为一个字符以其 ASCII 码的形式存储。因此，文本文件中的每个数字都占据一个字节（存储单元），而二进制文件则把整个数值作为二进制数来存储，而不是数值的每个数字都占据单独的存储单元。例如，假设有一个 int 型变量定义语句：

int　a=10001;

　　这个数在内存中以二进制数的形式占据 4 个字节，在二进制文件中同样占据 4 个字节，而把变量 a 的值存储在文本文件中则需要 5 个字节，如图 12-1 至图 12-3 所示。

00000000	00000000	00100111	00010001

图 12-1　变量 a 在内存中占 4 个字节

00000000	00000000	00100111	00010001

图 12-2　变量 a 在二进制文件中占 4 个字节

00110001	00110000	00110000	00110000	00110001

图 12-3　变量 a 在文本文件中占 5 个字节

　　二进制文件和文本文件各有优缺点。以二进制数的形式输出数值，可以节省存储空间和数据转换时间，把内存中的内容原封不动地输出到磁盘中，此时每个字节并不一定代表一个字符。文本文件以 ASCII 码形式输出时，字节与字符一一对应，一个字节代表一个字符，因而便于对字符逐个进行处理，但占用存储空间较大，而且要花费时间进行从二进制数到 ASCII 码的转换。

　　综上所述，无论一个文件的类型是什么，都把它看成一个由字节组成的序列——字节流。对文件的存取也是以字节为单位的，输入/输出的数据流只受程序控制而不受物理符号（如回车符）的控制。

　　通常，数据必须按保存的类型读取才能恢复其本来面貌。例如，对图 12-3 的文本文件来说，若按字符以外的其他类型读取，则读出的数据可能面目全非。因此，文件写和读的类型一致，二者约定为同一种文件格式，并规定文件的每个字节是什么类型和什么数据。

标准 C 采用缓冲型和非缓冲型两种文件系统处理数据文件，缓冲型文件系统是指系统自动在内存区为程序中每一个正在使用的文件开辟一个缓冲区，作为程序与文件之间数据交换的中间媒介。即读写文件时，数据先送到缓冲区，再传给程序内存区或外存上。缓冲文件系统利用文件指针标识文件，缓冲区的大小由各个具体的 C 编译器确定。非缓冲文件系统是不会自动设置文件缓冲区的，缓冲区必须由程序员自己设定。非缓冲文件系统没有文件指针，它使用称为文件号的整数来标识文件。缓冲文件系统中的许多文件操作函数具有跨平台和可移植的能力，可以解决大多数文件操作问题。

12.2　文件的打开与关闭

文件只有被打开，才能对它进行操作。标准 C 使用标准输入/输出函数 fopen()来打开文件：

```
FILE   *fopen(const char *filename, const char *mode);
```

其中，第一个参数表示要打开的文件名，包括路径和文件名，第二个参数表示文件的打开方式，其取值见表 12-1。

表 12-1　文件的打开方式

字　　符	含　　义	如果指定的文件不存在
"r"	以只读的方式打开文本文件。以 r 方式打开文件，只能从文件读出数据到内存中，不能向文件中写入数据	出错
"w"	以只写的方式创建并打开文本文件，原文件数据将被覆盖。以 w 方式打开文件，无论文件是否存在，都要创建一个新的文本文件，只能写入数据	建立新文件
"a"	以只写的方式打开文本文件，位置指针移到文件末尾，向文件尾部追加数据，原文件数据保留	出错
"rb"	以只读的方式打开二进制文件	出错
"wb"	以只写的方式创建并打开二进制文件	建立新文件
"ab"	向二进制文件尾部追加数据	出错
"r+"	以读和写的方式打开文本文件，既可向文件中写入数据，又可从文件中读出数据	出错
"w+"	以读和写的方式创建并打开一个新的文本文件，既可向文件中写入数据，又可从文件中读出数据	建立新文件
"a+"	以读和写的方式打开一个文本文件，既可向文件中写入数据，又可从文件中读出数据	出错
"rb+"	以读和写方式的打开一个二进制文件，既可向文件中写入数据，又可从文件中读出数据	出错
"wb+"	以读和写的方式创建并打开一个新的二进制文件，既可向文件中写入数据，又可从文件中读出数据	建立新文件
"ab+"	以读和写的方式打开一个二进制文件，既可向文件中写入数据，又可从文件中读出数据	出错

fopen()的返回值是一个指向 FILE 类型的文件指针。FILE 类型是在 stdio.h 中定义的结构体类型，用来存放文件的相关信息，如文件名、文件状态、文件当前位置、缓冲区等。系统为每个被使用的文件在内存中开辟一个缓冲区，用来存放文件的相关信息，这些信息保存在一个 FILE 类型的变量中。

因此，调用 fopen()之前，必须先声明一个指向 FILE 类型的指针 fp，以保存 fopen()的返回值，即：

```
FILE *fp;
```

例如，若要以读/写方式打开 E 盘根目录下的文本文件 data.txt，保留原文件的所有内容，在其文件尾部添加数据，则用如下语句：

```
fp=fopen("D:\\data.txt", "a+");
```

注意，这里使用了转义字符，不能写成：

```
fp=fopen("D:\data.txt", "a+");
```

又如，若要以读/写方式打开 E 盘根目录下的二进制文件 data.bin，保留原文件的所有内容，在其文件尾部添加数据，则用如下语句：

```
fp=fopen("D:\\data.bin", "ab+");
```

如果以 r 方式打开一个并不存在的文件，或者磁盘出故障，又或者磁盘已满无法建立新文件等，上述函数调用不能打开文件，这时 fopen()会返回一个空指针值 NULL。

因此，常用如下语句测试打开文件是否成功：

```
if((fp=fopen("D:\data.txt", "r"))==NULL)
{
    printf("Cannot open this file!\n");
    exit(0);
}
```

即先检查打开文件操作是否出错，如果有错误，则在屏幕上输出"Cannot open this file!"。exit()的作用是关闭所有文件，终止正在执行的文件，待用户检查出错误，再重新运行程序。

由于操作系统对同时打开的文件数目有限制，也防止文件再被误用，所以在文件使用结束后必须关闭文件，否则会出现意想不到的错误。文件关闭就是撤销文件信息区和文件缓冲区，使文件指针不再指向该文件，即文件指针与文件"脱钩"，此后不能再通过该指针对原来与其相联系的文件进行读/写操作，除非重新打开文件。

关闭文件使用 fclose()，其原型是：

```
int fclose(FILE *fp);
```

fclose()调用的一般格式如下：

```
fclose(文件指针);
```

例如：

```
fclose(fp);
```

fclose()返回一个整型值，若文件关闭成功，则返回 0 值，否则返回一个非 0 值。因此，可以根据函数的返回值判断文件是否成功关闭。

12.3 顺序读/写文件

文件打开之后，就可以对它进行读/写操作了。在顺序写时，先写入的数据存放在前面的位置，后写入的数据存放在后面的位置。在顺序读时，先读前面的数据，后读后面的数据。即对于顺序读/写操作来说，读/写数据的顺序与数据在文件中的物理顺序是一致的。

ANSI C 提供大量的文件读/写函数，如按字符读/写、按字符串读/写、按数据块读/写、按格式读/写等。

12.3.1 读/写字符

fgetc()用于从一个以只读或读/写方式打开的文件中读取字符。其原型为：

```
int fgetc(FILE *fp);
```

其中，参数 fp 是由 fopen()返回的文件指针。该函数的功能是从 fp 所指向的文件中读取一个字符，并将位置指针指向下一个字符。如果读取成功，则返回该字符，否则返回文件结束标志 EOF（EOF 是一个符号常量，在 stdio.h 中定义为-1）。

fputc()用于将一个字符写到一个文件中。其原型为：

```
int  fputc(int  ch, FILE  *fp);
```

其中，参数 fp 是由 fopen()返回的文件指针，参数 ch 是要写到文件中的字符。该函数的功能是将字符 ch 写到文件指针 fp 所指向的文件中。若写入成功，则返回输出的字符，否则返回 EOF。

【例 12.1】 从键盘输入一些字符，然后把它们保存到磁盘文件中。

```c
#include<stdio.h>
#include<stdlib.h>
int main()
{
    FILE *fp;
    char ch,filename[20];
    printf("Please input file name: ");
    scanf("%s",filename);
    if((fp=fopen(filename,"w"))==NULL)
    {
        printf("Cannot open this file!\n");
        exit(0);
    }
    ch=getchar(); //用来接收最后输入的回车符
    printf("Please input a string: ");
    ch=getchar(); //接收从键盘输入的第一个字符
    while(ch!='\n')
    {
        fputc(ch,fp);
        ch=getchar();
    }
    fclose(fp);
    return 0;
}
```

程序运行结果如下：

```
Please input file name: data.txt
Please input s string: How are you? I'm fine, thank you.
```

上述字符被写到 data.txt 文件中，如果用写字本或记事本打开 data.txt 文件，可看到文件中内容如下：

```
How are you? I'm fine, thank you.
```

【例 12.2】 编写程序，将 0～127 之间的 ASCII 码对应的字符写到文件中，然后从文件中读出并显示在屏幕上。

```c
#include<stdio.h>
#include<stdlib.h>
int main()
{
    FILE *fp;
    char ch;
    int i;
    if((fp=fopen("data.dat","wb"))==NULL)
    {
        printf("Failed to open this file!\n");
        exit(0);
    }
    for(i=0;i<128;i++)
    {
        fputc(i,fp);
    }
```

```
    fclose(fp);
    if((fp=fopen("data.dat","rb"))==NULL)
    {
        printf("Failed to open this file!\n");
        exit(0);
    }
    while((ch=fgetc(fp))!=EOF)
    {
        putchar(ch);
    }
    fclose(fp);
    return 0;
}
```

程序运行结果如下：

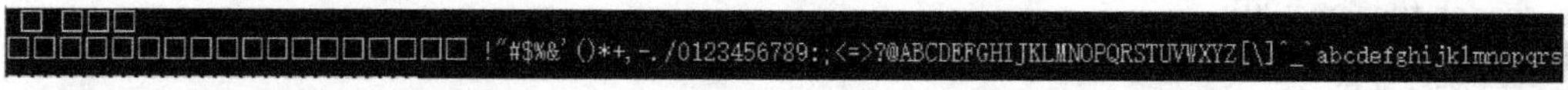

用 Visual C++ 6.0 打开二进制文件 data.dat，可看到文件中的数据如图 12-4 所示（中间两列代表字符的 ASCII 码）

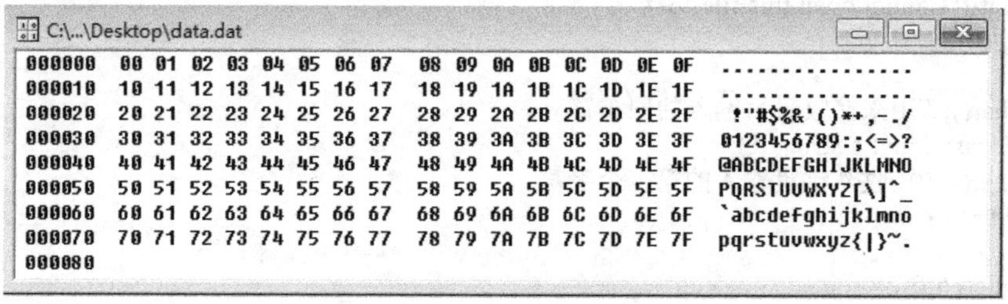

图 12-4　文件中的数据

用写字本打开二进制文件 data.dat，可看到如下结果：

```
┐└┤─ ◘



♫☼►◄↕‼¶┴┬┤↑├→←    !"#$%&'()*+,-./0123456789:;<=>?
@ABCDEFGHIJKLMNOPQRSTUVWXYZ[\]^_`abcdefghijklmnopqrstuvwxyz{|}~
```

为什么在屏幕上显示的控制字符与写字本中看到的内容不完全一致呢？这是因为用写字本打开文件时，显示的那些拐来拐去、方块箭头等符号都是不可打印字符。使用不同的文本编辑软件会有不同的处理，而且还会配合字符集等进行转码，甚至换用不同的字体时会有不同的显示结果。而在 Visual C++ 6.0 中显示时把它们都统一用小数点表示了。

程序中的 while 语句通过检查 fgetc()的返回值是否为 EOF 来判断是否读到了文件末尾，若读到文件末尾，则返回 EOF。判断是否读到文件末尾还可以使用 feof()。feof()的原型为：

```
int  feof(FILE  *fp);
```

当文件的位置指针指向文件结束符时，返回非 0 值，否则返回 0 值。因此上述 while 语句可以用下面的语句代替：

```
while(!feof(fp))
{
    putchar(ch);
    ch=fgetc(fp);
}
```

【例 12.3】　将例 12.1 生成的磁盘文件中的信息复制到另一个磁盘文件中，并验证是否复制成功。

```c
#include<stdio.h>
#include<stdlib.h>
int main()
{
    FILE *in,*out;
    char infile[20],outfile[20],ch;
    printf("Please enter the input file name：");
    scanf("%s",infile);
    printf("Please enter the output file name：");
    scanf("%s",outfile);
    if((in=fopen(infile,"r"))==NULL)
    {
        printf("Cannot open this file!\n");
        exit(0);
    }
    if((out=fopen(outfile,"w"))==NULL)
    {
        printf("Cannot open this file!\n");
        exit(0);
    }
    while(!feof(in))
    {
        ch=fgetc(in);
        fputc(ch,out);
    }
    fclose(in);
    fclose(out);
    if((out=fopen(outfile,"r"))==NULL)
    {
        printf("Cannot open this file!\n");
        exit(0);
    }
    while(!feof(out))
    {
        ch=fgetc(out);
        putchar(ch);
    }
    fclose(out);
    return 0;
}
```

程序的运行结果如下：

```
Please enter the input file name：data.txt
Please enter the output file name：data2.txt
How are you? I'm fine, thank you.
```

12.3.2　读/写字符串

ANSI C 提供了从文件中一次读一个字符串的函数。其原型为：

```c
char   *fgets(char *str, int n, FILE *fp);
```

为了安全起见，fgets()通常这样使用：

```c
char   *fgets(char *str, sizeof(str), FILE *fp);
```

该函数的功能是，从 fp 所指向的文件中读取最多 sizeof(str)-1 个字符的字符串，并在字符串末尾添加'\0'，然后存入 str 中。当读到首个换行符、到达文件末尾或读满 n-1 个字符时，函数返回该字符串的首地址，即指向 str 的地址。若读到换行符，则换行符也作为字符串的一部分读到字符串中。当读取失败时返回 NULL。由于出错或到达文件末尾时都返回 NULL，所以程序中应该使用 ferror()或 feof()来确定 fgets()返回 NULL 的真正原因是什么。

ferror()的功能是检测是否出现文件错误，若出现文件错误，则返回一个非 0 值，否则返回 0 值。常用的检测语句如下：

```
if(ferror(fp))                            /*检查是否存在文件错误*/
{
    printf("There are errors on file\n");   /*向屏幕上输出文件错误提示信息*/
}
```

调用 fgets()时，如果把 stdin 作为第三个实参进行传递，就会从标准输入流中读入。其作用相当于 gets()，但比 gets()更安全，因为可以防止字符数组下标越界的问题。例如：

fgets(char *str, sizeof(str), stdin);

将字符串写入文件中可使用 fputs()。其原型为：

int fputs(const char * str, FILE *fp);

若输出成功，则返回一个非负的数，否则返回 EOF。

与 puts()不同，fputs()不会自己写入换行符，除非字符串本身含有换行符。

【例 12.4】 从键盘读入若干字符串，对它们按字母大小的顺序排序，然后把排好序的字符串存入磁盘文件中。

```c
#include<stdio.h>
#include<string.h>
#include<stdlib.h>
#define M 10
#define N 30
int main()
{
    FILE *fp;
    char str[M][N],temp[N];
    int i,j,k,n;
    printf("Please input the number of strings:");
    scanf("%d",&n);
    printf("Please input several strings:\n");
    getchar();                              /*清空缓冲区*/
    for(i=0;i<n;i++)
    {
        fgets(str[i],sizeof(str[i]),stdin);   /*也可调用 gets(str[i])*/
    }
    for(i=0;i<n-1;i++)                       /*字符串选择排序*/
    {
        k=i;
        for(j=i+1;j<n;j++)
        {
            if(strcmp(str[k],str[j])>0)
                k=j;
        }
        if(k!=i)
        {
            strcpy(temp,str[i]);
            strcpy(str[i],str[k]);
            strcpy(str[k],temp);
        }
    }
    if((fp=fopen("D:\\string.txt","w"))==NULL)
    {
        printf("Cannot open this file\n");
        exit(0);
    }
    for(i=0;i<n;i++)
    {
```

```
        fputs(str[i],fp);              /*将字符串写入文件中*/
    }
    fclose(fp);
    if((fp=fopen("D:\\string.txt","r"))==NULL)
    {
        printf("Cannot open this file\n");
        exit(0);
    }
    printf("\nAfter sorted sequence is: \n");
    for(i=0;i<n;i++)
    {
        fgets(str[i],sizeof(str[i]),fp);   /*从刚才写入的文件中读取字符串*/
        puts(str[i]);                      /*把读取的字符串显示在屏幕上*/
    }
    fclose(fp);
    return 0;
}
```

程序的运行结果如下：

```
Please input the number of strings:4
Please input several strings:
China
American
British
India
After sorted sequence is:
American
British
China
India
```

此时，文本文件 string.txt 中的内容变为：

```
American
British
China
India
```

12.3.3 格式化读/写文件

ANSI C 允许格式化读/写文件。fscanf()用于按指定格式从文件中读取数据。其原型为：

```
int  fscanf(FILE *fp, const char *format, …);
```

其中，第一个参数为文件指针，第二个参数为格式化字符串，第三个参数为地址参数表列，后两个参数和返回值与 scanf()的一致。

fprintf()的功能是按指定格式将数据写入文件。其原型为：

```
int  fprintf(FILE *fp, const char *format, …);
```

其中，第一个参数为文件指针，第二个参数为格式化字符串，第三个参数为输出参数表列，后两个参数和返回值与 printf()的一致。

fscanf()和 fprintf()对磁盘文件进行读/写，使用方便，容易理解，但需要在输入时将文件中的 ASCII 码转换为二进制数再保存在内存变量中，在输出时再将内存中的二进制数转换为字符，花费时间较多。因此，在内存与磁盘频繁交换数据的情况下，最好不用 fscanf()和 fprintf()。

【例 12.5】 编写程序，从键盘输入 5 个学生的具体信息（学号、姓名、性别、出生日期、地址）及 4 门课的成绩，计算每个学生 4 门课的平均分，并将学生的具体信息和各门课成绩及平均分保存到文件 score.txt 中。

```
#include<stdio.h>
#include<stdlib.h>
```

```
#define N 50
typedef struct    date
{
    int    month;
    int    day;
    int    year;
}DATE;
typedef   struct   student
{
    long    id;
    char    name[20];
    char    sex;
    DATE    birthday;
    char    addr[30];
    float    score[4];
    float    aver;
}STUDENT;
void GetScore(STUDENT stu[],int m,int n);
void ComputeAverage(STUDENT stu[],int m,int n);
void SavetoFile(STUDENT stu[],int m,int n);
int main()
{
    STUDENT stu[N];
    int m;
    printf("Input the number of students:");
    scanf("%d",&m);
    GetScore(stu,m,4);
    ComputeAverage(stu,m,4);
    SavetoFile(stu,m,4);
    return 0;
}
/*函数功能：从键盘输入 m 个学生的具体信息及 n 门课的成绩到结构体数组 stu 中*/
void GetScore(STUDENT stu[],int m,int n)
{
    int i,j;
    for(i=0;i<m;i++)
    {
        printf("Input record %d:\n",i+1);
        scanf("%ld",&stu[i].id);
        scanf("%s",stu[i].name);
        scanf(" %c",&stu[i].sex);
        scanf("%d",&stu[i].birthday.month);
        scanf("%d",&stu[i].birthday.day);
        scanf("%d",&stu[i].birthday.year);
        scanf("%s",stu[i].addr);
        for(j=0;j<n;j++)
        {
            scanf("%f",&stu[i].score[j]);
        }
    }
}
/*函数功能：计算 m 个学生 n 门课的平均分，存入数组的成员 aver 中*/
void ComputeAverage(STUDENT stu[],int m,int n)
{
    int i,j;
    float sum;
    for(i=0;i<m;i++)
    {
        sum=0.0;
        for(j=0;j<n;j++)
```

```
        {
            sum=sum+stu[i].score[j];
        }
        stu[i].aver=sum/n;
    }
}
/*函数功能：输出 m 个学生的具体信息和 n 门课成绩及平均分到文件 score.txt 中*/
void SavetoFile(STUDENT stu[],int m,int n)
{
    FILE *fp;
    int i,j;
    if((fp=fopen("score.txt","w"))==NULL)
    {
        printf("Failed to open this file!\n");
        exit(0);
    }
    fprintf(fp,"%d\t%d\n",m,n);
    for(i=0;i<m;i++)
    {
        fprintf(fp,"%10ld%8s%3c %02d %02d%6d%8s",stu[i].id,
        stu[i].name,stu[i].sex,stu[i].birthday.month,
        stu[i].birthday.day,stu[i].birthday.year,stu[i].addr);
        for(j=0;j<n;j++)
        {
            fprintf(fp,"%5.1f",stu[i].score[j]);
        }
        fprintf(fp,"%5.1f\n",stu[i].aver);
    }
    fclose(fp);
}
```

程序的运行结果如下：

```
Input the number of students:5
Input record 1:
1232019101  张三  M 5 12 1999  北京  67 78 89 90
Input record 2:
1232019102  李四  M 2 6 1998  天津  89 77 97 92
Input record 3:
1232019103  王五  M 8 23 1999  上海  88 90 91 79
Input record 4:
1232019104  黄丽  F 12 4 1999  广州  68 75 86 90
Input record 5:
1232019105  肖婕  F 10 18 1999  杭州  80 84 82 90
```

用户输入结束后，屏幕没有任何输出结果，因为程序将输入的数据保存到文件 score.txt 中。用记事本打开文本文件 score.txt，可看到文件内容如下：

```
5    4
1232019101      张三  M 05 12  1999      北京  67.0 78.0 89.0 90.0 81.0
1232019102      李四  M 02 06  1998      天津  89.0 77.0 97.0 92.0 88.8
1232019103      王五  M 08 23  1999      上海  88.0 90.0 91.0 79.0 87.0
1232019104      黄丽  F 12 04  1999      广州  68.0 75.0 86.0 90.0 79.8
1232019105      肖婕  F 10 18  1999      杭州  80.0 84.0 82.0 90.0 84.0
```

本程序为了实现文件操作，增加了定义文件指针、打开文件、关闭文件等操作，并用 fprintf() 将数据写入文本文件 score.txt 中。

同时，本例将平均分作为 STUDENT 结构体的成员，因此访问平均分的方式有所变化，不再用 aver[i]，而是变成 stu[i].aver。这种将平均分作为 STUDENT 结构体成员的好处是使函数的接口更简捷，程序便于维护。因为无论是增加还是减少 STUDENT 结构体的多少个成员，都不需要修改 ComputeAverage()和 SavetoFile()的接口参数和主函数的调用语句，只需修改相应函数内的个别语句即可，从而体现出结构体作为函数参数的优越性。

【例 12.6】 从例 12.5 生成的文件 score.txt 中读取每个学生的学号、姓名、性别、出生日期、地址、各门课的成绩及平均分，并显示在屏幕上。

```c
#include<stdio.h>
#include<stdlib.h>
#define N 50
typedef struct   date
{
     …   /*同前，略*/
}DATE;
typedef   struct   student
{
     …   /*同前，略*/
}STUDENT;
void PrintScore(STUDENT stu[],int m,int n);
void ReadfromFile(STUDENT stu[],int *m,int *n);
int main()
{
     STUDENT stu[N];
     int m,n=4;
     ReadfromFile(stu,&m,&n);
     PrintScore(stu,m,n);
     return 0;
}
/*函数功能：从文件中读取学生信息到结构体数组 stu 中*/
void ReadfromFile(STUDENT stu[],int *m,int *n)
{
     FILE *fp;
     int i,j;
     if((fp=fopen("score.txt","r"))==NULL)
     {
          printf("Failed to open this file!\n");
          exit(0);
     }
     fscanf(fp,"%d\t%d",m,n); /*从文件中读取学生个数和课程门数*/
     for(i=0;i<*m;i++)
     {
          fscanf(fp,"%10ld",&stu[i].id);
          fscanf(fp,"%8s",stu[i].name);
          fscanf(fp," %c",&stu[i].sex);
          fscanf(fp,"%2d",&stu[i].birthday.month);
          fscanf(fp,"%2d",&stu[i].birthday.day);
          fscanf(fp,"%6d",&stu[i].birthday.year);
          fscanf(fp,"%8s",stu[i].addr);
          for(j=0;j<*n;j++)
          {
               fscanf(fp,"%5f",&stu[i].score[j]);
          }
          fscanf(fp,"%5f",&stu[i].aver);
     }
     fclose(fp);
}
/*函数功能：输出 m 个学生的学号、姓名、性别、出生日期、地址、n 门课成绩及平均分到屏幕上*/
void PrintScore(STUDENT stu[],int m,int n)
{
     int i,j;
```

```
        for(i=0;i<m;i++)
        {
                printf("%10ld%8s%3c %02d %02d%6d%8s",stu[i].id,
                stu[i].name,stu[i].sex,stu[i].birthday.month,
                stu[i].birthday.day,stu[i].birthday.year,stu[i].addr);
                for(j=0;j<n;j++)
                {
                        printf("%5.1f",stu[i].score[j]);
                }
                printf("%5.1f\n",stu[i].aver);
        }
}
```

程序的运行结果如下：

1232019101	张三	M 05 12	1999	北京 67.0 78.0 89.0 90.0 81.0
1232019102	李四	M 02 06	1998	天津 89.0 77.0 97.0 92.0 88.8
1232019103	王五	M 08 23	1999	上海 88.0 90.0 91.0 79.0 87.0
1232019104	黄丽	F 12 04	1999	广州 68.0 75.0 86.0 90.0 79.8
1232019105	肖婕	F 10 18	1999	杭州 80.0 84.0 82.0 90.0 84.0

12.3.4　读/写数据块

程序常常需要一次输入/输出一组数据，ANSI C 允许调用 fread()从文件中读取一个数据块，调用 fwrite()向文件中写入一个数据块。在向磁盘中写数据时，直接将内存中一组数据原封不动、不加转换地复制到磁盘文件中；在读取时，将磁盘文件中若干字节的内容一起读入内存中。因此，在读/写时是以二进制数形式进行的。fread()的原型为：

```
unsigned int fread(void *buffer,unsigned int size, unsigned int count, FILE *fp);
```

fread()的功能是从文件指针 fp 所指向的文件中读取数据块并存入 buffer 指向的内存中。参数 buffer 为待读取数据块的首地址，参数 size 为每个数据块的大小，即待读取数据块的字节数，参数 count 为最多允许读取的数据块个数（每个数据块有 size 个字节）。函数的返回值是实际读取的数据块个数。

fwrite()的原型为：

```
unsigned int fwrite(const void *buffer,unsigned int size, unsigned int count, FILE *fp);
```

fwrite()的功能是将 buffer 指向的内存中的数据块写入文件指针 fp 所指向的文件中。参数 buffer 为待写入数据块的首地址，参数 size 为每个数据块的大小，即待写入数据块的字节数，参数 count 为最多允许写入的数据块个数（每个数据块有 size 个字节）。函数的返回值是实际写入的数据块个数。

数据块的读/写使得程序不再局限于一次只读/写一个字符、一个字符串，它允许用户指定想要读/写的内存块大小，最小为 1 个字节，最大为整个文件。

【例 12.7】　编写程序，从键盘输入 5 个学生的具体信息和 4 门课成绩，计算每个学生 4 门课的平均分，并保存到文件 studentscore.txt 中，然后再从文件中以数据块方式读出并显示到屏幕上。

```
#include<stdio.h>
#include<stdlib.h>
#define N 50
typedef struct   date
{
    …   /*同前，略*/
}DATE;
typedef   struct   student
{
```

```
        …   /*同前，略*/
}STUDENT;
void GetScore(STUDENT stu[],int m,int n);
void ComputeAverage(STUDENT stu[],int m,int n);
void SavetoFile(STUDENT stu[],int m);
void PrintScore(STUDENT stu[],int m,int n);
int ReadfromFile(STUDENT stu[]);
int main()
{
    STUDENT stu[N];
    int m,n=4;
    printf("Please input the number of students:");
    scanf("%d",&m);
    GetScore(stu,m,n);
    ComputeAverage(stu,m,n);
    SavetoFile(stu,m);
    m=ReadfromFile(stu);
    PrintScore(stu,m,n);
    return 0;
}
/*函数功能：从键盘输入 m 个学生的具体信息及 n 门课的成绩到结构体数组 stu 中*/
void GetScore(STUDENT stu[],int m,int n)
{
    int i,j;
    for(i=0;i<m;i++)
    {
        printf("Input record %d:\n",i+1);
        scanf("%ld",&stu[i].id);
        scanf("%s",stu[i].name);
        scanf(" %c",&stu[i].sex);
        scanf("%d",&stu[i].birthday.month);
        scanf("%d",&stu[i].birthday.day);
        scanf("%d",&stu[i].birthday.year);
        scanf("%s",stu[i].addr);
        for(j=0;j<n;j++)
        {
            scanf("%f",&stu[i].score[j]);
        }
    }
}
/*函数功能：计算 m 个学生 n 门课的平均分，存入数组的成员 aver 中*/
void ComputeAverage(STUDENT stu[],int m,int n)
{
    int i,j;
    float sum;
    for(i=0;i<m;i++)
    {
        sum=0.0;
        for(j=0;j<n;j++)
        {
            sum=sum+stu[i].score[j];
        }
        stu[i].aver=sum/n;
    }
}
/*函数功能：输出 m 个学生的具体信息和 n 门课成绩及平均分到文件 studentscore.txt 中*/
```

```
void SavetoFile(STUDENT stu[],int m)
{
    FILE *fp;
    if((fp=fopen("studentscore.txt","w"))==NULL)
    {
        printf("Failed to open this file!\n");
        exit(0);
    }
    fwrite(stu,sizeof(STUDENT),m,fp);
    fclose(fp);
}
/*函数功能：以数据块方式从文件中读取学生信息到结构体数组 stu 中并返回学生个数*/
int ReadfromFile(STUDENT stu[])
{
    FILE *fp;
    int i;
    if((fp=fopen("studentscore.txt","r"))==NULL)
    {
        printf("Failed to open this file!\n");
        exit(0);
    }
    for(i=0;!feof(fp);i++)
    {
        fread(&stu[i],sizeof(STUDENT),1,fp);          /*读取数据块*/
    }
    fclose(fp);
    printf("The total number of students is:%d.\n",i-1);
    return i-1;
}
/*函数功能：输出 m 个学生的学号、姓名、性别、出生日期、地址和 n 门课成绩及平均分到屏幕上*/
void PrintScore(STUDENT stu[],int m,int n)
{
    int i,j;
    for(i=0;i<m;i++)
    {
        printf("%10ld%8s%3c %02d %02d%6d%8s",stu[i].id,
        stu[i].name,stu[i].sex,stu[i].birthday.month,
        stu[i].birthday.day,stu[i].birthday.year,stu[i].addr);
        for(j=0;j<n;j++)
        {
            printf("%5.1f",stu[i].score[j]);
        }
        printf("%5.1f\n",stu[i].aver);
    }
}
```

程序的运行结果如下：

```
Please input the number of students:5
Input record 1:
1232019101 张三  M 5 12 1999  北京  80 78 90 88
Input record 2:
1232019102 李四  M 2 6 1998  天津  67 78 89 90
Input record 3:
1232019103 王五  M 8 23 1999  上海  89 90 86 77
Input record 4:
1232019104 黄丽  F 12 4 1999  广州  69 78 80 94
```

```
Input record 5:
1232019105 肖婕 F 10 18 1999 杭州 80 90 86 100
The total number of students is:5.
```

1232019101	张三	M 05 12	1999	北京	80.0 78.0 90.0 88.0 84.0
1232019102	李四	M 02 06	1998	天津	67.0 78.0 89.0 90.0 81.0
1232019103	王五	M 08 23	1999	上海	89.0 90.0 86.0 77.0 85.5
1232019104	黄丽	F 12 04	1999	广州	69.0 78.0 80.0 94.0 80.3
1232019105	肖婕	F 10 18	1999	杭州	80.0 90.0 86.0100.0 89.0

程序中 SavetoFile()和 ReadfromFile()调用了 fwrite()和 fread()对文件进行数据块读/写操作。而 fwrite()和 fread()是根据数据块的长度来处理数据输入/输出的，在读/写时以二进制数形式进行，在向磁盘中写数据时，直接将内存中一组数据原封不动、不加转换地复制到磁盘文件中，在读取时将磁盘文件中若干字节的内容一批读入内存。所以，在用记事本或写字本等文本编辑器打开文本文件时，往往看到的是一些莫名其妙的结果。可见，fwrite()和 fread()通常用于二进制文件的输入/输出。

12.4 随机读/写文件

顺序读/写文件容易操作，理解方便，但有时效率不高，例如，文件中存放着数百万人的资料，若按顺序读/写某个人的信息，等待的时间可能是无法忍受的。

随机读/写文件不按数据在文件中的物理顺序进行读/写，而是可以对任意位置上的数据进行访问。可见，随机读/写文件比顺序读/写文件高效得多。

为了实现文件的随机访问，需要在文件中进行定位。而在一个打开的文件中，都有一个指示文件位置的指针，称为文件位置指针。当对文件进行顺序读/写时，每读完一个字节后，文件位置指针自动移动到下一个字节的位置。当需要随机读/写文件数据时，则强制移动文件位置指针使它指向指定的位置。

如何定位文件的位置指针呢？ANSI C 提供了以下函数来完成文件位置指针的定位，它们的函数原型为：

```
int   fseek(FILE *fp, long offset, int fromwhere);
void rewind(FILE *fp);
long ftell(FILE *fp);
```

fseek()的功能是将 fp 的文件位置指针从 fromwhere 开始移动 offset 个字节，指示下一个要读取的数据的位置。若函数调用成功，则返回 0 值，否则返回非 0 值。

其中，参数 offset 是一个偏移量，指示文件位置指针要移动多少个字节，offset 为正时，向后移动，为负时，向前移动。ANSI C 规定 offset 是长整型数据（常量数据后面加 L），这样使得文件长度大于 64KB 时不至于出问题。参数 fromwhere 用于确定偏移量计算的起始位置，它的可能取值有三种：0 或 SEEK_SET，代表文件开头；1 或 SEEK_CUR，代表文件当前位置；2 或 SEEK_END，代表文件末尾。利用 fromwhere 和 offset 的值，就能够让文件位置指针移动到文件的任意位置，从而实现文件的随机访问。

rewind()的功能是将文件位置指针指向文件的首字节，即将文件位置指针重新返回到文件的开头。

文件位置指针经常移动，往往不容易知道其当前位置。ftell()的功能就是返回文件位置指针的当前位置，用相对于文件开头的字节偏移量来表示。如果调用函数时出错（如不存在 fp 指向的文件），则返回值为-1L。

C 语言为了提高数据输入/输出的速度，主要使用缓冲文件系统。在缓冲文件系统中，需要给每个打开的文件建立一个缓冲区。文件内容首先被批量读入缓冲区中，程序执行读操作时，实际是从缓冲区中读数据。写操作也是如此，首先将数据写入缓冲区中，然后在适当的时候（如关闭时）再批量写入磁盘文件中。这种技术虽然提高了 I/O 的性能，但也存在一些副作用。

例如，在缓冲区内容还没有写入磁盘中时，突然遭遇停电或计算机死机，数据就会丢失，永远也无法找回。又如，缓冲区中被写入无用的数据，如果不及时清除，其后续的文件读操作将首先读取这些无用的数据。

为了解决上述问题，C 语言提供了 fflush()，其原型为：

```
int    fflush(FILE *fp);
```

fflush()的功能是无条件地把缓冲区中的所有数据写入物理设备中。这样，程序员可以自己决定在何时清除缓冲区中的数据，以确保输出缓冲区中的内容写入磁盘文件中。

【例 12.8】 从例 12.7 生成的文件 studentscore.txt 中读取第 k 条记录的数据并显示在屏幕上，k 的值由用户从键盘输入。

```c
#include<stdio.h>
#include<stdlib.h>
#define N 50
typedef struct   date
{
     …   /*同前，略*/
}DATE;
typedef    struct    student
{
     …   /*同前，略*/
}STUDENT;
void FindinFile(char filename[],long k);
int main()
{
     long k;
     printf("Please input the finding record number:");
     scanf("%ld",&k);
     FindinFile("studentscore.txt",k);
     return 0;
}
/*函数功能：从 studentscore.txt 文件中读取第 k 条记录并显示在屏幕上*/
void FindinFile(char filename[],long k)
{
     FILE *fp;
     int j;
     STUDENT stu;
     if((fp=fopen(filename,"r"))==NULL)
     {
          printf("Failed to open %s!\n",filename);
          exit(0);
     }
     fseek(fp,(k-1)*sizeof(STUDENT),SEEK_SET);
     /*printf("record number of file=%d\n", ftell(fp)/sizeof(STUDENT)+1);*/
     fread(&stu,sizeof(STUDENT),1,fp);/*从文件中读 1 个数据块（记录）*/
     printf("%10ld%8s%3c %02d %02d%6d%8s",stu.id, stu.name,stu.sex,stu.birthday.month, stu.birthday.day,
          stu.birthday.year,stu.addr);
     for(j=0;j<4;j++)
     {
          printf("%5.1f",stu.score[j]);
     }
     printf("%5.1f\n",stu.aver);
     /*printf("record number of file=%d\n", ftell(fp)/sizeof(STUDENT)+1);*/
```

```
        fclose(fp);
}
```
程序的运行结果如下：

Please input the finding record number:3
1232019103　　王五　M 08 23　1999　　　上海 89.0 90.0 86.0 77.0 85.5

程序中定义的函数 FindinFile()的功能是，从文件 filename 中查找第 k 条记录数据（第 k 个数据块）并显示在屏幕上。第一个参数 filename 是字符数组，用于接收实参传递的文件名。第二个形参 k 是长整型变量，代表要读取的记录号。为了在文件中直接读取第 k 条记录，程序在 FindinFile()中调用 fseek()，将文件位置指针从文件开头向后移动(k-1)*sizeof(STUDENT)个字节，使其指向第 k 条记录。

注意，这里文件位置指针移动的偏移量是(k-1)*sizeof(STUDENT)个字节，而不是(k-1)个字节。这是什么原因呢？

之所以这样来计算偏移量，是因为 fseek()的第二个参数为文件位置指针需要跳过的字节数，而每条记录的长度是 sizeof(STUDENT)个字节。同理，由于 ftell()返回的文件指针位置也是用字节偏移量来表示的，所以必须除以 sizeof(STUDENT)才能换算成当前的记录号。若在 FindinFile()中的 fseek()调用语句和 fread()调用语句之间及最后一条 printf()调用语句之后分别插入如下语句（程序中去掉"/*"和"*/"）：

```
printf("record number of file=%d\n", ftell(fp)/sizeof(STUDENT)+1);
```
那么程序的运行结果如下：

Please input the finding record number:3
record number of file=3
1232019103　　王五　M 08 23　1999　　　上海 89.0 90.0 86.0 77.0 85.5
record number of file=4

这说明在调用 fseek()后文件位置指针指向了第 3 条记录，而调用 fread()读取一条记录后，文件位置指针又指向了下一条记录，即第 4 条记录。

12.5　标准输入/输出重定向

C 语言中，任意输入的源或输出的目的地都称为流。前面介绍的数据输入/输出均通过一个流（与键盘有关）获得全部的输入，并通过另一个流（与屏幕相关）写出全部的输出。较大规模的程序常常把与其他设备相关联的流表示为磁盘中的文件。

C 程序中流的访问是通过文件指针实现的，此指针的类型为 FILE *。常用的通过终端设备进行的数据输入/输出在表面上与文件无关，但实际上，对于终端设备，系统自动打开了三个标准文件：标准输入文件、标准输出文件和标准错误输出文件，并且无须关闭。与这三个标准文件对应，系统定义了三个特别的文件指针常数：stdin、stdout 和 stderr，分别指向标准输入文件、标准输出文件和标准错误文件，这三个文件都以标准终端设备作为输入/输出对象。在默认情况下，标准输入设备是键盘，标准输出设备是屏幕。以前使用过的 printf()、putchar()、puts()等函数都是通过标准输出设备输出数据的，而 scanf()、getchar()、gets()等函数都是通过标准输入设备输入数据的。

而 fprintf()是 printf()的文件操作版，二者的区别在于 fprintf()多了一个 FILE *类型的参数 fp。如果 fp 的值为 stdout，那么二者的作用完全一样，都向屏幕输出数据。同理，可以将其推广到 fputc()与 putchar()等函数。例如，下面两条语句是等价的：

```
putchar(c);
fputc(c,stdout);
```
而对于 fgetc()与 getchar()也是一样，下面两条语句也是等价的：

```
getchar();
fgetc(stdin);
```
　　下面两条语句同样是等价的：
```
puts(str);
fputs(str,stdout);
```
　　不过，fgets()与 gets()和上述函数有所不同，这是因为 fgets()的原型除多一个 stdin 参数外，还多了一个参数 size：
```
char *fgets(char *str, int size, FILE *stream);
char *gets(char *str);
```
　　参数 size 的作用是限制字符数组 str 的长度，以防数组下标越界，提高了系统的安全性。

　　虽然系统默认的标准输入/输出文件是终端设备，但某些操作系统允许通过重定向（Redirection）机制来改变这些默认的含义。

　　例如，在 DOS 和 UNIX 操作系统中可以命令程序从文件而不是键盘获得输入。方法是，在命令行中在字符 "<" 的后边增加文件的名字，例如：
```
C:\exefile < in.dat
```
　　这种方法称为输入重定向，它本质上是使 stdin 流表示为文件（此处为 in.dat）而非键盘。其中，exefile 是可执行程序的文件名。在上面的命令行中，程序 exefile 的标准输入被 "<" 重定向到了文件 in.dat，这时 exefile 只会从 in.dat 中读取数据，而不理会用户此后按下的任何一个按键。再举一例，若执行如下的命令行：
```
C:\exefile > out.dat
```
　　这种方法称为输出重定向，它会将所有写入 stdout 的数据都写到 out.dat 文件中，而不是显示在屏幕上。当然，我们还可以把输出重定向和输入重定向进行合并，例如：
```
C:\exefile < in.dat > out.dat
```
　　不过，输出重定向的一个问题是，它会把写入 stdout 的所有内容都写到文件中。如果程序运行失常并且开始发出错误信息，那么我们只能在打开文件的时候才能知道。实际上，这些信息应该出现在 stderr 中。把错误信息写入 stderr 而不是 stdout 中，这种做法可以保证在 stdout 发生重定向时，这些错误信息将仍然会出现在屏幕上。

习题 12

一、填空完成程序

1. 程序功能：把从终端读入的 10 个整数以二进制数形式写到一个名为 bi.dat 的新文件中。

```
#include<stdio.h>
FILE *fp;
{
    int i, j;
    if((fp=fopen (____, "wb"))= =NULL)
        exit(0);
    for(i=0; i<10; i++)
    {
        scanf("%d", &j);
        fwrite(&j, sizeof(int), 1,____);
    }
    fclose(fp);
}
```

2. 程序功能：把从键盘输入的字符存放到一个文件中，用字符 # 作为结束符。

```
#include<stdio.h>
main()
{
    FILE *fp;
    char ch, fname[10];
    printf("Input the name of file:\n");
    gets (fname);
    if((fp=fopen(____))= =NULL)
    {
        printf("Can't open file\n");
        ____;
    }
    while((ch=getchar())!='#')
        fputc (____);
    fclose (fp);
}
```

3．程序功能：从键盘输入一个字符串，把该字符串中的小写字母转换成大写字母，输出到文件 test.txt 中，然后从该文件读出字符串并显示出来。

```c
#include<stdio.h>
main()
{ FILE *fp;
  char str[100];
  int i=0;
  if((fp=fopen("test.txt", _____))= =NULL)
  { printf("Can't open this file.\n");
    exit(0);
  }
  printf("Input a string: \n"); gets (str);
  while (str[i])
  { if(str[i]>= 'a'&&str[i]<= 'z')
      str[i]=____;
    fputc(str[i], fp);
    i++;
  }
  fclose (fp);
  fp=fopen("test.txt", ____);
  fgets(str, 100, fp);
  printf("%s\n", str);
  fclose (fp);
}
```

4．程序功能：统计文件中字符的个数。

```c
#include<stdio.h>
main()
{ FILE *fp;
  long num=0;
  if((fp=fopen("fname.dat", "r"))==NULL)
  { printf("Can't open file\n");
    exit(0);
  }
  while____ { fgetc (fp); num++;}
  printf("num=%d\n", num);
  fclose (fp);
}
```

5．程序功能：从键盘输入一个文件名，然后输入一个字符串（用#结束输入）存放到此文件中，形成文本文件，并将字符的个数写到文件尾部。

```c
#include<stdio.h>
main( )
{ FILE *fp;
  char ch, fname[32]; int count=0;
  printf("Input the filename:");
  scanf("%s", fname);
  if((fp=fopen(____, "w+"))==NULL)
  { printf("Can't open file: %s\n", fname);
    exit(0);
  }
  printf("Enter data:\n");
  while((ch=getchar())!="#")
  {fputc(ch, fp); count++;}
  fprintf(____, "\n%d\n", count);
  fclose(fp);
}
```

二、编程题

1．编写程序实现文件复制。根据程序提示从键盘输入一个已存在的文本文件的完整文件名，再输入一个新文本文件的完整文件名，然后将已存在的文本文件中的内容全部复制到新文本文件中，再显示新文本文件中的内容以验证文件复制是否成功。

2．编写程序实现文件的追加写入。根据提示从键盘输入一个已存在的文本文件的完整文件名，再输入另一个已存在的文本文件的完整文件名，然后将第一个文本文件的内容追加写入到第二个文本文件的原内容之后，再显示新文本文件中的内容以验证文件追加写入是否成功。

3．编写程序实现将大于某个整数 n 且紧靠 n 的 k 个素数存入某个数组中，同时实现从 infile.txt 文件中读取 10 对 n 和 k 值，分别求出符合要求的素数，并将结果保存到 outfile.txt 文件中。

4．（选做）编写一个名为 fcat 的程序，通过把任意数量的文件写到标准输出中而把这些文件一个接一个的"拼接"起来，而且文件之间没有间隙。例如，下列命令将在屏幕上显示文件 f1.c、f2.c 和 f3.c：

　　　　fcat f1.c f2.c f3.c

如果任何文件都无法打开，那么程序应该发出错误信息。提示：因为每次只可打开一个文件，所以程序只需要一个文件指针变量。一旦对一个文件完成操作，程序在打开下一个文件时可以使用同一个文件指针变量。

实验题

实验题目：学生成绩管理系统 V6.0。

实验目的：在第 11 章实验题的基础上，通过增加任务需求，熟悉文件的基本操作，模块化程序设计以及增量测试方法。

说明：某班有若干个学生（不超过 50 人，从键盘输入）参加若干门课（不超过 5 门，从键盘输入）的考试。参考例 12.7，用文件读/写操作编程实现如下成绩管理功能：

（1）从键盘输入每个学生的学号、姓名和各科考试成绩；

（2）计算该班每门课的总分和平均分；

（3）计算该班每个学生的总分和平均分；

（4）按每门课的总分由高到低排出名次；

（5）按每个学生的总分由高到低排出名次；

（6）按学号由小到大排出成绩表；

（7）按姓名的字典顺序排出成绩表；

（8）按学号查找学生排名及其每门课成绩；

（9）按姓名查找学生排名及其每门课成绩；

（10）按优秀（≥90 分）、良好（80～89 分）、中等（70～79 分）、及格（60～69 分）、不及格（0～59 分）5 个等级，统计每个等级的人数及其所占的百分比；

（11）输出每个学生的学号、姓名、每门课成绩、课程总分、平均分，以及每门课的总分和平均分；

（12）将每个学生的记录信息写入文件；

（13）从文件中读取每个学生的记录信息并显示在屏幕上。

要求程序运行后，用户先登录如下系统：

Welcome to Use The Student's Grade Management System!
Please enter username: zhang
Please enter password（at most 15 digits）: ******

然后显示如下菜单，并提示用户输入选项：

```
The Student's Grade Management System
****************************** Menu ******************************
* 1. Enter record                                                *
* 2. Calculate total & average score of each course              *
* 3. Calculate total & average score of each student             *
* 4. Sort in descending order by total score of each course      *
* 5. Sort in ascending order by total score of each student      *
* 6. Sort in dictionary order by number                          *
* 7. Sort in dictionary order by name      8. Search by number   *
* 9. Search by number name          10. Statistical analysis for every course *
*11. List record                    12. Write to a file          *
*13. Read from a file                0. Exit                      *
******************************************************************
```

Please enter your choice:

然后根据用户输入的选项执行相应的操作。

第 13 章　构建大规模程序

迄今为止，我们编写的 C 程序，小的只有几行代码，大一些的也只有上百行代码，这些 C 程序一般放在一个单独的文件中。然而，在实际应用中，大多数程序往往由多个文件构成，这些文件包括若干源文件和头文件。源文件包含程序中被调函数的定义和外部变量，而头文件包含可以在源文件之间共享的信息。

13.1　头文件

当代码分散在多个文件中时，可能会面临几个急需解决的问题：函数如何调用其他文件中定义的函数？函数如何访问其他文件中的外部变量？两个文件如何共享同一个类型定义或宏定义？这些问题的解决需要使用#include 指令，这个指令实现了任意数量的源文件的信息共享，这些信息包括函数原型、宏定义、类型定义等。

#include 指令通知预处理器打开指定的文件，并把被打开文件的内容插入当前文件中。因此，如果程序中有多个文件要访问相同的信息，就要将这些信息写在文件中，然后利用#include 指令把这个文件中的内容插入每个源文件中。人们把按照此种方式被包含的文件称为头文件（或称为包含文件）。

注意，C 标准中所用术语"源文件"泛指程序员编写的全部文件，包括.c 文件和.h 文件。而这里所述的"源文件"只指.c 文件。

13.1.1　#include 指令的使用

#include 指令有两种包含格式。第一种格式用于 C 语言标准库中的头文件：

```
#include<文件名>
```

第二种格式用于所有其他头文件，包括程序员自己编写的头文件：

```
#include"文件名"
```

编译器会根据#include 指令的格式差异通过不同的路径来搜索需要的头文件。一般来说，大多数编译器会遵循如下规则：

- #include<文件名>：搜索头文件所在的目录（或多个目录）。例如，在 Windows 系统下的 Visual C++ 6.0 中，一般在安装目录下的\VC98\INCLUDE 中，如 C:\Program Files (x86)\ Microsoft Visual Studio\VC98\INCLUDE；而在 Linux 系统下，通常把头文件保存在目录 /usr/include 或/usr/local/include 中。
- #include "文件名"：先搜索当前目录，如果没有找到，接着搜索头文件所在的目录（或多个目录）。这种格式的指令有时可以包含帮助定位文件的信息，如目录路径或驱动器号等，例如：

```
#include "D:\project\utils.h"    /*Windows 系统*/
#include "/project/utils.h"       /*Linux 系统*/
```

注意，为了保持程序的可移植性，建议在#include 指令中不要包含路径或驱动器号等信息。

13.1.2　定义共享类型和宏

大规模程序一般包含用于多个源文件共享的类型定义和宏定义。这些共享的类型定义和宏定义一般放在头文件中。

例如，假如正在编写的程序需要使用宏定义 BOOL、TRUE 和 FALSE，不用在每个源文件中重复定义这些宏，只需要把这些宏定义放在一个名为 boolean.h 的头文件中即可：

```
#define BOOL    int
#define TRUE    1
#define FALSE   0
```

这种做法是很有意义的，因为任何需要这些宏的源文件只需要在文件开头简单地包含下面这一行语句：

```
#include "boolean.h"
```

就可以在这些源文件中使用这个头文件中定义的宏。

类型定义在头文件中也是很普遍的。例如，可以在 boolean.h 文件中使用 typedef 定义一个 Bool 类型：

```
#define TRUE    1
#define FALSE   0
typedef int    Bool;
```

在头文件中定义共享宏和类型有许多优点：首先，不用把宏定义和类型定义复制给需要的源文件；其次，程序变得更易修改，改变宏定义和类型定义只需要修改相应的头文件即可，而不需要修改使用这些宏或类型的源文件；最后，避免由于源文件包含相同宏或类型的不同定义而导致的矛盾。

13.1.3 共享函数原型

假设源文件 f1.c 包含对 f()的调用，而 f()定义在另一个文件 f2.c 中，那么在文件 f1.c 中调用没有声明的 f()是非常危险的。因为在文件 f1.c 中没有函数原型可以依赖，编译器会假定 f()的返回值类型为 int 型，并假定形参的数量与实参的数量匹配，实参会默认进行参数提升。然而，如果编译器的假设是错误的，那么程序可能无法工作，并且没有任何可供追溯的原因。

警告：当调用定义在其他文件中的函数时，要始终确保编译器在调用之前看到该函数的原型。

人们往往以为只要在调用 f()的文件中声明它，就可以解决上面出现的问题。但这实际上往往是一厢情愿，这种做法可能会产生持续的"噩梦"。因为如果有几十个源文件要调用 f()，如何确保 f()在所有文件中都是一样的呢？如何保证这些原型与 f1.c 文件中 f()的定义匹配呢？如果 f()后来发生了修改，如何能找到所有调用 f()的文件呢？

一种可行的解决方法是：把 f()的原型放在一个头文件中，然后在所有调用 f()的文件中包含此头文件。例如，如果在 f1.c 文件中定义了 f()，就要在 f1.h 文件中包含 f()的原型，并在 f1.c 中包含 f1.h 文件，以保证编译器检查 f1.h 中 f()的原型是否与 f1.c 中的定义匹配。同时，在所有调用 f()的源文件中也要包含 f1.h 文件。

如果文件 f1.c 中还包含其他函数，且这些函数与 f()有关，那么应该把这些函数也声明在 f1.h 头文件中。例如，假设文件 f1.c 包含 MakeEmpty()、IsEmpty()、IsFull()、Push()、Pop()的定义，则这些函数的原型应该放在 f1.h 文件中：

```
void MakeEmpty(void);
int IsEmpty(void);
int IsFull(void);
void Push(int i);
int Pop(void);
```

如果文件 f2.c 中有 MakeEmpty()的调用，那么文件 f2.c 中将包含 f1.h 以便让编译器知道每个函数的返回值类型、形参的数量和类型。文件 f1.c 也包含 f1.h 以便让编译器检查 f1.h 中的函

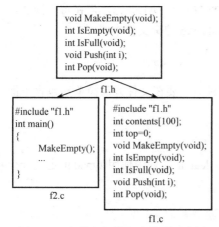

```
void MakeEmpty(void);
int IsEmpty(void);
int IsFull(void);
void Push(int i);
int Pop(void);
```
f1.h

```
#include "f1.h"
int main()
{
        MakeEmpty();
        ...
}
```
f2.c

```
#include "f1.h"
int contents[100];
int top=0;
void MakeEmpty(void);
int IsEmpty(void);
int IsFull(void);
void Push(int i);
int Pop(void);
```
f1.c

图 13-1　文件之间的包含关系示意图

数原型是否与 f1.c 中的定义一致。这些文件之间的包含关系如图 13-1 所示。

13.1.4　共享变量声明

与函数之间共享变量类似，变量也可以在文件中共享。为了共享函数，必须把函数定义放在一个源文件中，然后在调用此函数的其他文件中进行声明。共享变量的方法与此类似。

为了在几个源文件中共享变量 i，首先把变量 i 的定义放在一个源文件中（可设置初值）：

int   i;

编译器编译这个文件时，会为变量 i 分配存储空间，并在其他文件中包含变量 i 的声明：

extern int   i;

通过在每个文件中声明变量 i，使得在这些文件中可以访问/修改变量 i。然而，由于关键字 extern，使得编译器不会在每次编译某个文件时为变量 i 分配额外的存储空间。

为了确保变量的所有声明和变量的定义一致，通常把共享变量的声明放在头文件中，需要访问这些共享变量的源文件可以包含这类头文件。此外，描述变量定义的源文件包含每个含有变量声明的头文件，这样编译器可以检查两者是否匹配。

13.1.5　嵌套包含

如果在前述文件 f1.h 中将某个函数的返回值类型改为 Bool 类型，例如：

Bool IsEmpty();

那么，由于 Bool 类型是在 boolean.h 中定义的，因此，需要在文件 f1.h 中包含文件 boolean.h，以便在编译器编译 f1.h 时 Bool 类型的定义是有效的。这种头文件的包含称为嵌套包含。

13.1.6　保护头文件

如果一个头文件在一个源文件中被包含两次，就有可能产生编译错误。当头文件包含其他头文件时，这种问题十分普遍。例如，假设 f1.h 包含 f3.h，f2.h 包含 f3.h，而文件 f4.c 同时包含 f1.h 和 f2.h，这些文件之间的包含关系如图 13-2 所示。

这样，在编译 f4.c 时，就会编译两次 f3.h。

为了避免头文件被多次包含而产生编译错误，C 系统使用#ifndef 和#endif 指令来把文件的内容封闭起来。例如，可以用如下方式包含头文件 boolean.h：

```
#include<stdio.h>
#include<stdlib.h>
#include<math.h>
```
f3.h

```
#include "f3.h"
```
f1.h

```
#include "f3.h"
```
f2.h

```
#include "f1.h"
#include "f2.h"
```
f4.c

图 13-2　同一个头文件被源文件包含两次

```
#ifndef   BOOLEAN_H
#define   BOOLEAN_H

#define TRUE    1
#define FALSE   0
typedef   int   Bool;
#endif
```

在首次包含这个文件时，将不定义宏 BOOLEAN_H，预处理器允许保留#ifndef 和#endif 指令之间的多行内容。但如果再次包含此文件，那么预处理器将把#ifndef 和#endif 指令之间的多行内容删除。

宏 BOOLEAN_H 的名字往往与头文件的名字 boolean.h 类似，这样可以避免与其他宏的冲突。

13.1.7　头文件中的#error 指令

#error 指令放在头文件中一般用来检查不应该包含头文件的条件。例如，假设头文件只能被包含在 DOS 程序中为了确保这一点，可以用#ifndef 指令检查宏。这个宏指示操作系统是 DOS：

```
#ifndef   DOS
#error Graphics supported only under DOS
#endif
```

如果非 DOS 的程序试图包含此头文件，那么编译将在#error 指令处停止。

13.2　源文件

在现实应用中，程序一般由若干数量的源文件组成。这些源文件的扩展名为.c，每个源文件包含程序的一部分内容，如函数的定义和变量，且其中一个源文件还必须包含 main()作为程序的起始点。

一般，当程序分为多个源文件时，常常将相关的函数和变量放在同一个文件中，而 main()会放在另一个文件中。同时，在这些源文件中包含相关的头文件。

由多个文件构建大规模程序具有很明显的优点，具体包括：

● 把相关的函数和变量集中在一个源文件中有助于划分程序的结构，使程序结构清晰。
● 可以单独对每个源文件进行编译，这在大规模程序开发时可以极大地节约编译时间。
● 把函数集中在单独的源文件中，更容易在其他程序中重用这些函数。

13.3　多文件程序的设计

如果已经确定程序的功能及其对应的函数，并把函数逻辑化地编排在相关的组中，应把每组函数放在单独的源文件中。另外，创建和源文件同名的头文件，扩展名为.h（例如假设头文件为 file1.h），在头文件中放入函数的原型，而函数的定义则放在 file1.c 中。每个需要调用定义在 file1.c 中的函数的源文件都包含 file1.h。同时，file1.c 也包含 file1.h，以方便编译器检查 file1.h 中的函数原型是否与 file1.c 中的函数调用一致。

main()将放在其他某个文件中，这个文件的名字往往与程序的名字相匹配。其他文件不调用的一些函数，也可以与 main()一起放在同一个文件中。下面举例说明多文件程序的设计。

假如我们要设计一个文本格式化的程序，可以把这个程序命名为 fmt。这个程序的功能是：通常，除额外的空格、删除的空行、做过填充和调整的行外，程序的输出应该和输入一样。这里，填充行意味着添加单词直到再多加一个单词就会导致行溢出时才停止。调整行表示在单词间添加额外的空格以便每行有精确的相同长度（60 个字符）。文本必须进行调整，只有这样，在一行内单词间的空格才是相等的（或几乎是相等的）。对输出的最后一行不进行调整。

假设没有单词的长度超过 20 个字符，如果遇到超过 20 个字符的单词，则忽略 20 个字符后的所有字符，用一个单独的"*"替换它们。

在程序的设计中，不能像读操作那样一个一个地写单词，而必须把输入存储在一个"行缓冲区"中，直到有足够的空间填满一行为止。根据上述分析，我们确定程序的核心应该是以下主循环：

```
for(;;) {
    读单词;
    if(不能读单词) {
        不用调整直接写行缓冲区中的内容;
        终止程序;
    }
```

```
    if(单词不适合在行缓冲区中) {
        需要调整后写行缓冲区直接的内容；
        清除行缓冲区；
    }
    向行缓冲区中添加单词；
}
```

　　由于程序既需要处理单词，又需要处理行缓冲区，因此可以把程序分为三个源文件：把所有与单词有关的函数放在一个名为 word.c 的文件中，把所有与行缓冲区相关的函数放在另一个名为 line.c 的文件中，第三个名为 fmt.c 的文件包含 main()。同时，还需要两个头文件：word.h 包含 word.c 中的函数原型，line.h 包含 line.c 文件中的函数原型。

　　从主循环的执行流程可以看出，需要设计一个读单词的函数 ReadWord()。因此，word.h 应该包含此函数原型的声明，具体内容如下：

```
#ifndef    WORD_H
#define    WORD_H

/**********************************************************
 * ReadWord:   Reads the next word from the input and      *
 *             stores it in word. Makes word empty if no   *
 *             word could be read because of end-of-file.  *
 *             Truncates the word if its length exceeds    *
 *             len.                                        *
 **********************************************************/
void ReadWord(char *word, int len);

#endif
```

　　注意，由于 word.h 将被其他文件多次包含，所以需要通过#ifndef…#endif 定义宏 WORD_H 对这类头文件进行保护。虽然 word.h 不是真的需要保护，但按照这种方式包含所有头文件是个很好的方法。

　　放在 line.h 中的函数负责处理行缓冲区，可以包含如下函数原型：FlushLine()、SpaceRemaining()、WriteLine()、ClearLine()和 AddWord()。line.h 的具体内容如下：

```
#ifndef LINE_H
#define LINE_H

/*ClearLine: Clears the current line.*/
void ClearLine(void);
/*AddWord: Adds word to the end of the current line. If this is not the first word on the line, puts one space
before word.*/
void AddWord(const char *word);
/*SpaceRemaining: Returns the number of characters left in the current line.*/
int SpaceRemaining(void);
/*WriteLine: Writes the current line with justification.*/
void WriteLine(void);
/*FlushLine: Writes the current line without justification. If the line is empty, does nothing.*/
void FlushLine(void);

#endif
```

　　现在开始编写 word.c 文件。头文件 word.h 中虽然只有一个 ReadWord()原型，但可在 word.c 中放置额外需要的函数。例如，可在文件中添加一个帮助函数 ReadChar()以便更容易编写 ReadWord()。ReadChar()的功能是读单词中的一个字符，并在遇到换行符或制表符时转换为空格。这里用 ReadChar()代替 getchar()的目的是让 ReadWord()能自动地把换行符和制表符作为空格来处理。word.c 的具体内容如下：

```
#include <stdio.h>
#include "word.h"                    /*必须包含头文件 word.h*/
int ReadChar(void)
```

```
{
    int ch = getchar();
    if (ch == '\n' || ch == '\t')        return ' '; /*把换行符和制表符作为空格来处理*/
    return ch;
}
void ReadWord (char *word, int len)
{
    int ch, pos = 0;
    while ((ch = ReadChar()) == ' ');
    while (ch != ' ' && ch != EOF)
    {
        if (pos < len)
            word[pos++] = ch;
        ch = ReadChar();
    }
    word[pos] = '\0';
}
```

在 ReadChar()中，由于声明变量 ch 为 int 型，所以 getchar()返回的是 int 型数值而不是 char 型数值。另外，当不能连续读入时，getchar()返回 EOF。

ReadWord()由两个循环构成，第一个循环跳过空格，在遇到第一个非空白字符时停止（因为 EOF 不是空的，所以如果到达文件的末尾，循环将停止）。第二个循环读字符直到遇到空格或 EOF 时停止。循环体把字符存储在数组 word 中直到达到 len 的限制时停止。随后，循环读入字符，但是不再存储这些字符。ReadWord()中的最后语句以空白字符结束单词，从而构成字符串。如果 ReadWord()在找到非空白字符前遇到 EOF，pos 将在末尾置为'\0'，使得 word 为空字符串。

line.c 提供 line.h 中声明的函数的定义。line.c 也将需要数组来跟踪行缓冲区的状态。数组 line 将存储当前行的字符。严格来讲，line 是我们需要的唯一变量。然而，出于对速度和便利性的考虑，将用到另外两个变量：line_len（当前行的字符数量）和 num_words（当前行的单词数量）。line.c 的具体内容如下：

```
#include <stdio.h>
#include <string.h>
#include "line.h"
#define MAX_LINE_LEN 60
char line[MAX_LINE_LEN+1];
int line_len = 0;
int num_words = 0;
void ClearLine(void)
{
    line[0] = '\0';
    line_len = 0;
    num_words = 0;
}
void FlushLine(void)
{
    if (line_len > 0)
        puts(line);
}
int SpaceRemaining(void)
{
    return MAX_LINE_LEN - line_len;
}
void AddWord(const char *word)
{
    if (num_words > 0)
    {
        line[line_len] = ' ';
        line[line_len+1] = '\0';
```

```
                line_len++;
        }
        strcat(line, word);    line_len += strlen(word);
        num_words++;
}

void WriteLine(void)
{
        int extra_spaces, spaces_to_insert, i, j;
        extra_spaces = MAX_LINE_LEN - line_len;
        for (i = 0; i < line_len; i++)
        {
                if (line[i] != ' ')
                        putchar(line[i]);
                else
                {
                        spaces_to_insert = extra_spaces / (num_words - 1);
                        for (j = 1; j <= spaces_to_insert + 1; j++)
                                putchar(' ');
                        extra_spaces -= spaces_to_insert;
                        num_words--;
                }
        }
        putchar('\n');
}
```

line.c 中 WriteLine()用来调整写一行内容。它在 line 中一个一个地写字符，如果需要添加额外的空格，它就在每对单词之间停顿。额外空格的数量存储在变量 spaces_to_insert 中，这个变量的值由 extra_spaces/(num_words-1)获得，其中 extra_spaces 初值是最大行长度与当前行长度之差。由于在打印每个单词之后，extra_spaces 和 num_words 都会发生变化，所以 spaces_to_insert 也将变化。如果 extra_spaces 初值为 10，并且 num_words 初值为 5，那么将有 2 个额外的空格跟着第 1 个单词，有 2 个额外的空格跟着第 2 个单词，有 3 个额外的空格跟着第 3 个单词，有 3 个额外的空格跟着第 4 个单词。

最后编写主程序 fmt.c，主要工作是实现主循环，同时，在文件的开头包含两个头文件 line.h 和 word.h，这样编译器在编译 fmt.c 时可以访问到两个头文件中的函数原型。具体的程序如下：

```
#include "word.h"
#define MAX_WORD_LEN 20
int main(void)
{
        char word[MAX_WORD_LEN+2];    int word_len;
        ClearLine();
        for (; ;)
        {
                ReadWord (word, MAX_WORD_LEN+1);
                word_len = strlen(word);
                if (word_len == 0)
                {
                        FlushLine();
                        return 0;
                }
                if (word_len > MAX_WORD_LEN)
                        word[MAX_WORD_LEN] = '*';
                if (word_len + 1 > SpaceRemaining())
                {
                        WriteLine();
                        ClearLine();
                }
                AddWord(word);
```

```
    }
    return 0;
}
```

为了解决单词长度超过 21 个字符的问题，主函数 main()告诉被调函数 ReadWord()截断任何超过 21 个字符的单词。当 ReadWord()返回后，main()检查 word 中包含的字符串长度是否超过 20 个字符。如果超过了，那么在截断前，读入的单词必须至少有 21 个字符，所以 main()会用*来替换第 21 个字符。

13.4 构建多文件程序

在编写完各文件中的程序后，接下来的工作是构建多文件程序。构建多文件程序与前面各章中构建小程序的基本步骤相同。

① 编译。一般不提倡对程序整体进行编译，这样会耗费大量的编译时间，而是对程序中的每个源文件单独进行编译（不编译头文件，当包含头文件的源文件被编译时会自动编译头文件）。此时编译器将产生一个新文件，这个文件包含来自每个源文件的目标代码，因而称为目标文件。目标文件在 Linux/UNIX 系统中的扩展名为.o，在 DOS 系统中的扩展名为.obj（如 Visual C++ 6.0 编译产生的目标文件扩展名为.obj）。

② 链接。编译生成的目标文件不能被计算机直接执行，还需要通过链接器形成可执行程序。链接器的任务是把目标文件和库函数的代码连接成一个整体，生成一个可执行的程序。此外，链接器还负责解决编译器遗留的外部参考问题（外部参考发生在一个文件中的函数调用另一个文件中的函数时，或者访问另一个文件中定义的变量时）。

大多数编译器允许用一条命令来构建程序。例如，对于 Linux 系统中的 gcc 编译器，可以用下列命令行来构建上述 fmt 程序：

%gcc -o fmt fmt.c line.c word.c

命令中的%是 Linux 提示符。该命令首先把三个源文件编译成目标代码，并分别用 fmt.o，line.o 和 word.o 的目标文件来存储这些代码。然后，编译器会把目标文件传递给链接器，链接器会把这些文件结合成一个单独的可执行文件（程序）。选项-o 告诉编译器需要的可执行文件的名字是 fmt。

在 DEV-C++或 Visual C++ 6.0 等集成开发环境（IDE）中，首先创建一个工程/项目 fmt，然后在 fmt 中添加头文件和源文件，接着单独或全部编译源文件，最后链接生成 fmt 程序，如图 13-3 所示。

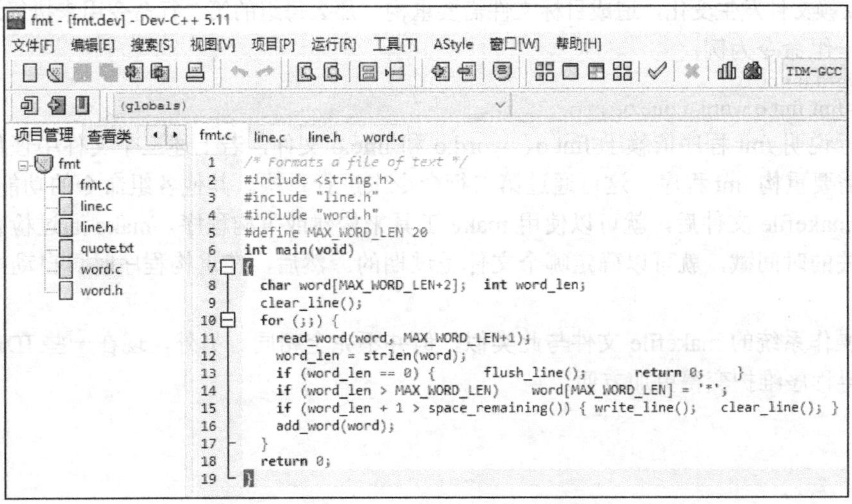

图 13-3　在 IDE 中构建多文件程序

在构建程序 fmt.exe 后，就可以在 UNIX/Linux 和 DOS 系统中运行 fmt 程序，结果如图 13-4 所示。

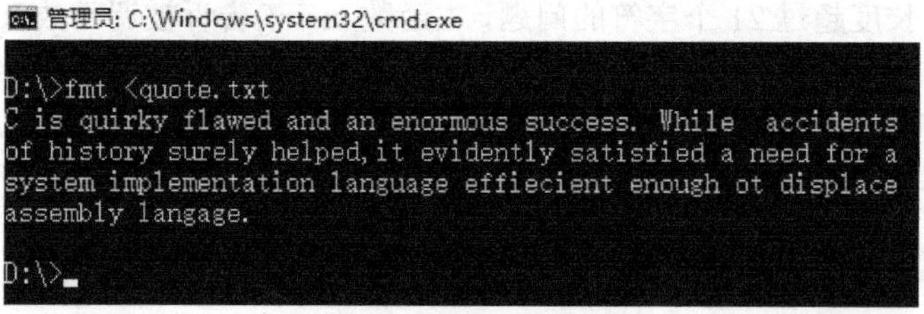

图 13-4　运行 fmt 程序

这时程序将通过输入重定向符号 "<" 读入文件 quote.txt 来代替键盘输入。fmt 程序将在屏幕上显示格式化的文本内容。此外，也可以通过输出重定向符号 ">" 把格式化文本保存到 newquote.txt 文件中，如图 13-5 所示。

图 13-5　保存到文本文件中

打开 newquote.txt 文件，同样可以看到格式化的文本。

13.4.1　makefile 文件

上述命令行虽然可以构建多文件程序，但比较麻烦。如果某些源文件发生了修改，就需要重新编译所有源文件，从而导致浪费大量的时间。

为了更容易构建大规模程序，Linux/UNIX 系统使用了 makefile 文件。这个文件包含构建程序的必要信息。makefile 文件不仅包含了作为程序部分的文件，而且描述了文件之间的依赖性。例如，对上述程序 fmt 在 UNIX 系统中使用 makefile 文件内容如下：

```
fmt: fmt.o word.o line.o
    gcc -o fmt fmt.o word.o line.o
fmt.o: fmt.c word.h line.h
    gcc -c fmt.c
word.o: word.c word.h
    gcc -c word.c
line.o: line.c line.h
    gcc -c line.c
```

上述命令有 4 组行，每组的第一行命令给出了目标文件，紧跟其后的是它的依赖文件。如果其中的一个依赖文件发生变化，造成目标文件需要重构，那么每组的第二行命令用来执行这一任务。

以第一组命令为例：

```
fmt: fmt.o word.o line.o
    gcc –o fmt fmt.o word.o line.o
```

第一行说明 fmt 程序依赖于 fmt.o、word.o 和 line.o 文件，若上述三个文件中任何一个发生变化，都需要重构 fmt 程序。这可通过第二行命令来进行重构。其他各组命令的功能类似。

创建 makefile 文件后，就可以使用 make 工具来构建或重构程序。make 通过检查程序中每个文件相关的时间戳，就可以确定哪个文件是过期的。然后，在重构程序时再自动唤醒编译器和链接器。

其他操作系统的 makefile 文件与此类似，但并不完全相同。另外，现在一些 IDE 支持工程文件，使得程序维护变得更加方便。

13.4.2 链接错误

有些错误在编译期间无法被发现，但在链接期间会被发现。例如，如果程序中丢失了函数定义或变量定义，那么链接器将无法解决外部引用问题，结果导致出现类似"Undefined symbol"或"Unresolved external reference"这样的信息。

通常，链接器检查发现的错误很容易修改，下面是一些典型的错误原因。

- 拼写错误：如果函数名或变量名发生拼写错误，那么链接器将作为丢失来进行报告。例如，在程序中定义了函数 ReadWord()，但却写成了 ReadWorld()，那么链接器将报告说丢失了 ReadWord()。
- 丢失文件：如果链接器找不到文件 word.c 中的函数，那么它可能不会知道这个文件。此时就要检查 makefile 文件或工程文件以确保 word.c 中列出了该函数。
- 丢失库：链接器不可能找到程序中用到的全部库函数。例如，在 Linux 系统中，链接期间无法搜索到数学函数，直到使用选项-lm 才能找到。这时需要检查所使用的系统文档，了解链接器的选项有哪些。

13.4.3 重构程序

在程序开发过程中，当程序的功能或函数发生变化时，将需要重构程序。从开发效率来看，程序的重构应该只涉及那些受到最后一次变化影响的文件，这些文件需要重新进行编译。

程序构建过程中的变化有两种情况需要考虑重新编译文件。

第一种情况是变化只影响单独一个源文件。在这种情况下，只有受影响的文件需要重新进行编译。例如，在程序 fmt 中，如果决定精简 word.c 文件中的 ReadChar()（粗体字表示修改的语句）：

```
int ReadChar(void)
{
    int ch=getchar();
    return (ch=='\n' || ch=='\t' ? ' ': ch);
}
```

这种变化不会影响 ReadChar()的调用方式，因而不需要修改 word.h。修改后，只需重新编译 word.c 文件并重新链接程序即可。

第二种情况是变化影响头文件。由于这个头文件的变化可能会影响包含此头文件的其他源文件，这时应该重新编译包含这个头文件的所有文件。例如，在程序 fmt 中，为了确定刚读入的单词的长度，main()在调用 ReadWord()后立即调用 strlen()。由于 ReadWord()的局部变量 pos 负责跟踪单词长度，因而 ReadWord()知道单词的长度，所以就不必再调用 strlen()了。修改 ReadWord()来返回单词长度可按如下步骤进行。首先，改变 word.h 中 ReadWord()的原型：

```
/*************************************************************
 * ReadWord: Reads the next word from the input and         *
 *           stores it in word. Makes word empty if no       *
 *           word could be read because of end-of-file.      *
 *           Truncates the word if its length exceeds len.   *
 *           Returns the number of characters stored.        *
 *************************************************************/
int ReadWord(char *word, int len);
```

注意，修改头文件时一定要记得修改附属于 ReadWord()的注释。

然后，修改 word.c 中 ReadWord()的定义：

```
int ReadWord(char *word, int len)
{
```

```
    int ch, pos=0;
    while((ch=ReadChar())==' ')
        ;
    while(ch!=' ' && ch!=EOF)
    {
        if(pos<len)
            word[pos++]=ch;
        ch=ReadChar();
    }
    word[pos]='\0';
    return pos;
}
```

最后，还需要修改 fmt.c，包括删除对<string.h>的包含，以及按如下方式修改 main()：

```
int main(void)
{
    char word[MAX_WORD_LEN+2];
    int word_len;
    ClearLine();
    for ( ; ; ) {
        word_len=ReadWord(word, MAX_WORD_LEN+1);
        if (word_len == 0) {
            FlushLine();
            return 0;
        }
        if (word_len > MAX_WORD_LEN)
            word[MAX_WORD_LEN] = '*';
        if (word_len + 1 > SpaceRemaining()) {
            WriteLine();
            ClearLine();
        }
        AddWord(word);
    }
    return 0;
}
```

完成上述修改后，接着需要重构程序 fmt，即重新编译 word.c 和 fmt.c，然后再重新进行链接。

注意，此时不需要重新编译 line.c，因为它不包含 word.h，因而不会受 word.h 变化的影响。在 Linux/UNIX 系统中，使用下列命令进行程序的重构：

```
% gcc -o fmt fmt.c word.c line.o
```

注意，这里没有用 line.c，而是用 line.o。

可见，makefile 文件可以自动进行程序重构。通过检查每个文件的日期，make 工具可以确定从程序最后一次构建后哪些文件发生了修改。然后，它就会把那些修改了的文件和直接或间接依赖于它们的全部文件一起重新进行编译。

13.4.4　在程序外定义宏

在编译程序时，通常 C 编译器会提供一些指定宏值的方法。这种功能使程序员不需要编辑任何程序文件就可对宏值进行修改。当利用 makefile 文件自动构建程序时，这种功能就会显示出它的价值。

大多数编译器支持选项-D，此选项允许用命令行来指定宏值，例如：

```
% gcc –DDEBUG=1 fmt.c
```

在这个例子中，定义宏 DEBUG 在程序 fmt.c 中的值为 1，这等价于在 fmt.c 文件的开头出现的以下宏定义：

```
#define DEBUG 1
```

如果选项-D 命名的宏是没有指定的值，那么这个值被设为 1。

一些编译器也支持选项-U，这个选项表示未定义宏，就如同使用了#undef 指令一样：

```
% gcc -UDEBUG fmt.c
```

习题 13

1. 假设某程序有三个源文件构成：main.c、f1.c 和 f2.c，此外还包括两个头文件 f1.h 和 f2.h。全部三个源文件都包含 f1.h，但只有 f1.c 和 f2.c 包含 f2.h。若可执行文件名为 demo，请为此程序编写 Linux/UNIX makefile。

2. 在题 1 的基础上，回答下列问题：

（a）当程序第一次构建时，需要对哪些文件进行编译？

（b）如果在程序构建后修改了 f1.c，那么需要对哪些文件进行重新编译？

（c）如果在程序构建后修改了 f1.h，那么需要对哪些文件进行重新编译？

（d）如果在程序构建后修改了 f2.h，那么需要对哪些文件进行重新编译？

实验题

实验题目：字符串操作。

说明：定义两个字符数组 str1 和 str2，并完成下列菜单功能。程序运行时先显示菜单，然后进行菜单选择并实现相应功能。

```
*****************字符串操作*****************
1. 测定字符串的长度
2. 显示字符串
3. 连接两个字符串
4. 复制字符串
5. 比较字符串的大小
6. 字符串的大写字母转换成小写字母
7. 字符串的小写字母转换成大写字母
8. 退出
```

系统库函数文件包含在文件 a.h 中，字符串操作功能包含在文件 b.h 中，显示、菜单选择、密码设置函数定义在文件 c.c 中，测定字符串长度、显示字符串、连接字符串、复制字符串、比较字符串大小、大写字母转换成小写字母、小写字母转换成大写字母等函数定义在文件 d.c 中，主函数定义在文件 e.c 文件中。

附录 A Dev-C++和 Visual C++下 基本数据类型的取值范围

数 据 类 型	所占字节/B	取 值 范 围
char signed char	1	-128～127
unsigned char	1	0～256
short int singed short int	2	-32768～32767
unsigned short int	2	0～65535
unsigned int	4	0～4294967295
int signed int	4	-2147483648～2147483647
unsigned long int	4	0～4294967295
long int signed long int	4	-2147483648～2147483647
unsigned long long int	8	$0～2^{64}-1$
long long int signed long long int	8	$-2^{63}～2^{63}-1$
float	4	$-3.40282×10^{38}～3.40282×10^{38}$
double	8	$-1.79769×10^{308}～1.79769×10^{308}$
long double	8	$-1.79769×10^{308}～1.79769×10^{308}$

注：很多编译器都没有按照 IEEE 规定的标准的 10 字节（80 位）支持 long double 型，大多数编译器将它视为 double 型。

附录 B 关 键 字

auto	break	case	char
const	continue	default	do
double	else	enum	extern
float	for	goto	if
int	long	register	return
short	signed	sizeof	static
struct	switch	typedef	union
unsigned	void	volatile	while

注：ANSI C 定义了 32 个关键字。1999 年 12 月 16 日，ISO 发布的 C99 标准增加了 5 个关键字：inline、restrict、_Bool、_Complex 和_Imaginary。2011 年 12 月 8 日，ISO 发布的 C11 标准增加了一个关键字：_Generic。

附录 C 运算符的优先级与结合性

优 先 级	运 算 符	含 义	运算类型	结 合 方 向
1	( )	圆括号、函数参数表		自左向右
	[ ]	数组元素下标		
	->	指向结构体成员		
	.	引用结构体成员		
	++（后缀）、--（前缀）	后缀增1、前缀减1		
2	!	逻辑非	单目运算	自右向左
	~	按位取反		
	++、--	增1、减1		
	-	求负		
	*	间接寻址		
	&	取地址		
	(类型标识符)	强制类型转换		
	sizeof	计算字节数		
3	/、*、%	除、乘、整数求余	双目算术运算	自左向右
4	+、-	加、减	双目算术运算	自左向右
5	<<、>>	左移、右移	位运算	自左向右
6	<、<=	小于、小于等于	关系运算	自左向右
	>、>=	大于、大于等于		
7	==、!=	等于、不等于	关系运算	自左向右
8	&	按位与	位运算	自左向右
9	^	按位异或	位运算	自左向右
10	|	按位或	位运算	自左向右
11	&&	逻辑与	逻辑运算	自左向右
12	||	逻辑或	逻辑运算	自左向右
13	?:	条件运算符	三目运算	自右向左
14	=	赋值运算符	双目运算	自右向左
	+=、-=、*=、/=、%=、 &=、^=、|=、<<=、>>=	复合赋值运算符		
15	,	逗号运算符	顺序求值运算	自左向右

附录 D ASCII 字符表

1. ASCII 常用字符编码表

十进制数 ASCII 码	字符	十进制数 ASCII 码	字符	十进制数 ASCII 码	字符
0	NUL	43	+	86	V
1	SOH(^A)	44	,	87	W
2	STX(^B)	45	–	88	X
3	ETX(^C)	46	.	89	Y
4	EOT(^D)	47	/	90	Z
5	EDQ(^E)	48	0	91	[
6	ACK(^F)	49	1	92	\
7	BEL(bell)	50	2	93	]
8	BS(^H)	51	3	94	^
9	HT(^I)	52	4	95	-
10	LF(^J)	53	5	96	`
11	VT(^K)	54	6	97	a
12	FF(^L)	55	7	98	b
13	CR(^M)	56	8	99	c
14	SO(^N)	57	9	100	d
15	SI(^O)	58	:	101	e
16	DLE(^P)	59	;	102	f
17	DC1(^Q)	60	<	103	g
18	DC2(^R)	61	=	104	h
19	DC3(^S)	62	>	105	i
20	DC4(^T)	63	?	106	j
21	NAK(^U)	64	@	107	k
22	SYN(^V)	65	A	108	l
23	ETB(^W)	66	B	109	m
24	CAN(^X)	67	C	110	n
25	EM(^Y)	68	D	111	o
26	SUB(^Z)	69	E	112	p
27	ESC	70	F	113	q
28	FS	71	G	114	r
29	GS	72	H	115	s
30	RS	73	I	116	t
31	US	74	J	117	u

十进制数 ASCII 码	字符	十进制数 ASCII 码	字符	十进制数 ASCII 码	字符
32	Space(空格)	75	K	118	v
33	!	76	L	119	w
34	"	77	M	120	x
35	#	78	N	121	y
36	$	79	O	122	z
37	%	80	P	123	{
38	&	81	Q	124		
39	'	82	R	125	}
40	(	83	S	126	~
41	)	84	T	127	del
42	*	85	U		

2. ASCII 转义字符编码表

十进制数	转义序列			十进制数	转义序列		
	八进制数	十六进制数	字符		八进制数	十六进制数	字符
0	\0	\x00		16	\20	\x10	
1	\1	\x01		17	\21	\x11	
2	\2	\x02		18	\22	\x12	
3	\3	\x03		19	\23	\x13	
4	\4	\x04		20	\24	\x14	
5	\5	\x05		21	\25	\x15	
6	\6	\x06		22	\26	\x16	
7	\7	\x07	\a	23	\27	\x17	
8	\10	\x08	\b	24	\30	\x18	
9	\11	\x09	\t	25	\31	\x19	
10	\12	\x0a	\n	26	\32	\x1a	
11	\13	\x0b	\v	27	\33	\x1b	
12	\14	\x0c	\f	28	\34	\x1c	
13	\15	\x0d	\r	29	\35	\x1d	
14	\16	\x0e		30	\36	\x1e	
15	\17	\x0f		31	\37	\x1f	

附录 E ANSI C 标准库函数

C 语言标准库函数为程序员提供了一些可调用的函数。这些标准库函数都定义在系统提供的标准头文件中，这些头文件中包含标准库函数的原型、宏定义和其他编程元素。如果程序员需要调用标准库中的某个函数，就必须引用相应的头文件。全部头文件见表 E-1。

表 E-1 头文件

math.h	stdio.h	ctype.h	string.h	stdlib.h
time.h	stddef.h	errno.h	float.h	setjmp.h
stdarg.h	locale.h	signal.h	limits.h	assert.h

可以按任意顺序包含这些头文件，多次引用它们的效果等同于引用一次。下面分别讨论这些头文件。

1. 数学函数

使用数学函数（见表 E-2）时，应在源文件中包含头文件 math.h。

表 E-2 数据函数

函数名	函数和形参类型	功　能	返回值	说　明
acos	double acos(double x)	计算 $\cos^{-1}(x)$ 的值	计算结果	$x \in [-1,1]$
asin	double asin(double x)	计算 $\sin^{-1}(x)$ 的值	计算结果	$x \in [-1,1]$
atan	double atan(double x)	计算 $\tan^{-1}(x)$ 的值	计算结果	
atan2	double atan2(double x, double y)	计算 $\tan^{-1}(x/y)$ 的值	计算结果	
cos	double cos(double x)	计算 $\cos(x)$ 的值	计算结果	x 的单位为弧度
cosh	double cosh(double x)	计算 x 的双曲余弦 $\cosh(x)$ 的值	计算结果	
sin	double sin(double x)	计算 $\sin(x)$ 的值	计算结果	x 的单位为弧度
sinh	double sinh(double x)	计算 x 的双曲正弦 $\sinh(x)$ 的值	计算结果	
tanh	double tanh(double x)	计算 x 的双曲正切 $\tanh(x)$ 的值	计算结果	
sqrt	double sqrt(double x)	计算 $\sqrt{x}$ 的值	计算结果	$x \geq 0$
pow	double pow(double base, double exp)	返回 base 为底的 exp 次幂	计算结果	当 base=0 而 exp<0 或者 base<0 而 exp 不为整数时，出现结果错误。该函数要求参数 base 和 exp 及函数的返回值为 double 型，否则有可能出现数值溢出问题
exp	double exp(double x)	求 e^x 的值	计算结果	
fabs	double fabs(double x)	求 x 的绝对值	计算结果	
floor	double floor(double x)	求不大于 x 的最大整数	该整数的双精度实数	
fmod	double fmod(double x, double y)	求整除 x/y 后的余数	返回余数的双精度实数	

函数名	函数和形参类型	功　　能	返回值	说　　明
frexp	double frexp(double val, int * eptr)	把双精度数 val 分解为数字部分（尾数）x 和以 2 为底的指数 n，即 val=$x \cdot 2^n$，n 存放在 eptr 指向的变量中	返回数字部分 x，且 $0.5 \leqslant x < 1$	
log	double log(double x)	求 $\log_e x$，即 $\ln x$	计算结果	$x>0$
log10	double log10(double x)	求 $\log_{10} x$	计算结果	$x>0$
modf	double modf(double val, double * iptr)	把双精度数 val 分解为整数部分和小数部分，把整数部分存放在 iptr 指向的变量中	val 的小数部分	

2．字符处理函数

使用字符处理函数（见表 E-3）时，应在源文件中包含头文件 ctype.h。

表 E-3　字符处理函数

函数名	函数和形参类型	功　　能	返回值
isalnum	int isalnum(int ch)	检查 ch 是否为字母（alpha）或数字（numeric）	是，返回非 0 值[①]；否则返回 0
isalpha	int isalpha(int ch)	检查 ch 是否为字母	是，返回非 0 值；否则返回 0
iscntrl	int iscntrl(int ch)	检查 ch 是否为控制字符（ASCII 码在 0x00～0x1f 之间）	是，返回非 0 值；否则返回 0
isdigit	int isdigit(int ch)	检查 ch 是否为数字（0～9）	是，返回非 0 值；否则返回 0
isgraph	int isgraph(int ch)	检查 ch 是否为打印字符（ASCII 码在 33～126 之间，不包括空格）	是，返回非 0 值；否则返回 0
islower	int islower(int ch)	检查 ch 是否为小写字母	是，返回非 0 值；否则返回 0
isprint	int isprint(int ch)	检查 ch 是否为打印字符（ASCII 码在 32～126 之间，包括空格）	是，返回非 0 值；否则返回 0
ispunct	int ispunct(int ch)	检查 ch 是否为标点字符（不包括空格），即除字母、数字和空格以外的所有可打印字符	是，返回非 0 值；否则返回 0
isupper	int isupper(int ch)	检查 ch 是否为大写字母	是，返回非 0 值；否则返回 0
isspace	int isspace(int ch)	检查 ch 是否为空格、跳格符（制表符）或换行符	是，返回非 0 值；否则返回 0
isxdigit	int isxdigit(int ch)	检查 ch 是否为一个十六进制数字字符（即 0～9，或 A～F，或 a～f）	是，返回非 0 值；否则返回 0
tolower	int tolower(int ch)	将 ch 字符转换为小写字母	返回 ch 所对应的字符的小写字母
toupper	int toupper(int ch)	将 ch 字符转换为大写字母	返回 ch 所对应的字符的大写字母

①注：非 0 值不一定是 1，下同。

3．字符串处理函数

使用字符串处理函数（见表 E-4）时，应在源文件中包含头文件 ctype.h。

表 E-4 字符串处理函数

函数名	函数和形参类型	功 能	返回值
memcmp	int memcmp(const void *buf1, 　　　　　const void *buf1, 　　　　　unsigned int count)	比较 buf1 和 buf2 指向的数组的前 count 个字符	buf1<buf2，返回负值 buf1=buf2，返回 0 buf1>buf2，返回正值
memcpy	void * memcpy(void *to, 　　　　　const void *from, 　　　　　unsigned int count)	从 from 指向的数组向 to 指向的数组复制 count 个字符。如果两个数组重叠，则不定义该数组的行为	返回 to 指针
memmove	void * memmove(void *to, 　　　　　const void *from, 　　　　　unsigned int count)	从 from 指向的数组向 to 指向的数组复制 count 个字符。如果两个数组重叠，则复制仍进行，但把内容放入 to 后修改 from	返回 to 指针
memset	void *memset(void *buf, int ch, 　　　　　unsigned int count)	把 ch 的低字节复制到 buf 指向的数组的前 count 个字节处，常用于把某个内存区域初始化为已知值	返回 buf 指针
strcat	char * strcat(char *str1, 　　　　　const char * str2)	把 str2 连接到 str1 后面，在新 str1 后面添加一个'\0'，原 str1 后面的'\0'被覆盖。因为无边界检查，所以调用时应保证 str1 的空间足够大，能存放原始 str1 和 str2 两个串的内容	返回 str1 指针
strcmp	int strcmp(const char *str1, 　　　　　const char * str2)	按字典顺序比较两个字符串 str1 和 str2	str1<str2，返回负值 str1=str2，返回 0 str1>str2，返回正值
strcpy	char * strcpy(char *str1, 　　　　　const char * str2)	把 str2 指向的内容复制到 str1 指向的存储单元中	返回 str1 指针
strlen	unsigned int strlen(const char *str)	计算 str 的长度	返回字符串长度
strncat	char * strncat(char *str1, 　　　　　const char * str2, 　　　　　unsigned int count)	把 str2 中的不多于 count 个字符连接到 str1 后面，在新 str1 后面添加一个'\0'，原 str1 后面的'\0'被 str2 的第一个字符覆盖	返回 str1 指针
strncmp	int strncmp(const char *str1, 　　　　　const char * str2, 　　　　　unsigned int count)	按字典顺序比较两个字符串 str1 和 str2 中的不多于 count 个字符	str1<str2，返回负值 str1=str2，返回 0 str1>str2，返回正值
strstr	char * strstr(char *str1, char * str2)	找出 str2 在 str1 中第一次出现的位置（不包括 str2 的字符串结束符）	返回该位置的指针。若找不到，则返回空指针
strncpy	char * strncpy(char *str1, 　　　　　const char * str2, 　　　　　unsigned int count)	把 str2 中的 count 个字符复制到 str1 指向的存储单元中，str2 必须是'\0'的字符串指针。若 str2 中的字符少于 count 个，则将'\0'加到 str1 的尾部，直到满足 count 个字符为止。若 str2 中的字符多于 count 个，则 str1 不用'\0'结尾	返回 str1 指针

4．缓冲文件系统的输入/输出函数

使用缓冲文件系统的输入/输出函数（见表 E-5）时，应在源文件中包含头文件 stdio.h。

表 E-5 缓冲文件系统的输入/输出函数

函数名	函 数 原 型	函 数 功 能	返 回 值
fopen	FILE * fopen(const char * filename, const char * mode)	以 mode 指定的方式打开 filename 指定的文件	成功，返回一个文件指针；失败，返回 NULL 指针
fclose	int fclose(FILE *fp)	关闭 fp 所指向的文件，释放文件缓冲区	成功返回 0，否则返回非 0
feof	int feof(FILE * fp)	检查文件是否结束。在读取最后一个字符后，feof() 仍然不能探测到文件末尾，直到再次调用 fgetc() 执行读操作，feof() 才能探测到文件末尾	若遇到文件终止符，则返回非 0 值，否则返回 0 值
ferror	int ferror(FILE * fp)	检查 fp 所指向文件中的错误	无错时返回 0，有错时返回非 0
clearerr	void clearerr(FILE * fp)	清除文件指针错误指示器	无
fflush	int fflush(FILE * fp)	如果 fp 指向输出流，即 fp 所指向的文件是"写打开"的，则将输出缓冲区中的内容物理地写入文件中	成功，返回 0；若出现写错误，则返回 EOF。若 fp 指向输入流，即 fp 所指向的文件是"读打开"的，则 fflush() 的行为不确定。某些编译器（如 Visual C++ 6.0）支持用 fflush(stdin) 来清空输入缓冲区中的内容，fflush() 操作输入流是对 C 标准的扩充。但并非所有编译器都支持这个功能，如 Linux 中的 gcc 就不支持，因此用 fflush(stdin) 来清空输入缓冲区会影响程序的可移植性
fputc	int fputc(int ch,FILE *fp)	将字符 ch 输出到 fp 所指向的文件中（尽管 ch 为 int 型，但只写入低字节）	若成功则返回该字符，否则返回 EOF
fgetc	int fgetc(FILE * fp)	从 fp 所指向的文件中读取一个字符	若成功，则返回所读到的字符；若读取出错，则返回 EOF
fgets	char *fgets(char * buf, int n, FILE * fp)	从 fp 所指向的文件中读一个长度为 n-1 的字符串，存入起始地址为 buf 的存储单元中。与 gets() 不同的是，fgets() 从指定的流读取字符串，读到换行符时，将换行符也作为字符串的一部分读入字符串中	若成功，则返回地址 buf；若遇到文件终止或出错，则返回 NULL
fputs	int fputs(const char * str, FILE * fp)	将 str 所指向的字符串输出到 fp 指向的文件中。与 puts() 不同的是，fputs() 不会在写入文件中的字符串末尾加上换行符	成功，返回 0；出错，返回非 0 值
fscanf	int fscanf(const char * format, args, …)	从标准输入设备按 format 所指向的字符串规定的格式，输入数据给 args 所指向的存储单元	读入并赋给 args 的数据个数；遇到文件结束返回 EOF，出错返回 0
fprintf	int fprintf(FILE * fp, const char * format, args, …)	把 args 的值以 format 指定的格式输出到 fp 指向的文件中	实际输出的字符个数
fread	int fread(char * pt, unsigned int size, unsigned int n, FILE * fp)	从 fp 所指向的文件中读取长度为 size 的 n 个数据项，存到 pt 所指向的存储单元中	成功，返回所读取的数据项个数；若遇到文件结束或出错，则返回 0

函数名	函 数 原 型	函 数 功 能	返回值
fwrite	unsigned int fwrite(const char * ptr, unsigned int size, unsigned int n, FILE * fp)	把 ptr 所指向的 n*size 个字节输出到 fp 所指向的文件中	返回写到 fp 文件中的数据项的个数
fseek	int fseek(FILE * fp, long int offset, int base)	将 fp 所指向的文件位置指针移到以 base 所指位置为基准，以 offset 为位移量的位置	成功，返回当前位置；否则返回-1
ftell	long ftell(FILE * fp)	返回 fp 所指向的文件中的读/写位置	返回 fp 所指文件中的读写位置
getc	int getc(FILE *fp)	从 fp 所指向的文件中读入一个字符	成功，返回读取的字符；若文件结束或出错，则返回 EOF
putc	int putc(int ch, FILE * fp)	把一个字符输出到 fp 所指向的文件中	成功，输出字符 ch；否则返回 EOF
gets	char * gets(char * str)	从标准输入设备读入字符串，放到 str 所指向的字符数组中，一直读到接收新行符或 EOF 时为止，新行符不作为读入串的内容，变成'\0'后作为该字符串的结束	成功，返回 str 指针；否则返回 NULL
puts	int puts(const char *str)	把 str 所指向的字符串输出到标准输出设备中，将'\0'转换为回车换行	成功，返回换行符；否则返回 EOF
getchar	int getchar()	从标准输入设备中读取并返回一个字符	成功，返回所读字符；若文件结束或出错，则返回-1
putchar	int putchar(char ch)	把字符 ch 输出到标准输出设备中	成功，输出字符 ch；否则返回 EOF
perror	void perror(const char * str)	向标准错误输出字符串 str，并随后附上冒号以及全局变量 errno 代表的错误信息的文字说明	无
scanf	int scanf(const char * format, args, …)	从标准输入设备中按 format 所指向字符串规定的格式，输入数据给 args 所指向的存储单元中	读入并赋给 args 的数据个数；遇到文件结束返回 EOF，出错返回 0
printf	int printf(const char * format, args, …)	将输出表列 args 的值输出到标准输出设备中	输出字符的个数；若出错，则返回负数
rename	int rename(const char * oldname, const char * newname)	将 oldname 所指向的文件名改为由 newname 所指向的文件名	成功，返回 0；否则返回 1
rewind	void rewind(FILE *fp)	将 fp 所指向文件中的位置置于文件开头，并清除文件结束标志	无
remove	int remove(const char * filename)	从文件系统中删除文件名 filename 指定的文件	成功，返回 0；否则返回-1

5. 动态内存分配函数

ANSI C 建议在使用动态内存分配函数（见表 E-6）时，应在源文件中包含头文件 stdlib.h，但有的编译系统则要求包含 malloc.h。

函数名	函 数 原 型	函 数 功 能	返回值
malloc	void(或 char) * malloc(unsigned size)	分配 size 个字节的存储单元	成功，返回所分配的存储单元的起始地址；若内存不够，则返回 0
realloc	void(或 char) * realloc(void(或 char) * ptr, unsigned size)	将 ptr 所指向的已分配存储单元的大小改为 size。size 可比原来的大或小	返回指向该存储单元的指针
calloc	void(或 char) * calloc(unsigned int n, unsigned int size)	分配 n 个数据项的连续存储单元，每项大小为 size 个字节。与 malloc()不同的是，calloc()能自动将分配的内存初始化为 0	成功，分配存储单元的起始地址；否则返回 0
free	void free(void(或 char) * ptr)	释放 ptr 所指向的存储单元	无

6．其他常用函数

使用以下其他常用函数（见表 E-7）时，应在源文件中包含头文件 stdlib.h。time()和 assert()除外，time()应包含 time.h，而 assert()应包含 assert.h。

表 E-7   其他常用函数

函数名	函 数 原 型	函 数 功 能	返回值
atof	double atof(const char * str)	把 str 所指向的字符串转换成双精度浮点数，串中必须包含合法的浮点数，否则返回值无定义	返回转换后的双精度浮点数
atoi	int atoi(const char * str)	把 str 所指向的字符串转换成整型数，否则返回值无定义	返回转换后的整型数
atol	long int atol(const char * str)	把 str 所指向的字符串转换成长整型数，串中必须含合法的整型数，否则返回值无定义	返回转换后的长整型数
exit	void exit(int code)	使程序立即正常终止，清空和关闭任何打开的文件。程序正常退出状态用 code 等于 0 或 EXIT_SUCCESS 表示，非 0 值或 EXIT_FAILURE 表示错误	无
rand	int rand(void)	产生伪随机数序列	返回 0～RAND_MAX 之间的随机整数，RAND_MAX 至少是 32767
srand	void srand(unsigned int seed)	为 rand()生成伪随机数序列设置起点种子值	无
time	time_t time(time_t * time)	调用时可使用空指针，也可使用指向 time_t 类型变量的指针。若使用后者，则该变量可被赋予日历时间	返回系统的当前日历时间；若系统丢失时间设置，则返回-1
assert	void assert(int expr)	抛出断言，如果 expr 为 0，它就显示诊断信息，程序终止。诊断信息包括表达式、文件名和在文件中的行号	无

7．非缓冲文件系统的输入/输出函数

使用以下非缓冲文件系统的输入/输出函数（见表 E-8）时，应该在源文件中包含头文件 io.h 和 fcntl.h。这些函数是 UNIX 系统的成员，不是 ANSI C 定义的，但由于这些函数比较重要，而且本书中部分程序使用了这些函数，所以这里仍然将这些函数列在下面，以便读者查阅。

表 E-8　非缓冲文件系统的输入/输出函数

函数名	函 数 原 型	函 数 功 能	返回值
close	int close(int handle)	关闭 handle 说明的文件	关闭失败返回-1，外部变量 errno 说明错误类型；否则返回 0
creat	int creat(const char * pathname, unsigned int mode)	专门用来建立并打开新文件，相当于 access 为 O_CREAT|O_WRONLY|O_TRUNC 的 open()	成功，返回一个文件句柄；否则返回-1，外部变量 errno 说明错误类型
open	int open(const char * pathname, int access, unsigned int mode)	以 access 指定的方式打开名为 pathname 的文件，mode 为文件类型及权限标志，仅在 access 中包含 O_CREAT 时有效，一般用常数 0666	成功，返回一个文件句柄；否则返回-1，外部变量 errno 说明错误类型
read	int read(int handle, void * buf, unsigned int len)	从 handle 说明的文件中读取 len 个字节的数据，存放到 buf 所指向的内存中	实际读入的字节数。0 表示读到文件尾；-1 表示出错，外部变量 errno 说明错误类型
write	int write(int handle, void * buf, unsigned int len)	把从 buf 开始的 len 个字节写入 handle 说明的文件中	实际写入的字节数。-1 表示出错，外部变量 errno 说明错误类型
lseek	long lseek(int handle, long offset, int fromwhere)	从 handle 说明的文件中 fromwhere 处开始，移动文件位置指针 offset 个字节。若 offset 为正，则表示向文件末尾移动；若为负，则表示向文件头部移动。移动的字节数是 offset 的绝对值	移动后的指针位置。-1 表示出错，外部变量 errno 说明错误类型

附录 F   Dev-C++集成开发环境

Dev-C++是一个 Windows 系统下的可视化集成开发环境，使用它可以进行 C/C++程序的编辑、编译/链接、运行和调试等。

一、Dev-C++的启动

方法一：单击任务栏中的"开始"按钮，单击菜单命令"所有程序"→"所有程序"→"Bloodshed Dev-C++"→"Dev-C++"，启动 Dev-C++。

方法二：直接双击桌面上的 Dev-C++图标，也可启动 Dev-C++。

二、程序的编辑、预处理、编译/链接、运行

1．新建源程序

① 在 Dev-C++下，单击菜单命令"文件"→"新建"→"源代码"，打开代码编辑区。

② 在代码编辑区中编辑程序，如图 F-1 所示。

③ 单击菜单命令"文件"→"保存"，在对话框中输入文件名，文件保存类型选为"C sourse files (*.c)"，将源文件保存到指定的目录中。

2．预处理、编译/链接程序

① 单击菜单命令"运行"→"编译"，或按

图 F-1   代码编辑区

快捷键 Ctrl+F9，可以一次性完成程序的预处理、编译/链接过程。如果程序中存在词法、语法等错误，则编译过程失败，编译器将会在屏幕下方的"编译日志"页中显示错误信息，并且将程序中相应的错误行标成红色底色，如图 F-2 所示。由于 printf 语句后面少分号，编译时报错，提示 return 语句前面有语法错误（syntax error）。

图 F-2   程序编译界面

注意，"编译日志"页中显示的错误信息是寻找错误原因的重要信息来源，读者要学会看这些错误信息，并且在每次碰到错误并且最终解决了错误后，要记录错误信息以及相应的解决方法。这样以后看到类似的错误信息，能快速找到程序哪里有问题，从而提高程序调试效率。

② 排除程序中存在的词法、语法等错误后，编译成功。此时在源文件目录下将会出现一个同名的.exe 可执行文件（如本例的 Hello2.exe）。双击这个文件，即可运行它。

3. 运行程序

对程序进行预处理、编译/链接后，有两种方法运行程序：① 双击生成的.exe 文件。② 在 Dev-C++下，单击菜单命令"运行"→"运行"，或单击工具栏中的"编译运行"按钮，或按快捷键 Ctrl+F10，都可运行程序。程序运行窗口如图 F-3 所示。

三、调试程序

通过预处理、编译/链接的程序仅仅表示该程序中没有词法和语法等错误，而无法发现程序深层次的问题（如逻辑错误或算法错误等导致的结果错误）。当程序运行结果出错时，需要找出错误原因。仔细阅读程序来寻找错误虽然是一种可行方法，但是有时光靠阅读程序并不能完全解决问题，此时需要借助程序调试（Debug）手段。调试一种有效的排错手段。

在调试程序前，应先编译程序，然后设置调试环境。

1. 设置调试环境

单击菜单命令"工具"→"编译选项"，在对话框中选择"代码生成/优化"标签，再选择"连接器"标签，在"产生调试信息"栏中选择"Yes"，单击"确定"按钮，完成调试环境的设置，如图 F-4 所示。

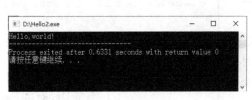

图 F-3　程序运行窗口

图 F-4　设置调试环境

2. 调试方法

① 设置程序断点。调试的基本思想是让程序运行到你认为可能有错误的代码前，然后停下来，手动控制逐条代码的运行，通过在运行过程中查看相关变量的值，来判断错误原因。如果想让程序运行到某一行代码前能暂停下来，就需要将该行设成断点。具体方法是，单击代码所在行的行号，该行将被加亮显示，默认的加亮颜色是红色。如图 F-5 所示，将 max=a;语句设置为断点，则程序运行完 scanf 语句后，将会暂停。需要说明的是，可以在程序中根据需要设置多个断点。如果想取消某行代码的断点设置，则在代码行号上再次单击即可。

② 运行程序。设置断点后，此时程序运行进入调试状态。要想运行程序，就不能使用菜单命令"运行"→"运行"，而是需要使用菜单命令"运行"→"调试"（或者按快捷键 F5 或单击工具栏中的"调试"按钮）。程序将运行到第一个断点处，此时断点处的加亮颜色由红色变成蓝色，表示接下去将运行蓝色的代码，如图 F-6 所示。

图 F-5　设置断点

图 F-6　调试状态

注意，设置断点后，单击菜单命令"运行"→"调试"后，有时程序却不会在断点处停留。解决方法是：取消断点设置，重新编译程序，再设置断点，单击菜单命令"运行"→"调试"即可。

　　注意，若调试器无法工作，没有调试信息出现，则在代码编辑区右下方的"发送命令到 GDB"编辑框中输入"r"后按回车键即可启动调试器。

　　③ 单步执行程序。要想运行蓝色底色的代码，可以使用"调试"工具栏中的"下一步""跳过函数"等按钮。在学习函数之前，一般用"下一步"和"继续"按钮。在学习函数之后，还会用到"单步进入"按钮。"调试"工具栏如图 F-7 所示。和单步运行相关的按钮功能说明如下。

　　"下一步"按钮：运行下一行代码，如果下一行是对函数的调用，则不进入函数体。

　　"单步进入"按钮：运行下一行代码，如果下一行是对函数的调用，则进入函数体。

　　"继续"按钮：运行到下一个断点处。

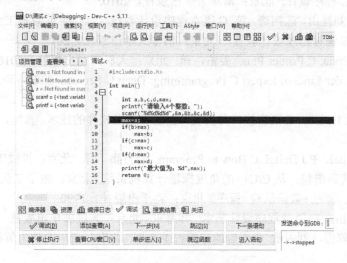

图 F-7　　"调试"工具栏

　　④ 设置变量 watch。在调试程序时，可能要看程序运行过程中变量的值，以检测程序对变量的处理是否正确，可以单击"添加查看"按钮来增加变量 watch，新增的变量将会显示在代码编辑区左边的"调试"页中，如图 F-6 所示。如果当前页不是 Debug 页，则可以单击"调试"标签使之成为当前页。

参 考 文 献

[1] K N King. C 语言程序设计现代方法. 吕秀锋，译. 北京：人民邮电出版社，2007.

[2] B W Kernighan，Dennis M Ritchie. C 语言程序设计. 徐宝文，李志，译. 北京：机械工业出版社，2004.

[3] A Kelley，I Pohl. C 语言解析教程. 麻志毅，译. 北京：机械工业出版社，2002.

[4] 苏小红，王宇颖，孙志岗. C 语言程序设计. 北京：高等教育出版社，2015.

[5] 谭浩强. C 程序设计. 北京：清华大学出版社，2010.

[6] 李凤霞，刘桂山，陈朔鹰，等. C 语言程序设计教程. 北京：北京理工大学出版社，2011.

[7] 王晓斌. C 语言程序设计教程. 北京：清华大学出版社，2012.

[8] Stephen Prata. C Primer Plus. 姜佑，译. 北京：人民邮电出版社，2016.

[9] Peter van der Linden. Expert C Programming: Deep C Secrets. 徐波，译. 北京：人民邮电出版社，2008.

[10] David R Hanson. C 语言接口与实现：创建可重用软件的技术. 郭旭，译. 北京：人民邮电出版社，2008.

[11] H M Deitel，P J Deitel. C How to Program. 薛万鹏，译. 北京：机械工业出版社，2000.

[12] 左飞. 代码揭秘：从 C/C++的角度探秘计算机系统. 北京：电子工业出版社，2010.

[13] N Wirth. 算法+数据结构=程序. 北京：科学出版社，1990.

[14] D Spinellis. 高质量程序设计艺术. 韩海东. 北京：人民邮电出版社，2008.

[15] 贾蓓，郭强，刘占敏. C 语言趣味编程 100 例. 北京：清华大学出版社，2013.